雷达技术系列丛书

U0398108

雷达辐射式仿真信号分析与处理

刘晓斌　赵　锋　吴其华　徐志明　顾赵宇　艾小锋　编著

电子工业出版社.

Publishing House of Electronics Industry

北京·BEIJING

内 容 简 介

本书结合国内外雷达辐射式仿真技术的现状，总结了相关研究的最新成果。内容围绕脉冲雷达辐射式仿真信号收发及回波处理方法，从均匀间歇收发处理、伪随机间歇收发处理、目标回波与信息重构等方面，全面、系统地分析了脉冲雷达在室内场受限环境下的信号特性，介绍了均匀、伪随机间歇收发回波处理和目标信息重构的方法。本书采用 MATLAB 软件实现了雷达脉冲信号间歇收发处理及回波重构，对获得的回波利用 tftb2002 工具箱进行时频分析，获得了清晰的目标微动特征，可为室内场脉冲雷达辐射式仿真系统设计、目标探测等效模拟、目标电磁特征获取等试验鉴定任务提供理论支撑和技术参考。

本书主要供从事雷达辐射式仿真试验与系统设计、试验鉴定与评估的科技工作者参考，也可作为高等院校信息类专业教师和研究生的参考用书。

图书在版编目（CIP）数据

雷达辐射式仿真信号分析与处理 / 刘晓斌等编著. —北京：电子工业出版社，2023.3

（雷达技术系列丛书）

ISBN 978-7-121-45257-4

Ⅰ. ①雷… Ⅱ. ①刘… Ⅲ. ①雷达信号－信号分析 Ⅳ. ①TN957.51

中国国家版本馆 CIP 数据核字（2023）第 061159 号

责任编辑：曲　昕　　　　　特约编辑：田学清

印　　刷：北京七彩京通数码快印有限公司
装　　订：北京七彩京通数码快印有限公司
出版发行：电子工业出版社
　　　　　北京市海淀区万寿路 173 信箱　　　邮编：100036
开　　本：787×1092　　1/16　　印张：12.25　　字数：313.6 千字
版　　次：2023 年 3 月第 1 版
印　　次：2023 年 12 月第 2 次印刷
定　　价：98.00 元

凡所购买电子工业出版社图书有缺损问题，请向购买书店调换。若书店售缺，请与本社发行部联系，联系及邮购电话：（010）88254888，88258888。

质量投诉请发邮件至 zlts@phei.com.cn，盗版侵权举报请发邮件至 dbqq@phei.com.cn。

本书咨询联系方式：（010）88254468，quxin@phei.com.cn。

前　　言

自 20 世纪 80 年代以来，射频辐射式仿真技术的研究逐步成熟，在导弹突防试验、雷达系统设计、电子对抗装备研制、目标散射特性分析等方面得到广泛应用。辐射式仿真一般在封闭的微波暗室中开展，一方面防止了信号的辐射泄漏，满足保密要求，另一方面不易被外界环境、电磁信号干扰而影响试验效果，同时具有逼真度高、可重复性好、成本低等优势。

随着雷达技术日新月异、电子干扰能力突飞猛进、目标动态特性日趋复杂，对雷达系统的研制、雷达性能的评估与鉴定变得尤为重要。通过辐射式仿真技术，实现导弹目标探测、雷达对抗等过程的高逼真模拟，能够为目标动态特性分析、雷达系统研制与性能评估提供丰富的数据支撑，加快导弹、雷达和电子干扰装备的研制、试验和定型。近几年，关于雷达辐射式仿真技术的专著较少。为此，作者基于所在科研团队在雷达系统仿真领域长期积累的研究成果，结合国内外技术发展现状，主要针对脉冲信号在室内场开展辐射式仿真这一问题，整理并总结了相关理论和研究的最新成果。本书围绕雷达辐射式仿真信号收发及回波处理方法，从均匀间歇收发处理、伪随机间歇收发处理、目标回波与信息重构等方面，全面、系统地分析了脉冲雷达在室内场受限环境下的信号特性，介绍了均匀、伪随机间歇收发回波处理和目标信息重构的方法，并给出了翔实的微波暗室实测结果，以期为室内场脉冲雷达辐射式仿真系统设计、目标探测等效模拟、目标电磁特征获取等试验鉴定任务提供理论支撑和技术参考。

本书共 5 章。第 1 章介绍雷达辐射式仿真技术发展现状、信号处理方法及仿真场景；第 2 章介绍雷达辐射式仿真中脉冲信号均匀间歇收发处理方法，分别针对调频、相位编码等典型雷达信号，分析均匀间歇收发处理后的回波特性；第 3 章介绍伪随机间歇收发处理方法，针对简单伪随机和周期循环伪随机间歇收发处理，深入分析典型雷达信号收发处理后的回波特性；第 4 章以均匀和伪随机间歇收发方法为基础，分别介绍基于时频域滤波和基于压缩感知的回波处理方法，结合仿真结果分析目标回波的重构性能；第 5 章介绍室内场脉冲雷达目标探测试验系统，阐述试验系统的组成、试验流程及数据处理方法，通过开展目标探测、目标微动特征提取试验，分析不同收发方式的目标信息重构性能，验证收发处理方法的工程应用价值。

本书由国防科技大学刘晓斌统稿，第 1 章由徐志明编写，第 2 章由赵锋编写，第 3 章由吴其华编写，第 4 章由刘晓斌、艾小锋编写，第 5 章由刘晓斌、顾赵宇编写。

本书的出版获得了国家自然科学基金重大项目（No.61890542，No.61890540）、青年项目（No.62001481）、湖南省自然科学基金项目（No.2021JJ40686）的资助，在此表示感谢。在编写过程中，国防科技大学肖顺平、王雪松教授及中国运载火箭技术研究院刘佳琪研究员，从篇章结构到技术内容，提出了宝贵的意见和建议。刘进高工、李超助理研究员、刘源助理工程师和刘振钰、谢艾伦、赵铁华等研究生也给予了热情帮助。电子工业出版社曲昕编辑为本书的出版付出了辛勤的劳动。在此一并表示衷心的感谢！同时向本书引用参考文献的有关作者表示诚挚的谢意。最后，感谢我的妻子朱倩霖女士，替我承担了许多家庭事务，使我得以完成此书。

　　由于雷达辐射式仿真技术的快速发展，新理论、新技术不断出现，加之作者水平有限，书中疏漏之处在所难免，恳请读者不吝批评指正。

刘晓斌

2023 年 3 月

目　　录

第1章 绪 论

1.1 概述

随着雷达系统日益复杂、雷达技术和功能不断丰富，单纯依靠外场飞行试验获取目标电磁特征、分析和评估雷达系统性能是一项复杂度大、成本高、周期长的任务。同时，空间监视卫星和侦察系统，可对外场试验进行监测，使得试验的保密性受到严重威胁。

室内场射频辐射式仿真通常是在微波暗室构建的电磁屏蔽环境内，结合具体试验需求，复现真实电磁波产生、辐射、目标散射、接收和处理的过程。因而，在试验环境控制、外场不利因素屏蔽等方面具有天然优势。雷达辐射式仿真则是将雷达、目标、电磁环境等要素综合融入射频辐射式仿真系统中，从而实现雷达系统探测、目标特性获取等功能的仿真模拟。

发展室内场雷达辐射式仿真技术，在理论方法和工程应用方面均有重要意义。一方面，微波暗室设计、控制理论、目标模拟技术的突破，使得微波暗室静区性能更好、目标运动特性的模拟更加精确，从而为雷达辐射式仿真技术的发展奠定了良好基础；另一方面，外场试验环境复杂多变，各因素相互耦合而难以得到准确的试验结论。室内场雷达辐射式仿真则可以构建相对纯净的电磁环境，通过精确控制试验中的各因素开展重复试验，从而获得准确的试验结论。

近年来，雷达辐射式仿真技术不断发展，但仍面临不少亟待解决的问题。例如，空间目标呈现出机动能力更强、运动特性更为复杂、姿态特征更加多变等新的特点，使得传统室内场静态测量方法已经难以逼真地模拟目标动态特性，并获取测量数据。同时，室内场测量采用的冲激脉冲或扫频信号，无法反映真实雷达脉冲与目标的电磁作用机理。而外场雷达探测、雷达对抗试验所采用的常规脉冲信号，则难以直接用于室内场辐射式仿真，因而对雷达辐射式仿真提出了更高的要求。本章从雷达系统半实物仿真技术出发，通过介绍雷达辐射式仿真中的关键技术，梳理室内场雷达辐射式仿真技术的发展现状，并分析、总结雷达辐射式仿真场景及工作模式。

1.2 雷达系统半实物仿真技术的发展

1.2.1 半实物仿真技术的发展现状

20 世纪 40 年代，半实物仿真最早被用于飞行模拟，以达到改善飞行模拟器的设计和训练飞行员的目的。20 世纪 60 年代，美国开展了对导弹系统的仿真。1962 年，响尾蛇导弹项目采用了半实物仿真技术开展研究。1982 年，美国陆军导弹司令部在红石兵工厂（Redstone Arsenal）建立的高级仿真中心（Advanced Simulation Center，ASC），通过半实物仿真等技术实现了导弹系统的模拟。半实物仿真大大降低了导弹系统设计的成本，从而受到美国军方的大力推广。随后，美国陆续开展了导弹半实物仿真技术的研究。文献[2]给出了美国航空航天学会设计的导弹半实物仿真模型，该仿真模型包含了数学模型和实物模型，而实物模型的引入，使得仿真系统的逼真度大大提高，如图 1.1 所示。

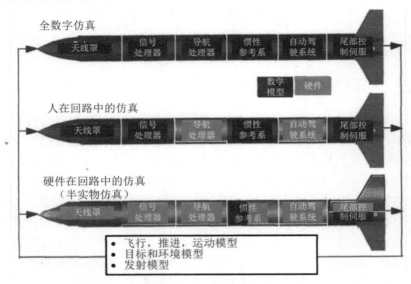

图 1.1　美国军方导弹半实物仿真模型

1984 年，美国航空航天局将半实物仿真技术用于高机动飞行器的设计中，解决了飞行器高机动特性导致难以广泛开展试验的问题。1989 年，日本国家空间发展局（National Space Development Agency of Japan，NASDA）开展了火箭滚动控制系统的半实物仿真技术研究。进入 21 世纪，半实物仿真技术得到更为广泛的研究。德国、意大利等国家利用半实物仿真技术对电力控制系统、卫星、无人机等的设计进行模拟仿真，大大缩短了研制周期，降低了研究经费。

随着仿真技术相关理论的不断完善，加之美国对半实物仿真技术的重视，从 20 世纪 80 年代至今，美国军方建立了世界上最完备的作战仿真体系，其主要包括扩展防空仿真（Extended Air Defense Simulation，EADSIM）系统、联合建模与仿真系统（Joint Modeling and Simulation System，JMASS）、联合仿真系统（Joint Simulation System，JSIMS）、联合作战系统（Joint Warfare System，JWARS）、WARSIM 2000 和战争综合演练场（Synthetic Theater Of War，STOW）。

比较有代表性的 SIMNET 项目是美国国防部高级研究计划局（Defense Advanced Research Projects Agency，DARPA）于 1983 年开展的。该项目旨在发展高逼真、网络化的新一代仿真模拟器，从而将仿真成本降低为已有模拟器的百分之一。截止到 1990 年，SIMNET 项目在美国和欧洲地区的 11 个城市共部署了 260 个可互联的仿真模拟器，用于美国军方的军事模拟与训练。

文献[3]指出，美国 Teledyne Brown 工程公司在 1987 年为美国军方战略司令部开发了 EADSIM 系统，如图 1.2 所示。EADSIM 系统可以用于空战、空间战、导弹战、战场指挥等作战样式的仿真，因而被美国军方广泛使用。随后，EADSIM 系统不断更新，截止到 2015 年，EADSIM 系统已经更新至版本 18.5。

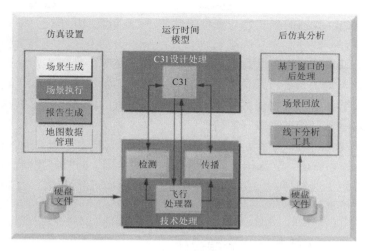

（a）EADSIM·系统架构

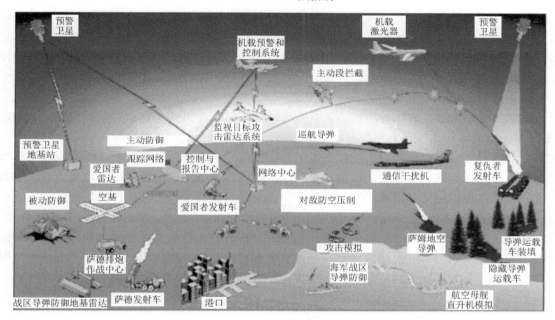

（b）EADSIM 系统模拟场景

图 1.2　美国军方 EADSIM 系统

　　欧洲国家对仿真技术也十分重视，1989 年，北欧制订了"欧几里德"计划，将仿真技术列为 11 项优先发展的项目之一。北大西洋公约组织（The North Atlantic Treaty Organization，NATO）于 1992 年成立了数字分布式仿真工作组。随后，NATO 在舰船设计、发动机设计、飞行试验模拟、雷达电子对抗等领域开展了仿真技术的研究。2000 年，NATO 开展了飞行试验的仿真方法研究（Simulation in Support of Flight Testing，编号：RTO-AG-300-V19），该研究采用了包括半实物仿真在内的五种方法实现固定翼飞机试验的仿真。2003 年，NATO 在成像雷达对电子对抗措施的脆弱性研究中，主要采用了仿真与外场试验等手段。意大利 SELEX 伽利略公司于 2010 年开发了仿真训练系统，用于无人机模拟、红外成像、SAR 成像的仿真等方面的研究。

与欧美各国相比，我国的半实物仿真技术起步于 20 世纪 80 年代，但是发展迅猛。代表性的仿真系统主要有：红外制导导弹半实物仿真系统、火箭姿态控制半实物仿真系统、复合制导导弹半实物仿真系统、水下航行器的半实物仿真系统等。随着半实物仿真技术的发展，国内科研机构在无人驾驶系统、卫星姿态控制等方面的半实物仿真技术也达到了较高水平。其中，西北工业大学利用半实物仿真技术对无人驾驶飞机的运动进行了模拟，哈尔滨工业大学则进行了微型人造卫星半实物仿真的研究。

综合当前公开发表的文献来看，世界各国对半实物仿真技术都有了深入认识和广泛使用。但是，在作战仿真体系方面，欧洲国家的完备性尚不如美国。同时，我国仿真技术起步较晚，半实物仿真虽然得到迅速发展，但仿真精度不高、应用领域有待扩展，且相比欧洲国家，尚未构建较为完善的仿真体系。

1.2.2　雷达系统半实物仿真技术发展现状

随着高科技战争的到来，武器装备更新换代日益加快，提高武器装备的研发周期、降低研发费用、保证武器装备的优良性能是各国关注的焦点。雷达作为现代战争中不可或缺的装备，在目标探测、电子战、信息战中发挥着关键作用。由于雷达系统日益复杂、雷达技术迭代更新较快，利用半实物仿真技术可以有效改善雷达系统的性能，因此雷达半实物仿真技术受到各国的重视。

按照仿真的方法，雷达半实物仿真系统可以分为射频注入式仿真和射频辐射式仿真，如图 1.3 所示。射频注入式仿真可以在不需要微波暗室的条件下，利用仿真设备构建具有雷达实物参与的、可以提供雷达数字、视频直至射频的雷达仿真系统。这种仿真方法采用数学模型描述目标与环境特性，方便灵活调整。射频注入式仿真方法的试验条件精确可控、成本低且可重复性高，在雷达信号仿真、抗干扰仿真、雷达对抗仿真中广泛使用。射频辐射式仿真通常在微波暗室内，通过模拟技术和理论方法等逼真地复现实际雷达电磁波产生、辐射、传播、目标散射、接收和处理的过程。由于雷达信号的辐射、目标散射和回波处理的过程均可有效模拟，因此辐射式仿真的灵活性较高，是研究目标电磁散射特性的主要手段。下面分别对射频注入式仿真和射频辐射式仿真的发展现状进行梳理。

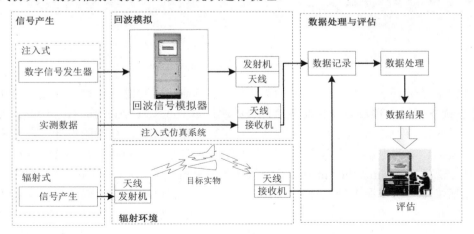

图 1.3　雷达半实物仿真系统

1.2.2.1 雷达系统射频注入式仿真

20 世纪 80 年代末，美国 Cadence 公司开发了信号处理工作站（Signal Processing Workstation，SPW），可以用于雷达系统的测试、试验和评估。随后，加拿大渥太华防御科学研究所为战机 CF-18 研制了高逼真度机载雷达模拟器，可以为机载截击雷达电子干扰效果分析、雷达抗干扰技术研发等提供通用仿真方法，且仿真实时性、可重复性良好。2003 年，DAVID L A 系统阐述了雷达电子战系统仿真理论。近年来，美国军方雷达电子战仿真系统发展迅速，其电子对抗仿真评估实验室（Electronic Combat Simulation and Evaluation Laboratories，ECSEL）构建了高级威胁系统模拟器（Advanced Threat System Simulator，ATSS），通过半实物仿真实现电子战系统的模拟。ATSS 实物图如图 1.4 所示。

图 1.4　ATSS 实物图

总体而言，国外雷达半实物注入式仿真技术发展较为成熟，已经形成了较为全面的仿真系统。而国内的研究起步于 21 世纪初，主要通过研究雷达系统各个部分的注入式仿真方法，最终构建雷达半实物仿真系统。其中，安红在雷达动态电子战环境仿真方面研究了射频注入式仿真方法。王柏杉、崔建竹等在注入式雷达信号环境模拟器方面进行了研究。在雷达杂波环境模拟方面，梁志恒分析了注入式雷达杂波实时模拟方法，任博研究了通用雷达杂波仿真系统。在雷达目标模拟器研究方面，徐安林研究了相控阵雷达目标模拟器的注入式仿真方法。在雷达系统仿真方面，丹梅、李修和等研究了反导相控阵雷达、组网雷达的注入式仿真方法。王辉研究了高分辨雷达成像半实物注入式仿真方法。近年来，国内对雷达电子战系统的仿真也不断加深。国防科技大学王雪松教授等从雷达目标特性与电磁环境模拟、有源无源干扰仿真、合成孔径雷达仿真、电子战效果效能评估等方面分析了雷达电子战系统仿真理论与基本方法。刘佳琪研究员从雷达信号模拟器、干扰模拟器、电子对抗效果评估等方面，研究了雷达电子战注入式仿真系统构建方法。

1.2.2.2 雷达系统射频辐射式仿真

雷达系统射频辐射式仿真主要包括外场辐射式和内场辐射式两种。通常，在开展雷达系统测试时，对试验参数的保密性有一定的要求。射频辐射式仿真试验一般在微波暗室内进行，一方面防止了信号的辐射泄漏，满足保密要求，另一方面不会受外界环境、电磁信号干扰等影响。因此，射频辐射式仿真在雷达系统研制的过程中，受到世界各国的高度重视和广泛使用。

国外的辐射式仿真技术始于二十世纪五六十年代。早期的辐射式仿真主要集中于对导引头测角能力的测试与仿真，普遍采用机械式射频目标仿真器，通过伺服系统驱动目标信号的辐射单元机械运动，得到目标与导弹导引头之间的空间角度运动，优点是简单、成本低，但精度不高。随着机电混合式射频目标仿真器和微波阵列式射频目标仿真器的出现，导引头测角的辐射式仿真能力进一步提高。在辐射式仿真技术基础上，国外先后建立了功能不同、规模不一的辐射式仿真实验室，主要有美国的陆军高级仿真中心（Advanced Simulation Center，ASC）、波音公司的雷达末制导仿真实验室、Raytheon 公司的"爱国者"制导试验与仿真系统和主动式寻的导弹的辐射式仿真系统；英国的 RAE 导弹制导仿真实验室；日本防卫厅第三研究所的仿真实验室等。这些先进辐射式仿真实验室的建立，推动了辐射式仿真技术进一步发展。

20 世纪 90 年代，辐射式仿真技术进入快速发展阶段，比较有代表性的是美国陆军高级仿真中心于 1994 年建成的第二个毫米波仿真实验室。随后，辐射式仿真扩展到多模仿真及雷达电子对抗仿真等方面，各国建立的辐射式仿真试验系统更加完善、种类更加多样。例如，文献[5]和文献[6]分别报道的美国林肯实验室的天线与目标测量半实物仿真系统、陆军导弹司令部的激光雷达检测与测距半实物仿真系统，如图 1.5 所示。

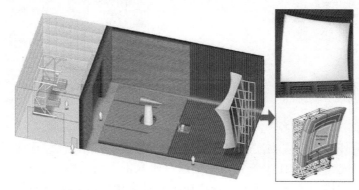

（a）天线与目标测量半实物仿真系统

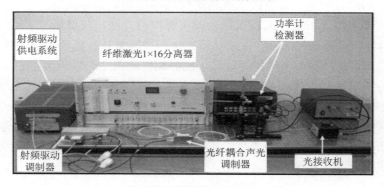

（b）激光雷达检测与测距半实物仿真系统

图 1.5　美国辐射式半实物仿真系统

在国内，辐射式仿真技术的研究始于 20 世纪 80 年代。上海航天技术研究院、中国运载火箭技术研究院、中国航天科工集团第二研究院、北京仿真中心等单位，建立了各具特点的辐射式仿真实验室。另外，国内不少高校也开展了辐射式仿真技术领域的研究。例如，北京航空航天大学的目标雷达截面积（Radar Cross Section，RCS）特性测量系统、进动散射特性目标测量系统；南京航空航天大学的雷达气象回波射频辐射式仿真系统；西北工业大学目标RCS 测量仿真系统；国防科技大学雷达目标微动特性测量射频仿真系统。

总体而言，国内外已有的辐射式仿真系统设计大致相同，一般包括微波暗室、射频目标仿真器、计算机及其接口、目标和干扰环境模型的数据库及相应的软件、监控操作台及显示设备、校准系统。

1.2.3 雷达系统辐射式仿真中的关键技术

根据仿真系统的基本结构和实现原理，在雷达系统辐射式仿真方面，涉及的关键技术主要包括微波暗室设计、近距离试验方法、目标模拟技术与目标测量方法等。

1.2.3.1 微波暗室设计

微波暗室的发展与吸波材料的发展息息相关。1936 年，出现了第一个关于吸波材料的专利。第二次世界大战加速了吸波材料的发展，美、德两国率先开展了有关吸波材料的项目研究，早期的吸波材料有刚性塑料与电阻片的组合、铁氧体、电阻布、泡沫等，对电磁波的吸收衰减为-20dB。第二次世界大战期间，麻省理工学院辐射实验室的 Neher 把吸波材料涂在锥形结构的内表面，发现从中发射的信号水平远低于正常的锥形结构。20 世纪 50 年代，第一批微波暗室在一些政府和商业机构的努力下建成，其中一个就是美国海军研究室的微波暗室。此时，吸波材料的高频段吸收衰减可以达到-40dB。20 世纪 60 年代，新研制的吸波材料对于高频波段的吸收衰减可以达到-60dB。

为了进一步提高微波暗室的性能，暗室的形状设计也取得了新进展，出现了锥形暗室、半圆形暗室、纵向隔板形暗室和横向隔板形暗室。文献[7]指出，20 世纪 60 年代，B. F. Goodrich公司在加利福尼亚州建造了一个锥形暗室，如图 1.6 所示。图 1.6（b）给出了常规暗室与锥形暗室的对比，常规暗室中墙面、地面等都会反射电磁波信号，从而造成暗室中的多径效应，而锥形暗室则能够有效抑制墙面和地板等的反射信号，这种暗室结构在当时是一种创举。

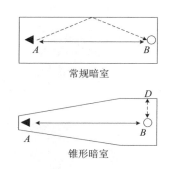

（a）锥形暗室　　　　　　　　　　　　　（b）锥形暗室与常规暗室的对比

图 1.6 加利福尼亚州锥形暗室

20 世纪 90 年代，美国得克萨斯大学建造了半圆形暗室，同时期建造半圆形暗室的还有休斯敦高级研究中心、意大利欧洲联合研究中心和马来西亚大学。不过，大部分暗室的形状以通用性最好的矩形暗室为主，其他形状的暗室为辅。

虽然微波暗室造价昂贵，但是在暗室开展试验可以大幅提高测量精度、缩短试验时间，从而使得各国大力建造微波暗室。从数量上来看，美国已建立了 400 多个微波暗室，日本已建立了几十个微波暗室，一些欧洲国家如英国、德国、俄罗斯等也已建立了不少暗室。其中，美国加利福尼亚州火箭导弹空间中心的微波暗室静区能够达到-60～-70dB，且测量频率范围较宽。文献[13]和文献[14]指出，美国贝尼菲尔德试验场（BAF）是目前公开的世界上最大的微波暗室，其尺寸达到了长 80.5m、宽 76.2m、高 21.3m，如图 1.7（a）所示。美国林肯实验室构建了近场测量暗室、微毫米波暗室、系统测量暗室、锥形暗室等一批功能丰富的微波暗室，如图 1.7（b）所示。

（a）贝尼菲尔德试验场

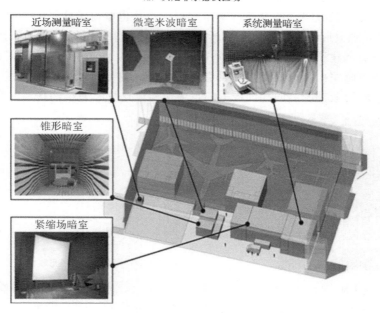

（b）林肯实验室微波暗室

图 1.7　美国微波暗室实物图

从微波暗室用途上来看，不同的微波暗室被设计用于完成各种各样的测量任务，测量对象主要包括航天器、天线和电子系统等，测量内容主要有天线增益、指向性、波束宽度、极化、阻抗、辐射图、雷达横截面、电磁兼容性和磁化率等。例如，德国柏林压缩机测试中心的航空发动机测试暗室专门用于航空测试，马来西亚的半球形暗室用于测量雷达横截面积，西班牙国家技术发展中心的超宽频带微波暗室用于大型望远镜和天线测试。

微波暗室在保密性、试验成本、试验周期和可重复性方面有巨大的优势，从而大量以电子战为目的的微波暗室陆续建成。1983 年，美国海军航空系统司令部、综合作战空间模拟和测试部门联合建造了飞行器测试暗室。1989 年，爱德华空军基地建立了美国空军测试中心。1998 年，英国 BAE 系统公司在沃顿建立了电子战测试暗室。2008 年，意大利在都灵机场建立了微波暗室。

国内的微波暗室起步于 20 世纪 60 年代，早期只有少量的几个微波暗室，且静区性能较差，只能适用于天线单元和喇叭天线的测试。随着雷达技术的发展，对雷达天线性能提出了更高的要求，常规雷达天线副瓣要达到-40dB，机载预警雷达天线的副瓣则要达到-50dB。外场试验很难满足测试精度的要求，迫切需要高性能的微波暗室，这就需要高性能的吸波材料和优良的暗室设计方法。

20 世纪 80 年代，大连中山化工有限公司、中国科学院紫金山天文台等单位相继研制出高性能的吸波材料。21 世纪以来，随着国力的增强，掀起了民用和军用微波暗室的建设高潮。在暗室结构形状方面，当前国内采用的大多是矩形、锥形及少数其他形状。在吸波材料方面，微波暗室基本上采用的是尖劈形、角锥形、橡胶圆锥形吸波材料，部分微波暗室使用硬形或是软形平板吸波材料。在暗室系统方面，国内不少单位建成了高性能微波暗室，如南京 14 所构建的 26m×18m×16m 的大型微波暗室，内部铺设 500mm 和 800mm 高的角锥形聚氨酯吸波材料，并配备平面近场和压缩场两套测试设备；西安电子科技大学建设完成了专用于低副瓣天线测量的小型微波暗室；电子科技大学建造完成了一座国内一流的集天线测试、电磁兼容测试为一体的功能齐全的大型微波暗室。此外，中国航天科工集团公司第二研究院、北京航空航天大学、南京航空航天大学、国防科技大学等单位都建设了各具功能的微波暗室。

1.2.3.2　近距离试验方法

天线测量及雷达系统性能测量应当在远场区进行，一般远场条件需要测试距离大于 $R_0=2D^2/\lambda$，其中 D 为天线口径，λ 为波长。对于 X 波段而言，当天线口径为 1.5m 时，要求试验距离大于 150m，这样的尺寸对微波暗室的设计和成本而言，是难以实现的。工程中通常采用紧缩场技术解决远场条件测试的问题。

紧缩场技术通过对被测量天线的波前进行修正，达到在较近距离满足远场测量条件，从而降低天线测试中对试验距离的要求。实现紧缩场的方法有多种形式，目前主要包括金属抛物反射面紧缩场、全息紧缩场、介质透镜紧缩场等。紧缩场技术优缺点对比如表 1.1 所示。

表 1.1　紧缩场技术优缺点对比

技 术 类 型	金属抛物反射面紧缩场	全息紧缩场	介质透镜紧缩场
优　　点	技术成熟 损耗小 高带宽	易于加工	成本低 易于加工
缺　　点	高频率大面积加工难度大 成本高 占地面积大	损耗大 动态范围低	窄带宽 频率和极化敏感

金属抛物反射面通过将电磁波反射成平面波的方式实现近距离试验，文献[5]和文献[12]给出了微波暗室中的金属抛物反射面实物图，如图1.8所示。该技术比较成熟，静区特性好且工作频带较宽，因此国内研究机构、高校广泛采用该技术实现目标电磁特征测量。

图1.8　金属抛物反射面

在高频段测试环境下，高精度的加工要求和高昂的制作成本使得金属抛物反射面紧缩场难以满足试验需求。而全息紧缩场有较高的加工误差容忍度，因而在高频段内得到广泛使用。全息紧缩场是将光学中全息的概念和方法引入微波领域，通过计算生成的全息图来替代传统的精密反射面，将球面波转换为平面波。国外对全息紧缩场的研究起步较早，最先由芬兰科学家提出，文献[14]给出了 Raisanen 教授团队建立的 322GHz 全息紧缩场测试系统，如图1.9所示。芬兰的 Ala-Laurinaho 等在 2005 年实现了工作频率高达 650GHz 的紧缩场天线测量系统。全息紧缩场的研究在国内起步较晚，但也在近几年迅速发展，其中北京航空航天大学的李志平教授、中国电子科技集团有限公司张领飞研究员、上海航天技术研究所的戴飞研究员等都对全息紧缩场的研究做出了突出贡献。

图1.9　322GHz 全息紧缩场测试系统

在微波暗室中，常采用三元组构成的大型阵列模拟目标运动时的回波。由于阵列模拟的目标与被试天线间存在相对运动的态势关系，因此难以采用金属抛物反射面实现平行波模拟。解决方法就是将目标模拟阵列发射的信号通过介质透镜变为平行波，从而完成近场测试，即介质透镜紧缩场模拟方法。

1.2.3.3 目标模拟技术

在微波暗室中开展射频辐射式仿真试验，逼真地目标模拟是关键一环。目前，用于微波暗室中的目标模拟方法主要有阵列式射频目标模拟、目标缩比模型、真实目标等。

1. 阵列式射频目标模拟

导引头性能关乎导弹能否精确命中目标，而导弹是不可重复使用且价格高昂的武器，如果对其导引头的测试仅依靠实弹打靶，无疑会带来巨额的成本。二十世纪六七十年代，半实物仿真手段开始被用于导引头的测试。逼真地模拟导引头跟踪目标的特性和周围的电磁环境是核心。在实验室内以射频辐射的方式逼真地复现被试雷达在真实作战环境下所面临的雷达目标环境，需要复现目标的空间属性（距离、角度）和目标的射频信号特征（幅度、相位、频率、角闪烁、极化等）。射频目标模拟方法主要分为以下三类。

① 机械式射频目标模拟。该方法通过机械运动，使射频辐射源相对于天线进行空间角度运动。它的优点是简单，而缺点则是不能复现目标的角闪烁。对于多目标、复杂目标和复杂背景的仿真，实现起来更加困难。

② 三元组阵列式射频目标模拟。该方法将若干个射频辐射单元按照一定的规律排列成一个阵列，得到的目标信号是以阵列上相邻的三个单元辐射的合成信号。三个单元通常按等边三角形排列，构成一个子阵列，称为三元组，如图 1.10（a）所示。通过控制各个单元辐射信号的相位和幅度变化，可改变转台附近合成的辐射中心，从而实现目标运动状态的模拟。该方法的主要优点是便于模拟目标的角闪烁，且易于实现多复杂目标及多目标回波信号的模拟。

③ 机电混合式射频目标模拟。该方法是一种阵列式和机械式相结合的折中方案，通过采用小型阵列，大大减少阵列的单元数，同时满足大视场角的要求。机电混合式射频目标模拟的性能介于阵列式和机械式之间，它可以模拟目标的角闪烁，也可以在小角度范围内模拟多目标。由于模拟目标的位置精度、速度和加速度特性，均与伺服系统性能密切相关，因此机电混合式射频目标模拟对伺服系统的要求很高。对于复杂目标及复杂背景的仿真能力，机电混合式射频目标模拟远不如三元组阵列式射频目标模拟。

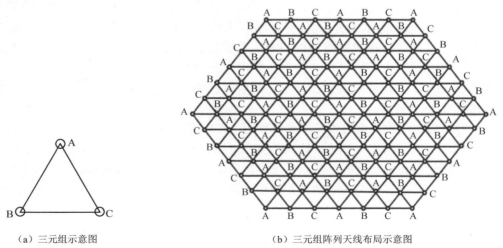

（a）三元组示意图　　　　　　　　　　　（b）三元组阵列天线布局示意图

图 1.10 三元组阵列式射频目标模拟示意图

随着武器装备系统、电磁环境的日益复杂，对目标模拟的精确度提出了越来越高的要求。

尽管三元组阵列式射频目标模拟方法复杂，设备量大，成本高，但仍然是当前世界各国广泛采用的射频目标模拟方法。文献[31]中，三元组阵列天线布局示意图如图 1.10（b）所示，由三元组构成的目标模拟阵列天线通过射频开关矩阵的控制，使目标模拟信号由一个三元组转移到另一个三元组，从而实现目标位置的粗位控制。三元组内三个单元的辐射信号，分别通过程控衰减器及移相器，来改变它们之间的相对幅度及相位，从而控制目标模拟信号在三元组内的精确位置。在三元组阵列目标模拟方面，20 世纪 70 年代初期，美国波音公司提出的"幅度中心公式"方案一直被沿用。在此基础上，国内专家学者为实现三元组天线阵列的精确控制，开展了大量研究。

1991 年，北京电子工程总体研究所的陈训达研究了战术导弹的射频仿真技术，并在 2001 年提出射频仿真中的双近场效应的概念，指出天线测量意义上的近场与三元组信号合成意义上的近场不同。2007 年，樊红社分析了影响射频仿真系统中目标位置精度的几个重要因素，并给出了修正方法。2008 年，郝晓军从电磁场理论中能量流的概念出发，充分考虑三元组天线辐射单元相位等效辐射中心的影响，提出了三元组天线阵列的控制方案。该方案可以省去每个辐射单元后面的移相器，大大降低了建设造价。2008 年，宋涛分析了射频仿真系统中目标阵列的误差，包括三元组原理误差分析、三轴转台误差分析和近场效应误差分析。2012 年，高红友等给出了射频仿真系统中三元组天线单元张角计算方法。2015 年，杨苏松研究了复杂射频目标仿真中的矢量控制方法，重新推导了三元组定位公式，对波音公司的重心公式进行了改进，使三元组阵元馈电幅度和相位进行同时控制，从而实现等效合成目标的控制。2016 年，付璐研究了射频仿真阵列的近场效应修正方法，通过改变天线的输入功率对近场效应进行修正，不仅使得近场效应校正得到解决，而且可以降低升级硬件设备的投资成本。2018 年，唐波研究了耦合效应对三元组射频仿真的影响。

2. 目标缩比模型

在辐射式仿真中，除了采用阵列天线辐射信号实现目标在不同状态下的回波模拟，往往还需要对目标的电磁散射特性进行认知，从而为目标识别与反识别提供基础。一方面，阵列目标模拟技术通常只能实现目标距离、位置、径向速度和二维角运动等特性的模拟，而目标实际电磁散射特性，尤其是运动带来的散射特性变化难以通过阵列目标模拟技术真实复现，且大型目标散射特性的测量需要极昂贵的费用；另一方面，由于微波暗室尺寸有限，一些大型装备，如飞机、舰船、实物一般无法直接在微波暗室进行测量，于是人们很自然地提出了缩比模型测量的概念。随着微波暗室高精度测量需求的增加，人们对缩比模型的研究更加丰富。

目标缩比模型是通过麦克斯韦方程组，在速度和阻抗不变条件下导出的。在满足此条件的前提下，模型的几何形状与被测的实际目标完全相似，只是它的尺寸均按同一比例缩小，同时波长也按相同比例缩小，以保证目标的电尺寸不变。这时就可以认为缩比模型与实际目标在工作波长下有相同的电参数和特性，测量或预估计算缩比模型的特性就可得到实际目标的特性。

国内外许多学者针对或者利用缩比模型进行了大量的研究，并取得了丰富的研究成果。国外学者在微波暗室中针对飞机、火箭等目标的缩比模型开展了散射特性测量。1984 年，美国俄亥俄大学在微波暗室内采用辐射式仿真的方法，将目标模型置于转台上，通过射频辐射的方法完成了目标截面积的测量，文献[32]给出了实现流程与仿真场景，如图 1.11 所示。

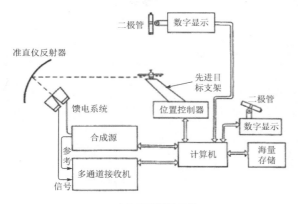

（a）目标测量系统

（b）微波暗室布置场景

图 1.11　微波暗室目标测量系统与场景

　　文献[33]给出了日本的 Hiroshi Okada 在微波暗室中对火箭目标缩比模型的 RCS 特性进行的分析，并发现 RCS 测量数据和理论数据吻合较好，如图 1.12 所示。

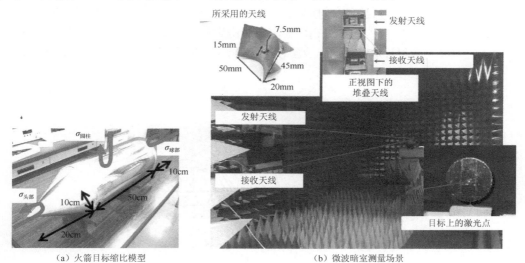

（a）火箭目标缩比模型　　　　　　　　　　　　　（b）微波暗室测量场景

图 1.12　火箭目标缩比模型及微波暗室测量场景

　　巴西的 G. G. Peixoto 等针对飞机目标的缩比模型，分析了 8GHz、10GHz 和 12GHz 的 RCS 特性。文献[35]给出了罗马尼亚的 Leontin TU 在微波暗室中对 IAR 99 攻击机的缩比模型进行的散射特性测量，分析了不同入射角下的 RCS 特性，如图 1.13 所示。

（a）IAR 99 目标缩比模型

图 1.13　IAR 99 目标缩比模型及 RCS 结果

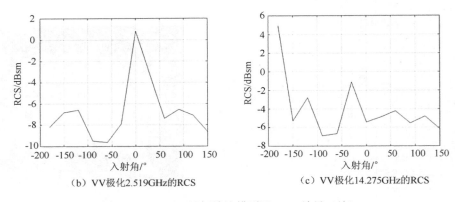

（b）VV极化2.519GHz的RCS　　　　　　　（c）VV极化14.275GHz的RCS

图 1.13　IAR 99 目标缩比模型及 RCS 结果（续）

　　1999 年，李彩萍利用铝柱模拟目标缩比模型，在微波暗室开展 ISAR 试验，得到了目标的高质量成像结果。2003 年，夏应清分析了目标缩比模型应该满足的条件，同时指出缩比模型可适用于近场和远场。2006 年，陈晓洁研究了用缩比模型去得到电大目标雷达散射截面的方法。2011 年，陈伯孝介绍了隐身目标缩比模型的 RCS 测试方法，并给出了实测数据处理结果，分析了其 RCS 特性。2013 年，葛亦斌在微波暗室利用极化雷达对坦克缩比模型进行了成像，分析了不同入射角度下的目标成像结果，文献[37]给出了坦克模型成像结果，如图 1.14 所示。

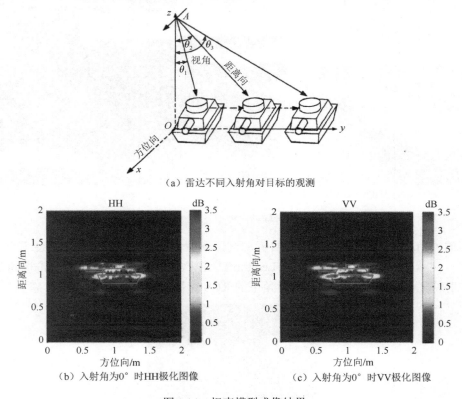

（a）雷达不同入射角对目标的观测

（b）入射角为0°时HH极化图像　　　　　　　（c）入射角为0°时VV极化图像

图 1.14　坦克模型成像结果

3. 真实目标

　　因为受成本、尺寸限制等，微波暗室中用真实目标开展试验的情况并不常见。当然也存在一些小型目标可以采用其真实目标进行试验，如真实无人机在微波暗室测量。另外，有一些大型微波暗室具备对真实装备进行试验的能力。例如，英国 BAE 系统公司建立的许多用于电子战测试的微波暗室，就可以直接对直升机、战斗机进行测试。文献[13]和文献[14]中，美国贝尼菲尔德试验场（BAF）有利于开展实物目标测量试验，如图 1.15 所示。

　（a）B-1B 轰炸机转台测试　　　　　　　　　　　　　　（b）Tornado 战斗机吊装测试

图 1.15　贝尼菲尔德试验场真实目标测试

总体而言，在目标模拟技术方面，阵列式射频目标仿真器、目标缩比模型和真实目标之间的对比，如表 1.2 所示。

表 1.2　目标模拟技术对比

	阵列式射频目标仿真器	目标缩比模型	真 实 目 标
特　　点	基本组成单元是三元组； 通过三元组信号辐射变化实现模拟目标位置移动	模型几何形状与被测目标完全相似； 目标的电尺寸不变	真实的待测装备
优　　势	能模拟目标的角闪烁； 能够模拟复杂目标	缩比模型灵活性好； 成本低； 能等效测得目标特性	散射特性最真实
常 用 场 景	导引头测试	尺寸有限的微波暗室对大型装备进行测试	具备测试真实目标能力的大型微波暗室

1.2.3.4　目标测量方法

现有的目标特性测量方法主要分为静态测量和动态测量。静态测量实施条件相对简单，但是无法对目标运动状态进行完整的数据记录，只能通过插值的方式来获取未实际测得的数据。动态测量能够更加准确直观地记录目标运动过程中的散射特性，但是也对目标各种姿态的模拟、数据记录能力等提出了更高的要求。

1. 静态测量

在辐射式仿真中，静态测量通常将目标置于转台上，通过转台旋转对每个方位角下的目标发射扫频或冲激脉冲等宽带信号，以完成目标散射特性的测量。但是，静态测量无法完整反映目标的运动特性，难以逼真地再现实际场景中目标 RCS 的动态信息。尤其对于实现高精度方位下的目标特性测量，需要设定较小的转台方位角间隔。例如，对于 $0° \sim 180°$ 的方位角进行测量，若方位角间隔为 $0.2°$，则需要 900 个角度的测量。当扫频带宽为 2GHz，扫频间隔为 5MHz 时，每个角度需要进行 400 个频点的扫描，若方位角间隔进一步减小，则会大大增加试验的工作量和数据处理的难度。

对于运动目标开展静态测量后，可以进行静态数据的动态化处理。首先，选择测量数据的带宽范围，如果原始雷达发射波形的带宽范围是 $[f_1, f_2]$，则静态测量数据频率范围必须包含的带宽区间是 $[pf_1, pf_2]$，p 为几何缩比因子。其次，结合目标的运动姿态模型，计算静态条件下目标相对于雷达视线的方位角等信息，再利用已经测量得到的静态 RCS 数据进行高精度插值，从而得到任意角度下的目标散射数据。在文献[38]中，国防科技大学施龙飞等采用插值方法，得到了开缝锥球 HH 通道幅度及相位随目标姿态变化的曲线（见图 1.16），以及插值结果，从中可以看出利用插值方法估计任意姿态下散射数据的方法是可行的。

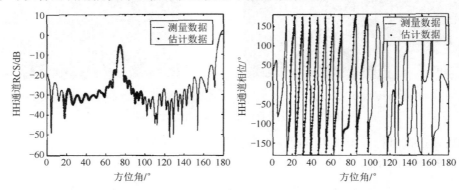

图 1.16　开缝锥球散射测量数据（频率为 9.75GHz）：HH 通道幅度及相位变化曲线

利用静态数据结合目标运动特性进行插值的方法，需要构建精确的目标运动模型。若目标具有分离、机动等复杂运动特性或包含特殊的结构特征，则该方法的精确度将会下降，运算复杂度也难以量化，从而导致回波数据量变大、数据处理难度增加。

2. 动态测量

动态测量一般通过构建运动目标模型，并通过目标连续运动测量得到回波数据，进而开展目标特性分析。要实现目标动态测量的模拟，需要解决两大问题：一是要模拟目标的连续进动，二是要模拟雷达的连续测量过程。

在文献[12]中，国防科技大学的刘进等根据弹道中段目标的运动学原理和结构特性，研制了进动目标模型，使其可以连续模拟弹道中段目标的进动，并构建紧凑场微波暗室动态测量系统，从而完成进动目标全极化宽带条件下的微波暗室动态测量试验，如图 1.17 所示。图 1.17（a）所示为分立部件图，包括弹头模型、自旋电动机、锥旋电动机、旋转联轴器和控制机柜等。图 1.17（b）为组合得到的进动目标模型图。

（a）分立部件图

（b）组合得到的进动目标模型图

图 1.17　进动目标模型

在暗室测量中，网络分析仪作为发射信号源和回波信号接收处理器，用以模拟雷达的功能，是测量系统的关键组成部分。在目标微波暗室静态测量中，网络分析仪对特定姿态下目标的所有回波进行平均处理，只进行一次数据记录。而该试验系统要求网络分析仪模拟雷达的探测功能，在目标进行进动时连续地记录每一次回波。进动目标模型中的网络分析仪采用 Agilent 8362B，其频率覆盖范围为 10MHz～20GHz，在频率扫描范围为 9GHz～10GHz，扫频间隔为 5MHz 时，数据录取的频率约为 68Hz，也即相当于脉冲重复频率（Pulse Repetition Frequency，PRF）约为 68Hz。

在文献[58]中，北京航空航天大学的叶桃杉等根据弹道中段锥体目标进动特性设计了进动锥体目标动态测试试验，进动锥体目标试验装置如图 1.18（a）所示。该装置由锥体模型、锥旋电动机、自旋电动机、电压转换器、锥/自旋电动机调速仪、导电滑环、吸波材料及支架构成，可以动态、独立地模拟锥旋和自旋两种运动。除了锥旋和自旋，图 1.18（b）还显示了该装置的另外 3 处自由度。第 1 处可以通过更换不同长度的转轴改变锥体目标的位置，第 2 处可以通过沿连杆方向的位移改变锥体目标的位置，第 3 处的旋转可以改变进动角。因此，该装置可以控制锥旋和自旋角速率、进动角，以及自旋轴与锥旋轴的交点。试验装置的支架是木质的，散射较低，为了避免电动机及部分金属部件自身散射对测试的影响，试验时用吸波材料将自旋电动机包裹起来，并用吸波材料将导电滑环及锥旋电动机遮挡起来。

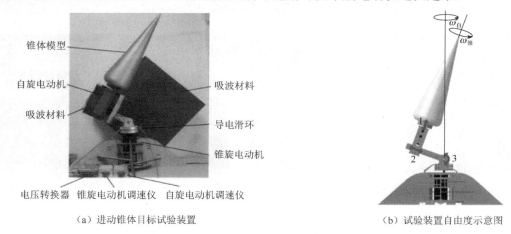

（a）进动锥体目标试验装置　　　　　　　　　　（b）试验装置自由度示意图

图 1.18　进动锥体目标动态测试系统

在进动锥体目标动态测试系统中，测量仪器采用 Aglient 网络分析仪 8363X 系列，在用频率扫描范围为 9GHz～11GHz 的步进频信号测量目标时，由于受硬件性能限制，即便调整中频带宽高至 1.5kHz，脉冲重复频率也约为 68Hz。

上述试验系统与测量结果，在动态目标特性测量的研究中具有重要意义。利用图 1.17 中的进动目标测量试验系统，通过分析目标的微多普勒特征，刘进等发现并研究了滑动型散射中心的特性。由此可见，动态测量对于研究和发现目标特性具有重要意义。然而，由于受设备和测量体制的约束，68Hz 的等效脉冲重复频率还难以满足利用距离瞬时多普勒算法获取目标二维图像的要求。因此，通过动态测量方法，实现目标分离、目标高动态特性的测量，仍有待深入研究。

1.3　雷达辐射式仿真场景及信号处理技术现状

1.3.1　雷达辐射式仿真典型应用场景

在雷达辐射式仿真中，不同的仿真场景需要采用不同的微波暗室和信号体制。在导弹防御雷达应用场景中，导引头雷达系统在对目标进行探测时，需要根据探测结果实时调整自身姿态，完成目标打击。此时，常采用三元组阵列模拟目标位置变化，对导引头雷达系统的探测性能进行仿真和性能评估。作为防御方的雷达系统，需要对导弹的姿态特征、弹体分离特征、运动特征等进行精确的探测和分析，从而为己方防御提供数据支撑，此时就需要利用辐射式仿真开展目标特性测量等试验。此外，随着雷达对抗愈演愈烈，利用辐射式仿真实现雷达对抗的等效模拟十分必要，不同调制样式的雷达脉冲是进行对抗博弈的重要方式，因此，将真实雷达脉冲用于辐射式仿真，进而开展目标探测及雷达对抗性能分析值得深入研究。

本书主要针对导弹攻防场景，开展辐射式仿真应用研究。为了防御空间威胁目标，美国大力发展导弹防御技术，已建立多层次、一体化导弹防御体系，如图 1.19 所示。

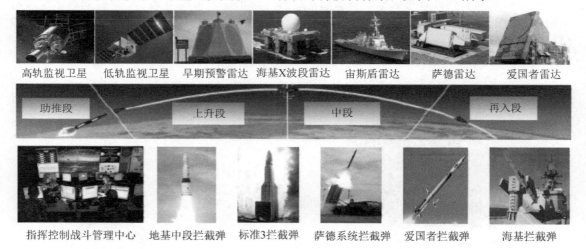

图 1.19　美国导弹防御体系

2017 年 1 月 29 日，由美国与日本共同研制的海基拦截弹"标准-3 Block 2A"在太平洋海域试射成功。2017 年 5 月 31 日，美国成功完成拦截洲际导弹试验，同年在韩国部署了萨德反导系统。由以上频繁弹道导弹与导弹防御技术试验活动可以看出，导弹防御技术在国土防御和地区防御的重要性，弹道导弹与导弹防御技术是维护空间安全和国土安全的核心和关键。

导弹突防采用隐身技术、无源假目标、有源假目标、碎片等反识别手段，及时发现和准确识别来袭目标是防御系统实现有效拦截的前提和基础。空间目标识别技术直接决定了导弹防御系统能否有效识别和拦截来袭导弹，是导弹防御的基础和前提。雷达是导弹防御系统的核心传感器，具有可全天候工作、探测距离远、识别精度高等优点。美国建立了海基 X 波段雷达、宙斯盾系统雷达、萨德系统雷达、爱国者系统雷达等多层次的空间目标雷达探测与识别体系，在夸贾林环礁建立了里根反导试验场（见图 1.20），并不断加强雷达对空间目标的探测和识别能力，以应对突防反识别能力不断增强的弹道导弹。

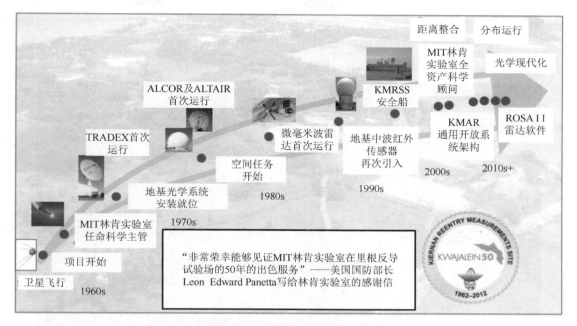

图 1.20 美国里根反导试验场空间监视雷达发展路线图

弹道导弹为了提高与导弹防御系统的对抗能力，通常采用真假多目标突防手段，在防御系统的光学、雷达传感器中呈现多目标的态势。雷达传感器是导弹防御系统中的核心传感器，是弹道导弹面临的最大的探测和识别威胁。针对导弹防御系统雷达，弹道导弹在突破导弹防御系统过程中采用的多目标，主要包括真目标本体、无源假目标、有源假目标等，如图 1.21 所示。其中，目标本体采用多种电磁超材料、电磁吸波材料等电磁特征控制手段，实现高隐身性能；无源假目标主要包括多种模拟真目标本体电磁特征的假目标，使导弹防御系统雷达无法辨识真目标和无源假目标；有源假目标主要包括欺骗式电子干扰装置生成的多种电子假目标，干扰导弹防御系统雷达探测和识别，从而掩护真目标。

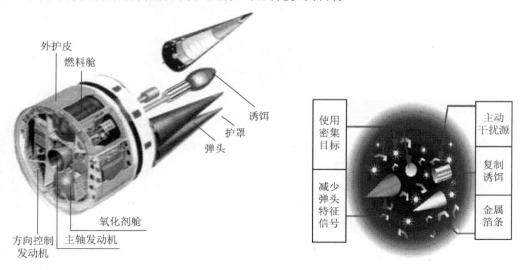

图 1.21 导弹突防多目标示意图

主动防御即在空中将导弹摧毁，从而避免导弹对地面造成损伤，是目前广泛发展的导弹防御手段。主动防御系统可以根据导弹的飞行阶段进行划分，弹道导弹的飞行阶段可以划分为弹道助推段、弹道中段和弹道末段，如图 1.22 所示。

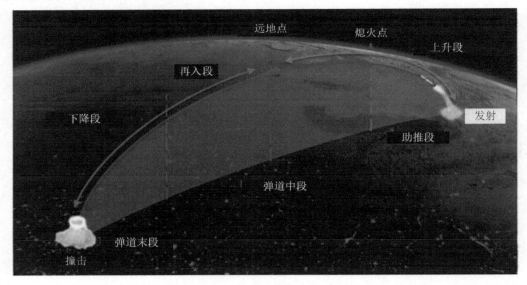

图 1.22　弹道导弹飞行轨迹

导弹助推段的拦截系统由于要考虑到导弹拦截反应时间短、导弹发射地点距离远等问题，因此拦截系统通常以机载为主，从而实现灵活的机动能力。导弹助推段主动防御系统如图 1.23 所示。

图 1.23　导弹助推段主动防御系统

弹道中段飞行持续时间长，弹道可以根据长时间的观测估计出微动等特征，用来区分真假目标，因此中段反导是导弹拦截的重要手段。目前，美国标志性的弹道中段拦截系统主要分为海基弹道导弹拦截系统和地基弹道导弹拦截系统。其中，地基弹道导弹拦截系统在 2002 年由国家导弹拦截系统更名为陆基导弹拦截系统，用以区分与海基导弹拦截系统和空基导弹拦截系统的不同。目前，美国为人所知的宙斯盾弹道导弹拦截系统就属于海基中段弹道导弹拦截系统，该拦截系统从 1999 年到 2008 年总共进行了 20 次拦截试验，其中 16 次获得成功，4 次失败。宙斯盾弹道导弹防御试验和中段弹道导弹拦截系统分别如图 1.24 和图 1.25 所示。

图 1.24　宙斯盾弹道导弹防御试验

图 1.25　中段弹道导弹拦截系统

　　末段弹道导弹拦截系统用来拦截大部分的空中威胁目标，如末段弹道导弹、巡航导弹和空对地制导导弹等。因此，各国都在末段弹道导弹拦截系统的研制上投入很多，目前比较成熟的拦截系统有爱国者（PATRIOT）、扩展中程防空系统（MEADS）、SAMP、ARROW、THAAD、S-300 等，如图 1.26 所示。

PATRIOT

MEADS

SAMP

ARROW

THAAD

S-300

图 1.26　末段弹道导弹拦截系统

美国 MD 系统中各雷达不是独立工作的，而是由指挥控制交战管理与通信（Command and Control Battle Management and Communications，C2BMC）连接成一个有机整体。图 1.27 所示为 MD 系统对弹道导弹的全程跟踪、拦截示意图，该场景涉及了 UEWR（Upgraded Early Warning Radar，早期预警雷达）、Aegis、GBR 三部雷达。

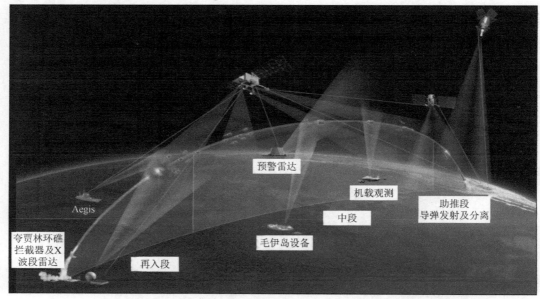

图 1.27　MD 系统对弹道导弹的全程跟踪、拦截示意图

图 1.28 来源于美国 C2BMC 资料，涉及了导弹防御系统中的六部雷达，显示了它们的工作区域是重叠交错的，构成了雷达组网模式。

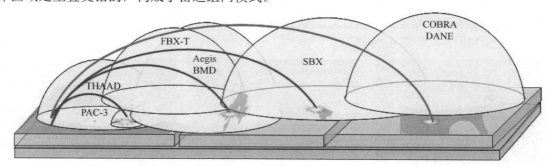

图 1.28　六部雷达的工作区域示意图

归纳起来，导弹防御雷达应用场景具有如下特点。

（1）先进相控阵雷达是导弹防御系统的核心，信号样式以调制脉冲为主。

（2）雷达组网探测形成全空域覆盖能力。

（3）高动态、多目标是导弹防御的主要挑战。

（4）协同对抗是主要威胁。

辐射式仿真的重点是构建的电磁环境、目标和雷达能力符合现实场景，因此在构建辐射式仿真场景时，应尽量逼真地模拟雷达信号样式、工作模式等。

1.3.2 辐射式仿真中的雷达信号处理

目标特性测量主要有外场试验和暗室辐射式仿真测量两种方式，其中外场试验通常采用实体目标进行探测分析。1965 年，美国海军研究实验室（Naval Research Laboratory，NRL）采用外场试验的方法对目标动态特性进行了测量，该测量系统采用脉冲雷达信号体制，能够实现 L、S、X 波段的目标特性测量，测试效果良好。文献[63]给出了 NRL 的动态测量雷达系统，如图 1.29 所示。

图 1.29 NRL 的动态测量雷达系统

在辐射式仿真中，国内外基本采用冲激脉冲与扫频信号开展目标测量，得到目标电磁特征。冲激脉冲目标测量通过发射极窄脉冲对天线特性和目标特性进行测量。一方面，短脉宽使得信号对应的带宽较大，从而利于获取目标的宽带散射特性；另一方面，冲激脉冲脉宽较短，其对应的盲区也较小，从而使得目标回波与发射信号在时域即可分离，因此在较小的微波暗室中就能完成对目标的测量任务。文献[69]中的冲激脉冲目标 RCS 暗室测量场景，如图 1.30 所示。

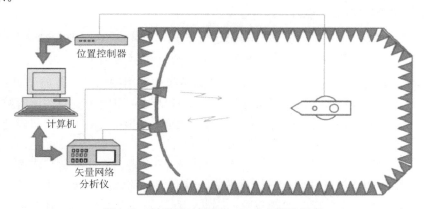

图 1.30 冲激脉冲目标 RCS 暗室测量场景

扫频测量是在一定带宽内产生不同频点的信号，然后进行合成，从而实现宽带测量。扫频测量通常是利用矢量网络分析仪的扫频源发射出扫频信号，其精度更高，能够包含整个扫频宽度内各频点的目标特性信息，进而获得目标高分辨距离像，是目前雷达目标特性测量广泛采用的方式。美国林肯实验室在微波暗室内，通过发射扫频信号，对弹头目标微动特性进行了测量。文献[73]中，O'Donnell A N 等利用该数据，对弹头目标的欠采样数据进行了目标特性分析，如图 1.31 所示。

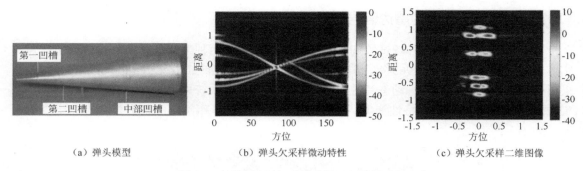

（a）弹头模型　　　　　（b）弹头欠采样微动特性　　　　　（c）弹头欠采样二维图像

图 1.31　弹头目标欠采样数据目标特性分析

随着对雷达目标运动特性认识的加深，国内学者利用微波暗室射频仿真的方法，对雷达的宽带目标特性开展了广泛研究。国防科技大学的刘进等通过设计进动目标模型（见图 1.17），构建了紧凑场微波暗室动态测量系统，采用扫频信号得到并分析了空间进动目标动态散射特性，如图 1.32 所示。北京航空航天大学的高旭等，在微波暗室中利用扫频信号研究了飞机目标中缝隙部位的电磁散射特性。

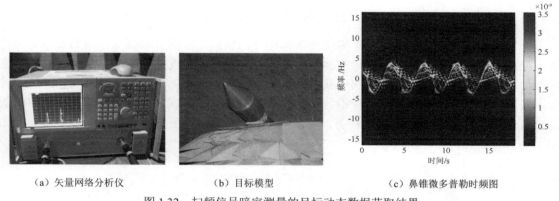

（a）矢量网络分析仪　　　　　（b）目标模型　　　　　（c）鼻锥微多普勒时频图

图 1.32　扫频信号暗室测量的目标动态数据获取结果

图 1.17 和图 1.18 所示的目标模拟系统及测试系统均采用扫频信号开展了目标特性测量，其信号的等效 PRF 均为 68Hz。由于矢量网络分析仪通过对设定带宽内的所有频点扫描结束后，才能进行下一方位角的测量，因此测量系统信号等效 PRF 较低，通常只能达到几十赫兹量级，难以完成具有高速旋转部件目标的测量任务。

当前，雷达系统广泛采用脉冲信号完成空间目标的探测、特性测量与成像。由于脉冲信号能够达到较高的 PRF，对高动态目标特性测量具有较好的优势。进一步与干扰机、杂波源交互，可以直接反映雷达系统的探测效应。因此，在辐射式仿真中利用脉冲雷达获取目标电磁特征、评估雷达系统性能具有十分重要的理论价值和意义。但是，从公开发表的文献来看，在辐射式仿真中，采用脉冲雷达信号实现雷达目标测量的研究较少，亟待进一步深入研究。

在外场环境中，目标与雷达距离在 1000km 以上。而微波暗室空间受限，天线与目标距离较近，至多 100m，如图 1.33 所示。由于脉冲信号存在盲区，在收发分时方式下，发射信号与接收信号将会在接收天线处产生遮挡，无法获取完整的目标回波。在收发同时方式下，接收天线将会收到发射天线的强耦合信号，使得收发信号难以被有效分离。在收发天线之间放置隔离器，可以降低信号互耦的程度，但是对隔离器的设计提出了较高要求。因此，如何解决信号收发遮挡与互耦，是脉冲雷达辐射式仿真面临的关键性技术难题之一。

（a）真实场景

（b）仿真场景

图 1.33　微波暗室尺寸与脉冲宽度的矛盾

1.3.2.1　被动接收动态仿真及处理

1. 工作原理

以雷达导引头辐射式半实物仿真为例，其仿真系统由微波暗室、转台、综合信号模拟分系统、三元组角度模拟分系统、校准系统、控制及评估分系统组成，如图 1.34 所示。

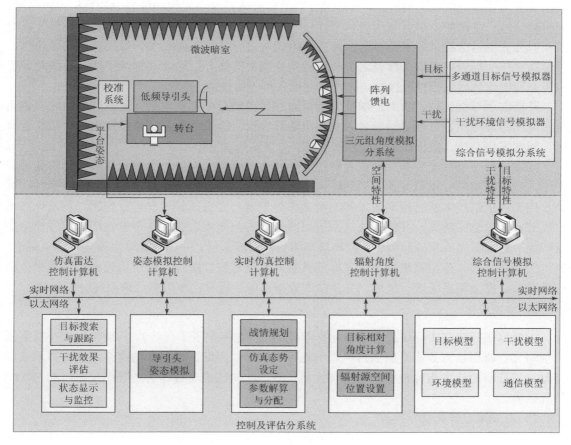

图 1.34　雷达导引头辐射式仿真系统组成

各分系统组成及功能如下。

（1）微波暗室包括屏蔽体及吸波材料，主要功能是提供无外界电磁干扰的试验环境。

（2）转台包括一套高动态大负载转台，主要功能是提供导引头的安装位置并模拟导引头载体的姿态变化。

（3）综合信号模拟分系统包括一套多通道目标信号模拟器和一套干扰环境信号模拟器，主要功能是产生仿真过程中所需的目标回波信号、辐射源信号、复杂的电磁背景信号和干扰信号等。

（4）三元组角度模拟分系统包括三元组天线阵列及阵列馈电网络，主要功能是将综合信号模拟分系统所模拟产生的目标信号、干扰信号、环境信号等按照战情设计进行辐射角位置控制，以所需要的角度向被试导引头辐射目标信号、干扰信号、环境杂波信号等。

（5）校准系统包括矢量网络分析仪、校准源及天线，主要功能是对角度模拟分系统进行标校及测量，该系统不参与试验过程。

（6）控制及评估分系统包括控制工作台及显控计算机、网络交换机、控制软件等，主要功能是实现仿真试验过程的控制、显示、数据解算、导引头的姿态运动模拟等，该系统可用于仿真前设备的检验、仿真过程中数据的采集和监控、仿真结束后数据的分析与处理。

雷达导引头辐射式仿真系统工作方式如下：在微波暗室内，将被试导引头安装于转台上，模拟导弹飞行过程中姿态的变化；通过综合信号模拟分系统生成作战场景中的目标回波信号、辐射源信号、复杂的电磁背景信号和干扰信号；利用三元组角度模拟分系统将上述信号以空间辐射方式辐射给被试导引头；通过对三元组馈电进行控制改变合成的等效辐射信号角度，模拟真实作战场景中导引头接收到各种信号角度变化的情况；通过控制及评估分系统对导引头姿态和电磁环境进行精准控制，来评估导引头抗干扰性能。

开展雷达导引头技术状态检测试验主要通过导弹制导半实物仿真试验系统来完成，该系统主要由微波暗室、三轴试验转台、复杂电磁环境信号模拟系统、试验显控系统、仿真计算机、数据采集系统、数据库和通信网络组成。

被测试的导引头安装在三轴试验转台上，并通过通信网络接入导弹制导半实物仿真试验系统。三轴试验转台模拟导弹的运动姿态，保证导引头与目标相对角位置关系的准确性，试验显控系统根据技术状态检测需求制定测试态势想定，并对试验过程进行控制，仿真计算机实现对各类信息的解算，并控制仿真系统按照一定的帧周期运行。复杂电磁环境信号模拟系统按照态势想定生成相应距离、方位和功率的目标回波信号，并在微波暗室内向导引头辐射，导引头接收到信号模拟系统发出的目标回波后对其进行捕捉跟踪，导引头输出的各类指令和信息通过数据采集系统进行采集，并存储在数据库中，待导出至数据处理系统分析处理。

2. 关键技术

为模拟飞行器在实际作战中的目标和电磁环境（包括电子干扰等），需要辐射式仿真系统产生与飞行器作战方式相适应的目标和电磁环境信号。因此，辐射式仿真系统主要技术指标必须与飞行器的技术指标和作战环境特性相适应，才能完成飞行器雷达导引头系统的半实物仿真试验。

1）微波暗室仿真试验距离

射频仿真微波暗室的尺寸主要依据被试导引头的体制、工作频率、天线口面尺寸、模拟目标的视场角和模拟目标的位置精度等要求来最终确定。

微波暗室的有效长度是指，被试导引头天线中心至阵列及馈电系统辐射天线阵面的直线距离。由于被试导引头天线对目标探测的基本条件是目标处于导引头天线的远场区域，即天线所接收到的目标信号具有平面电磁波的性质，因此，微波暗室的有效长度，即接收天线与发射天线之间的直线距离，也即仿真试验的距离，其基本条件是必须满足天线测量的远场条件。

收发天线间的位置关系如图 1.35 所示。

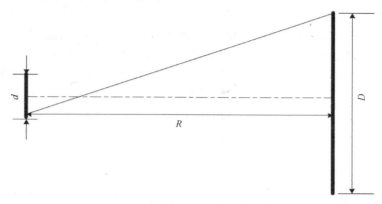

图 1.35　收发天线间的位置关系

由发射天线等效的相位中心辐射的电磁波经过距离 R 到达接收天线口面，以接收天线口面中心为参考，口面边缘的相位差为

$$\Delta\varphi_{\max} = \frac{2\pi}{\lambda}(\sqrt{R^2 + (\frac{D+d}{2})^2} - R) \approx \frac{\pi(D+d)^2}{4\lambda R} \times \frac{-b \pm \sqrt{b^2 - 4ac}}{2a} \tag{1.1}$$

式中，$\Delta\varphi_{\max}$ 为天线口面边缘的相位差，λ 为试验波长，R 为天线测试距离，D 为被试设备天线口径，d 为辐射源天线口径。天线口面边缘的相位差一般取 $\Delta\varphi_{\max} = \pi/8$ 来计算天线远场的最小距离，由式（1.1）得到

$$R_{\min} = 2(D+d)^2/\lambda \tag{1.2}$$

在过去相当长的时间内，用式（1.2）来确定收发天线间的最小测试距离。但由于在三元组合成时，等效辐射点可被看成一个点源信号，因此，在辐射式仿真系统中，等效辐射源的口径尺寸可忽略不计，故式（1.2）简化为

$$R_{\min} = 2D^2/\lambda \tag{1.3}$$

以往的工程经验进一步证实，在估算微波暗室有效长度时，忽略辐射源天线尺寸更为合理。

2）微波暗室静区

建造微波暗室，其根本目的就是要设法抑制电磁波的反射，以便在被试设备的周围建立起一个反射电平极低的"静区"。衡量静区性能优劣的最主要指标是反射率，在进行微波暗室设计时，必然要进行静区反射率的估算。然而，计算静区的反射率就需要计算电磁波入射到吸波材料上之后的散射场，严格地说，计算电磁波的散射场相当复杂，长期以来，在微波暗室的工程设计中，普遍认可的做法是采用一种既方便又有效的近似计算方法——基于几何光学理论的射线追踪法。

微波暗室中的电磁波基本上都属于高频场，而高频场的传播和散射具有"局部"特性，因此，可以采用几何光学的分析方法来进行定量分析和计算。几何光学的基础是费马原理：光线将沿着光程为极值（极大值、极小值或恒定值）的稳态路径而传播。根据费马原理可以确定光线的传播路径或轨迹，并且还可以推导出以下一些重要结论。

（1）光线在均匀介质中将沿直线进行传播。

（2）光线在两种均匀、透明介质的分界面上将遵从反射定律和折射定律。

（3）光学传播的强度定律：其振幅与传播距离的平方成反比。

（4）光学传播的相位函数：其相位随传播距离而呈线性规律变化。

应用几何光学射线追踪法来解算微波暗室的静区问题，还必须假定黏贴吸波材料的微波暗室内壁对于入射的电磁波来说呈现镜面反射特性，即电磁波入射到吸波材料上之后，一部分能量被吸波材料吸收，另一部分能量沿着几何光学的镜面反射方向进行传播。假定入射场为 E_i，反射场为 E_r，则吸波材料的反射系数为

$$R = 20\log(E_r / E_i) \quad \text{（dB）} \tag{1.4}$$

因此，在满足系统技术指标要求的前提下，合理选择吸波材料，可以保证满足总体设计的静区指标要求。

3）系统辐射天线的单元间距

系统辐射天线的单元间距选择是阵列布阵方案设计的基础，单元间距太大，不利于保证辐射信号的角位置精度，甚至会产生信号辐射角位置的多值性；单元间距太小，阵列单元数骤增，除带来系统复杂性和投资增加外，系统的稳定性变差，同时调试与维护的工作量会明显增加，不利于辐射式仿真系统的综合使用。

通常在辐射式仿真系统的设计中，辐射天线单元间距必须满足以下公式的要求：

$$L \leqslant K \frac{\lambda}{D} \tag{1.5}$$

式中，L 为辐射天线单元的间距（rad），D 为最大天线口面直径（mm），λ 为最小信号波长（mm），K 为系数，当 $K=1$ 时是极限的单元间距，工程设计上的经验值一般取 $K=0.8$。

单元间距所带来的最大影响是三元组天线合成时所带来的平面波误差。不考虑阵面弧度对信号极化的影响，3 个辐射天线极化方向相同，由于各辐射天线单元均视为点源，假设三元组各天线辐射单元的馈电信号幅度为 E_i，相位为 $\beta_i(i=1,2,3)$，利用场的叠加原理，可求得被试导引头天线口面处的场强为

$$\boldsymbol{E}(x,y,z) = \sum_{i=1}^{3} \frac{E_i}{R_i} \mathrm{e}^{\mathrm{j}\beta_i} \mathrm{e}^{-\mathrm{j}kR_i} \tag{1.6}$$

在式（1.6）中，认为单元的极化相同，而且忽略 $\boldsymbol{E}_1$、$\boldsymbol{E}_2$、$\boldsymbol{E}_3$ 各矢量在空间方向上的差异，因此，可以简化为复标量叠加。式（1.6）中，$R_i = \sqrt{(x_i-x)^2 + (y_i-y)^2 + (z_i-z)^2}$，$(x_i,y_i,z_i)$ 是辐射天线的坐标，(x,y,z) 是被试导引头天线的坐标。为方便计算，令 $A_i = \dfrac{E_i}{R_i}$，所以被试导引头天线口面上的合成场强为

$$
\begin{aligned}
\boldsymbol{E}(x,y,z) &= \sum_{i=1}^{3} A_i \mathrm{e}^{\mathrm{j}(\beta_i - kR_i)} \\
&= \sum_{i=1}^{3} A_i [\cos(\beta_i - kR_i) + \mathrm{j}\sin(\beta_i - kR_i)] \\
&= \sum_{i=1}^{3} A_i \cos(\beta_i - kR_i) + \sum_{i=1}^{3} \mathrm{j}A_i \sin(\beta_i - kR_i)
\end{aligned}
\tag{1.7}
$$

所以,

$$|\boldsymbol{E}(x,y,z)| = \sqrt{[\sum_{i=1}^{3} A_i \cos(\beta_i - kR_i)]^2 + [\sum_{i=1}^{3} A_i \sin(\beta_i - kR_i)]^2} \qquad (1.8)$$

由余弦定理得到:

$$|\boldsymbol{E}(x,y,z)| = \sqrt{A_1^2 + A_2^2 + A_3^2 + 2A_1A_2 \cos\varphi_{21} + 2A_1A_3 \cos\varphi_{31} + 2A_2A_3 \cos\varphi_{32}} \qquad (1.9)$$

$$\beta(x,y,z) = a\tan\left[\frac{A_1 \sin(\beta_1 - kR_1) + A_2 \sin(\beta_2 - kR_2) + A_3 \sin(\beta_3 - kR_3)}{A_1 \cos(\beta_1 - kR_1) + A_2 \cos(\beta_2 - kR_2) + A_3 \cos(\beta_3 - kR_3)}\right] \qquad (1.10)$$

式中, $\varphi_{21} = (\beta_2 - \beta_1) - k(R_2 - R_1)$; $\varphi_{31} = (\beta_3 - \beta_1) - k(R_3 - R_1)$; $\varphi_{32} = (\beta_3 - \beta_2) - k(R_3 - R_2)$ 。

在确定了试验距离的前提下,选择一组天线单元间距,根据上述公式,并选择相应的天线口径及试验频率,计算三元组天线合成场的幅相分布,并与点源辐射天线到达被试导引头天线的辐射信号特性进行比较,可知所取天线单元间距是否满足系统设计要求。

4) 系统辐射信号角位置精度

针对辐射式仿真系统辐射信号角位置精度指标,进行系统分析,影响该指标的主要因素和带来的误差可以概括如下。

(1) 原理误差:三元点辐射形成一个辐射中心,是对于小角度近似的情况,单元间距较大时便会引入误差。

(2) 设备误差:包括阵列结构、阵列天线指向、转台精度、设备长期稳定性等带来的误差,都可以通过详细设计和安装工艺等来保证,并通过定期标校来调整,对位置精度影响很小,可以忽略。

(3) 暗室静区性能:由暗室静区指标带来的误差。在微波暗室中反射波与直射波的夹角较大时误差增加,在阵列边缘处误差增加,此外,转台安装后转台(包括框架和转台底座)及转台基础等对静区特性都会带来很大影响,尤其是在低频时,其影响难以估算,系统角位置精度会明显下降。

(4) 近场效应的误差:可以通过软件修正,正确和有效地修正后其误差可以忽略,可与原理误差统一估算。

(5) 测量装置(校准系统)带来的误差:一般来说,测量系统带来的误差会比被测设备低一个数量级,校准系统的误差主要由测试天线的定位尺度(与测试频率相关)和定位精度,以及矢量网络分析仪的测量精度决定,并且随频率变低而变差,低频时误差会相应增大。

(6) 幅相迭代算法误差:由于受数据更新率的限制,计算机在幅相迭代时往往只能进行二次迭代。首先确保满足系统对幅度的精确性要求,由此必然带来相位误差,若保证相位误差小于 $10°$,则在工程上一般可满足系统精度对幅相迭代的要求,并且有源幅相组件是能够实现这种算法数据的,所以,实际在工程上其迭代误差可以忽略。

(7) 幅相控制带来的误差:包括程控衰减器、程控移相器等控制器件,它们的一致性(稳定性和重复性)及各自的精度误差是在辐射式仿真系统所有误差来源中最需要控制的,并且是能够控制的部分,这部分器件控制的性能优劣会直接影响辐射信号角位置精度的优劣。

(8) 射频信号源系统的频率稳定度也是引起辐射信号角位置精度的一个影响因素,稳定度高的射频信号源,其对系统角位置精度的影响可以忽略。

5）系统有效辐射功率

系统阵列天线辐射的射频信号经过一定距离的空间衰减后到达被试设备处的信号功率，即最大有效辐射功率，在总体设计上应高于被试设备探测灵敏度。同时，微波暗室中所有设施反射的信号到达被试设备处应低于被试设备的探测灵敏度，保证与直达波信号的信噪比达到 30dB 以上，只有这样才能降低无用信号对被试导引头测角精度的影响，使仿真试验达到模拟真实外场试验的目的。事实上，系统有效辐射功率指标是一个范围，指标在低频时较小，在高频时较大。

实际在进行辐射式仿真试验时，根据被试设备的接收灵敏度和不同工作频率，可以选择适当的系统有效辐射功率数值，以便优化试验，获得最佳的试验效果，特别是降低无用干扰的影响，得到最好的角位置测试精度和准确度，这是在辐射式仿真试验时一个非常重要的试验手段和诀窍。

1.3.2.2 冲激脉冲动态仿真及处理

1. 基本原理

冲激脉冲辐射式仿真直接将纳秒或亚纳秒量级脉冲源的输出脉冲通过天线辐射到自由空间。脉冲源的输出脉冲波形、宽度、幅度、重复频率、波形一致性、稳定度等指标直接关系到雷达的可行性，因此脉冲源是冲激脉冲辐射式仿真的关键技术。一般来说，冲激脉冲源的输出信号的要求如下。

（1）脉冲宽度窄，脉冲前沿小。脉冲宽度越窄和脉冲前沿越小，频谱分量越高，要求脉冲源的输出信号脉冲宽度在纳秒量级，脉冲前沿在亚纳秒或纳秒量级。

（2）脉冲幅度高，脉冲波形稳定度高。脉冲幅度越高，脉冲源的辐射能量越强，冲激脉冲的作用距离越远；同时，脉冲波形的稳定度直接关系到冲激脉冲的测量精度，而气体开关和油开关的重频稳定度差、脉冲波形一致性差，不宜用于冲激脉冲源。

冲激脉冲以下两个特性决定了该信号适合在尺寸受限的微波暗室内进行辐射式仿真。

1）距离分辨率高

距离分辨率是指径向方向上两个大小相等的点目标之间最小可区分的距离。一般地，从频域角度来讲，距离分辨率主要由频带宽度决定；而对应到时域冲激脉冲，距离分辨率主要由脉冲宽度决定：时域脉冲越窄，有效带宽越宽，距离分辨率越高。冲激脉冲分辨率如图 1.36 所示，设矩形脉冲宽度为 τ，有效带宽 $B \approx \dfrac{1}{\tau}$，考虑双程延时因素，距离分辨率 Δr_c 可表示为

$$\Delta r_c \approx \frac{c}{2} \cdot \tau = \frac{c}{2} \cdot \frac{1}{B} \tag{1.11}$$

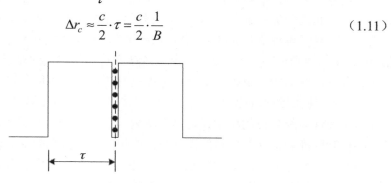

图 1.36　冲激脉冲分辨率

对应于 1ns 的脉冲宽度，其距离分辨率可达到 0.15m；而对于几百皮秒甚至十几皮秒的脉冲宽度，其距离分辨率则可以进一步提高。

2）近距离盲区小

为防止雷达接收机饱和或烧毁，一般地，在雷达发射信号的同时，接收机是关闭的，这就造成了雷达的近距离盲区。雷达近距离盲区主要决定于雷达发射信号的持续时间。无疑，对于脉冲持续时间仅在（亚）纳秒量级的冲激脉冲而言，其近距离盲区将可以得到极大限度的缩短，最小探测距离可达到数十厘米。这对于近距离精确探测来说，相比其他系统其具有独特优势。

目前，常用的冲激脉冲信号形式一般为单极性脉冲。单极性脉冲在工程上相对容易实现，但其脉冲功率的较大部分处于低频段，不利于发射天线辐射，因此，信号功率的利用效率较低。类似双高斯脉冲或者 Ricker 小波信号的脉冲形式零频分量少，其频谱能量集中在频谱中心附近，并且回波相位信息容易提取，是比较理想的脉冲信号形式，但在工程上较难实现，必须改进或创新电路拓扑。

2. 关键技术

1）单位冲激信号特性

选择 $\delta(t)$ 函数，作为冲激雷达发射信号，其表达式为

$$\begin{cases} \delta(t) = 0, \quad t \neq 0 \\ \displaystyle\int_{-\infty}^{+\infty} \delta(t)\mathrm{d}t = 1 \end{cases} \tag{1.12}$$

满足 $\delta(t)$ 函数关系的信号称为单位冲激信号，其具有如下基本特性。

（1）频谱分布特性。

$\delta(t)$ 函数的频谱分布在频域上呈单位均匀分布：

$$\int_{-\infty}^{+\infty} \delta(t)\mathrm{e}^{-\mathrm{j}\omega t}\mathrm{d}t = 1 \tag{1.13}$$

因此，其傅里叶变换对为

$$\delta(t) \xleftrightarrow{\ F\ } 1 \tag{1.14}$$

显然，$\delta(t)$ 的相对频带宽度达到极限值。

（2）筛选特性。

对于任意函数 $f(t)$，其与 $\delta(t)$ 乘积的无限积分等于 $f(0)$：

$$\int_{-\infty}^{+\infty} f(t)\delta(t)\mathrm{d}t = \int_{-\infty}^{+\infty} f(0)\delta(t)\mathrm{d}t = f(0)\int_{-\infty}^{+\infty} \delta(t)\mathrm{d}t = f(0) \tag{1.15}$$

（3）卷积特性。

对于任意函数 $f(t)$，其与 $\delta(t)$ 卷积等于 $f(t)$ 自身：

$$\int_{-\infty}^{+\infty} f(t)\delta(t-\tau)\mathrm{d}t = f(\tau)|_{\tau=t} = f(t) \tag{1.16}$$

（4）高阶导数的筛选特性。

设 $\delta(t)$ 广义的 n 阶导数为 $\delta^{(n)}(t)$，则对于任意函数 $f(t)$，其与 $\delta^{(n)}(t)$ 乘积的无限积分满足如下关系：

$$\int_{-\infty}^{+\infty} f(t)\delta^{(n)}(t)\mathrm{d}t = (-1)^n \frac{\mathrm{d}^n}{\mathrm{d}t^n} f(t)|_{t=0} \tag{1.17}$$

正因为 Dirac-Delta 信号具有这些特性，因此它具有很强的物理意义。在现代信号与系统理论中，对于系统特性的最重要刻画方法便是系统的冲激响应，即系统对于单位冲激信号的零状态响应。

利用冲激响应，可以有效刻画出系统的内在特性。若已知某一系统的冲激响应，则对于任意信号，该系统的零状态输出响应可求。

设系统冲激响应已知，记作 $h(t)$，即

$$\delta(t) \rightarrow h(t) \tag{1.18}$$

而对于任意信号 $f(t)$，该系统的零状态输出响应记为 $y_f(t)$：

$$f(t) \rightarrow y_f(t) \tag{1.19}$$

即

$$\int_{-\infty}^{+\infty} f(t)\delta(t-\tau)\mathrm{d}\tau \rightarrow y_f(t) \tag{1.20}$$

若系统属于线性系统，满足齐次性和可加性，则有

$$y_f(t) = \int_{-\infty}^{+\infty} f(t)h(t-\tau)\mathrm{d}\tau = f(t) * h(t) \tag{1.21}$$

式中，*表示卷积运算。

冲激响应反映在雷达目标探测中，具有如下物理本质：以单位脉冲信号照射目标，则所接收到的目标回波，可以反映目标在整个频域上的全部响应特性。更进一步，由单位冲激回波结果，可以推算出任意波形照射目标时的反射回波信号。

这也可以从另一个角度去理解冲激雷达与常规雷达之间的根本区别与内在联系。相比于常规雷达，冲激雷达回波可以得到更为丰富的目标信息，这种根本性差异直接决定了冲激雷达距离分辨率高、易于目标识别等潜在特性。

理想的单位冲激信号是无法用物理实现的，仅具有数学意义。实际应用中可以采用的冲激脉冲信号并没有严格的定义和要求，大致上可分为如下几类：单极脉冲、单周波、多周波，如图 1.37 所示。

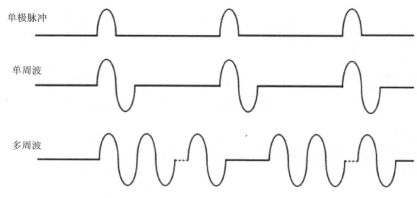

图 1.37　冲激脉冲信号形式

单极脉冲只含有单向峰值电平，经发射天线后，利用天线的"微分"效应对外辐射，回波信号波形简单，易于区分目标各个反射中心点的反射分量及相互延时关系。但是，单极脉冲也具有一定的缺点，频谱分布中直流分量最大，且由低频往高频迅速递减，低频分量过高，导致天线辐射效率较低。典型的单极脉冲有高斯脉冲、双指数脉冲等形式。

　　单周波是典型的双极脉冲形式，含有双向峰值电平。单周波的优点在于它的频谱分布中心频率近似在单周波波形周期对应的频率附近，左右近似呈对称分布，不含直流分量，低频分量小，从而可以提高天线辐射效率。但是，单周波脉冲的波形较为复杂，特别是经过辐射接收后，将呈现多个峰值。对于体目标而言，难于区分多个散射中心的波形延时与单点散射回波极性之间的差异，也就是说无法有效提取散射中心分布信息，这对于后端目标识别是不利的。典型的单周波有单周期正弦波、微分高斯脉冲等形式。

　　相对于单周波而言，多周波所包含的低频分量更小，从而使得天线辐射效率更高；但是同时带来了系统信号有效带宽的降低。多周波在一个脉冲内含有多个振荡周期，因此几乎可以认为是一种载波调制波。实际上，信号相对带宽的概念可以近似理解为信号周期与信号持续时间之比，也就是载波信号周期宽度与基带脉冲持续宽度之比。例如，1%的相对带宽，其基带脉冲信号中将调制大约 100 个载波信号；同样地，20%～25%的相对带宽，其基带脉冲信号中将允许调制大约 4～5 个载波信号。这种对信号带宽概念的理解，可以有效地帮助下文中一些问题的讨论。

　　因此，多周波可以理解为由传统的窄带雷达到超宽带雷达波形的中间过渡。典型的多周波有多周期正弦波、调制高斯脉冲等。

　　2）参数测量

　　（1）距离测量。

　　冲激雷达测距与常规雷达测距原理完全相同，根据雷达收发脉冲延时，求解目标距离：

$$R = \frac{1}{2}ct_{\mathrm{D}} \tag{1.22}$$

式中，R 为目标距离；t_{D} 为收发脉冲延时；c 为光速。

　　由于冲激脉冲宽度极窄，一般仅在纳秒左右，其上升沿非常陡峭，可达到数百皮秒，因此利用回波脉冲或脉冲前沿实现目标检测将有望获得很高的测距精度。

　　（2）速度测量。

　　常规雷达测速利用多普勒效应，通过测量回波多普勒频移，反推目标径向速度。

$$f_{\mathrm{d}} = \pm\frac{2v}{\lambda} \tag{1.23}$$

　　多普勒效应，其本质上是雷达与目标之间的相对运动导致回波信号在时间尺度上的展缩效应，多普勒频移只是一种近似。

　　对于冲激雷达测速，目前有多种主张：一种主张测试多普勒频移得出目标速度信息；另一种主张测试多普勒时移得出目标速度信息；还有一种主张测试多普勒相移得出目标速度信息。

　　窄带和冲激脉冲雷达单脉冲回波比较如图 1.38 所示，窄带雷达之所以能够实现单脉冲测速，是因为单个脉冲内，信号周期较多，信号持续时间足够长。在整个信号持续时间内，目标发生了足够大的移动，造成回波信号较发射信号在时间尺度上产生了明显的展缩，因此利用多普勒频率可以进行单脉冲测速。

　　而对于冲激脉冲，在单个脉冲内信号周期少、信号持续时间短。在整个脉冲持续时间内，目标移动造成脉冲信号时间尺度上的展缩很难被观测，几乎可以忽略，因此单个冲激脉冲无法测速。特别是考虑到实际环境中的收发脉冲波形形变、杂波干扰、窄脉冲高精度测试难度等因素，单个冲激脉冲根本无法进行目标速度测量。

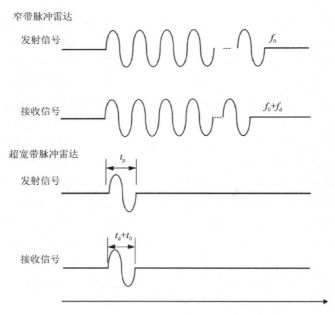

图 1.38　窄带和冲激脉冲雷达单脉冲回波比较

（3）角度测量。

与常规雷达测角原理相仿，可采用最大信号法测角，即当雷达天线波束正对目标时，回波信号能量最强。天线在空域内连续扫描，在天线波束照射到目标的驻留时间内（以主波束计），可以接收到 N 个目标回波。

$$N = \frac{\Theta}{\omega_s} \cdot f_p \tag{1.24}$$

式中，Θ 为方位向（俯仰向）波束宽度；ω_s 为方位（俯仰）扫描速度；f_p 为脉冲重复频率。天线在目标附近角度进行扫描，目标回波个数最多的角度单元便是目标所在角度。

3）冲激脉冲源设计

常规脉冲源设计重点考虑的参数有脉冲宽度、脉冲幅度等。对于波形一致性、频率稳定度、重频上限、拖尾等指标常常忽略，或重视程度不够。而这些指标恰恰是超宽带雷达用冲激脉冲源的关键性指标。

高稳定度、高功率脉冲源（发射机）的设计一直是超宽带雷达系统设计的关键性技术，脉冲源（发射机）的基本参数直接决定了雷达系统的最大作用距离和测量精度。波形参数、功率参数、稳定度参数需要综合考虑。

基于相关团队在冲激脉冲雷达试验系统方面长期积累的相关经验，试验表明，冲激脉冲雷达系统对于脉冲源输出脉冲波形、脉冲宽度、脉冲幅度、脉冲拖尾、波形一致性、重频、重频稳定度等指标反应灵敏，应该作为冲激脉冲雷达用脉冲源规范化指标的基本参数。

一般希望脉冲为近似单极脉冲。若完全单极，则零频分量大，辐射效率低；双极单周波，中频分量多，辐射效率高，但辐射微分效应使得回波信号复杂度增加，正负峰值幅度相等也使得回波相位信息提取困难。理论上讲，双高斯脉冲，含有一个很高幅度的正峰，前后又包括两个小幅度的负峰，且整个脉冲上正负电压积分面积为零，零频分量小，回波相位信息易于提取，是较为理想的源信号，但在工程上难于完全实现。一般希望做成近似双高斯型单极脉冲，除含有很高幅度的正峰外，希望还有小幅度的负峰来降低信号积分总面积，使得零频分量减小。

脉冲宽度越窄，频谱分量越高，但并非越窄越好，反而较低的 HF/VHF/UHF 频段较 L、S 频段目标透射、反隐身效果要好。所以一般采用纳秒、亚纳秒量级脉冲源，而且应考虑系统工作频段。

脉冲幅度越高，辐射能量越大，作用距离越远。但是脉冲拖尾、波形一致性这两个指标远比脉冲幅度重要，决定着系统能否正常、稳定地工作，以及探测和识别目标。这是因为系统往往对于脉冲波形质量比脉冲波形能量还要敏感。

一般脉冲源对于设计重频考虑较少，特别是气体开关脉冲源，有些甚至只能达到几十至几百赫兹，且重频稳定度差。而对于超宽带雷达，高的重频、高的重频稳定度对于系统相参至关重要，将大幅度提高系统信噪比和增加作用距离。

当前的冲激脉冲源主要利用开关状态的通断切换来完成脉冲波形的形成过程，因此开关的性能直接影响了脉冲波形的指标。开关的选择主要考虑以下因素。

（1）开关的功率容限。

开关的功率容限越大，其最大输出功率越容易做到更高。当开关的功率容限较低时，需要通过多个开关级联来实现更高的功率。

（2）开关的响应时间。

开关的响应时间快慢，直接决定了脉冲前沿陡峭度和脉冲宽度。当开关的响应时间过慢时，所形成的脉冲前沿越缓、脉宽越宽，需要利用脉冲锐化电路进一步进行整形。

（3）开关的稳定度。

开关的多次状态切换之间，必然存在随机抖动，从而直接影响脉冲的波形稳定度和时间稳定度。因此要设计高稳定度的脉冲发射机，开关的稳定度特性必须予以足够重视。

（4）开关的重频上限。

开关连续两次的状态切换之间，必然存在最小的恢复时间间隔，从而直接影响脉冲的重频上限。因此要设计高重频的脉冲发射机，开关的重频特性也需要考虑。

对于冲激脉冲发射机设计，除了功率指标，重点还需要考虑稳定度指标、重频特性，因此晶体管开关重新得到重视。在近距离冲激脉冲系统中，脉冲发射机普遍采用晶体管单管电路。

1.3.2.3　扫频信号动态仿真及处理

传统目标特性测量常用点频方法，即用单一频率的连续波模拟均匀平面波照射目标，并通过回波进行散射特性测量。随着微波测试技术与仪器的进步，宽频段扫频测量被广泛采用。扫频方式是在一定的带宽范围内，产生频率由低到高或由高到低连续变化的信号进行测量。通过将目标置于转台上，利用转台旋转对每个方位角进行宽带扫频测量，得到目标的散射信息。这种方法本质上是采用静态测量的方法，其缺点是不能反映目标的运动特性，难以逼真复现实际场景中目标散射特性的动态信息。

为实现扫频信号动态仿真，可以通过计算弹道目标飞行过程中的方位角，对不同方位角测量得到的静态散射数据进行高精度插值，从而得到不同姿态条件下的目标散射特性。然而，在对具有复杂运动和结构特性的空间目标进行测量时，采用插值的方法仍不够精确。因此，通过建立目标运动姿态模拟系统，实现目标运动特性的连续模拟，然后构建目标动态特性测量系统，可以开展扫频信号动态仿真。

1. 基本原理

扫频方案通常利用矢量网络分析仪的扫频源发射出扫频信号，在测试带宽内对目标进行测量和分析，扫频测量的方法精度高、能实现一维成像，且包含了整个扫频宽度内各频点的目标特性信息，是目前雷达目标特性测量广泛采用的方法。

采用扫频信号进行目标静态测量时，通常将目标置于转台上，通过转台旋转对每个方位角进行宽带扫频测量。扫频信号由矢量网络分析仪内的扫频源产生至发射天线，根据接收天线接收的目标回波，可以得到目标的频域特性。然后，将频域数据通过 IFFT 处理得到时域，再经过噪声抑制、杂散信号抑制等，对得到的信号进行 FFT 变换回频域，从而得到宽频段内的 RCS 信息。典型扫频信号动态仿真测量系统如图 1.39 所示。

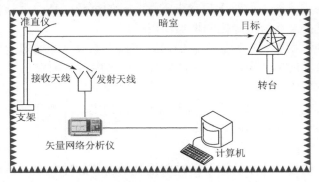

图 1.39　典型扫频信号动态仿真测量系统

扫频信号动态仿真测量流程如图 1.40 所示。当启动设备之后，通过设置初始化参数，分别获取定标体的 RCS 数据和暗室的背景数据。然后启动矢量网络分析仪发射扫频信号，通过控制转台得到不同角度下的目标散射信息，并记录测量的散射数据。当结束测量后，结合定标体的 RCS 和暗室的背景数据，对测量的目标散射信息进行分析。

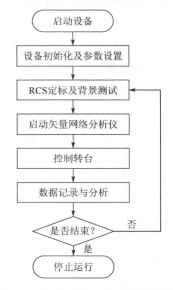

图 1.40　扫频信号动态仿真测量流程

2. 关键技术

1）扫频信号源技术

线性度是扫频信号频率随时间变化时的线性程度。线性度越高，在实际应用中的性能就会越好。线性度同时表征了扫频斜率的变化量。扫频斜率是线性扫频过程中单位时间的频率改变量。在理想的线性扫频过程中，扫频斜率是一个固定值。然而，受到器件的非线性和噪声影响，扫频斜率会发生变化造成扫频非线性。为了提高扫频信号的线性度，可以设计锁相环路进行扫频，系统能够自动校正非线性，达到很高的线性度。扫频范围是扫频过程中的频率变化范围，目前的元器件已能够产生数十吉赫兹的扫频范围。

当前，雷达辐射式仿真中所采用的扫频信号源基本通过矢量网络分析仪产生。随着微波技术的不断进步，矢量网络分析仪所产生的扫频信号的线性度、扫频范围均较为良好，能够满足辐射式仿真中对雷达目标特性进行测量的基本需求。

2）背景噪声抑制技术

在辐射式仿真中开展目标测量，必然会受到背景噪声的影响。由于目标 RCS 散射信号一般很小，特别是当要实现宽带 RCS 测量时，对整个测量系统的灵敏度提出很高的要求。此时，就需要对背景噪声进行处理，从而提高测量精度。对背景噪声进行抑制主要有三种方法：一是对测量数据进行多次平均，由于背景噪声的非相参性，在多次测量数据相加并平均后，噪声能够被有效降低而目标信息则被保留，从而降低背景噪声的影响。二是背景噪声对消。在开展测量之前，先对没有目标的背景进行一次测量，并将测量数据存储下来。然后将有目标的测量数据与第一次测量的背景数据进行相减，实现背景噪声的抑制。三是加时间窗。影响 RCS 测量精度的因素不仅仅是背景噪声，还有发射天线泄漏接收天线的直达信号。此时，将得到的宽带扫频数据变换到时域，收发天线的直达信号与目标回波将会分开，通过时域加窗能够将收发耦合部分的信号有效滤除。以目标位于 11m 附近为例，收发耦合信号的回波将位于 20～30ns 附近，而目标回波则位于 70ns 附近，通过加窗能消除位于 20～30ns 附近的直达信号。

3）目标动态测量技术

利用扫频体制通过静态测量的方式获取目标信息的相关技术已经比较成熟。基于静态信息，可以通过插值等方法等效得到目标的动态测量数据。但这种方法存在两个劣势，一是静态测量需要对位于转台上的目标进行不同角度下的宽带测量，若要实现高精度方位下的目标特性测量，需要设定较小的转台方位角间隔，从而大大增加了试验开展的工作量和数据处理的难度；二是通过插值的方法等效得到的目标测量数据，难以反映出复杂运动条件下的测量结果。因此，需要构建模拟目标运动特性的试验系统，结合扫频测量方法实现目标连续运动条件下的特性测量。基于该方法，不少学者已经针对弹道目标的微动特性开展了动态特性测量，其试验系统基本采用矢量网络分析仪产生扫频信号。但由于矢量网络分析仪通过对设定带宽内的所有频点扫描结束后，才能进行下一方位角的测量，所以测量系统信号等效脉冲重复频率（Pulse Repetition Frequency，PRF）较低，因此在对具有快速旋转等高动态的目标测量时，该方案仍需改进。

1.3.2.4　脉冲信号动态仿真及处理

脉冲信号具有一定的脉宽，在进行探测时存在盲区，脉宽越小，对应的盲区就越小。在盲区内的目标回波将会与雷达发射信号相互耦合，难以分离。由于室内场中目标与雷达天线之间的距离较小，目标将会处于常规雷达脉冲的探测盲区中，故常规雷达脉冲难以直接用于室内场辐射式仿真中的目标测量。冲激脉冲的脉宽一般在纳秒量级甚至更小，因而在室内场测量时不会面临上述问题。但是，冲激脉冲的能量难以提高，且在雷达对空间目标探测中未被广泛使用。

当前，空间目标运动特性日益复杂，并且绝对速度更高、机动能力更强、运动特性更加复杂。采用传统目标动态特性模拟及测量的方法，难以逼真复现脉冲雷达信号条件下的目标电磁特性。因此，在室内场辐射式仿真中引入常规雷达脉冲开展目标动态测量仿真、雷达对抗等试验，变得十分迫切。

1. 工作原理

在构建辐射式仿真场景时，应尽量逼真模拟雷达信号样式、工作模式等。然而，雷达脉冲时长对应的传播距离通常远大于室内场微波暗室的尺寸，直接将雷达脉冲引入室内场进行辐射式仿真，信号还未发射完毕，目标回波将到达接收天线，使得雷达接收端面临严重收发互耦问题，如图 1.41 所示。

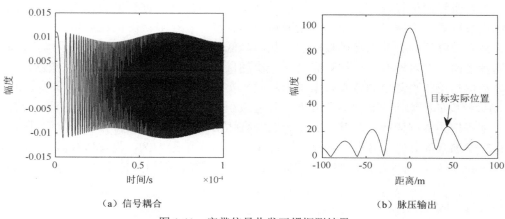

（a）信号耦合　　　　　　　　　　（b）脉压输出

图 1.41　窄带信号收发互耦探测结果

2006 年，王雪松教授提出间歇采样转发干扰，该方法通过使用 DRFM 对雷达信号进行低速率的"采样—转发—采样"交替处理，可以有效解决突防设备中的收发隔离问题。因此，利用间歇采样对脉冲雷达信号进行分段发射和接收，可以解决微波暗室内脉冲雷达信号收发遮挡与互耦的问题，如图 1.42 所示。

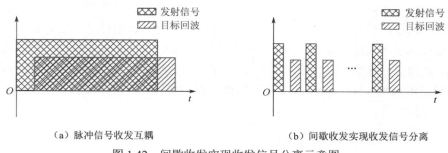

（a）脉冲信号收发互耦　　　　　　　　（b）间歇收发实现收发信号分离

图 1.42　间歇收发实现收发信号分离示意图

2. 关键技术

1) 间歇收发技术

通过间歇收发对雷达脉冲信号进行切片处理，切片后的脉冲对应的传播距离小于微波暗室尺寸，从而实现"长"脉冲进入"小"暗室，如图 1.43 所示。以此为技术基础，构建目标运动特性模拟系统、雷达模拟系统和电磁环境模拟系统，有望在室内场以静代动、以近知远，实现室内场导弹突防、雷达探测辐射式仿真的新型工作模式。

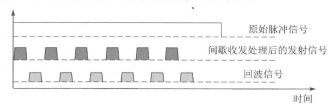

图 1.43　间歇收发控制示意图

雷达辐射式仿真新型工作模式由雷达模拟器主控和同步接口设备从外部获取战情和指令，启动各个雷达模拟设备工作，电磁环境模拟设备产生复杂电磁环境信号，雷达模拟设备由资源调度分系统产生指令控制信号接收分系统产生发射信号，信号接收分系统接收干扰信号和回波模拟分系统的目标回波信号，将信号叠加后输出到信号处理分系统和数据记录设备，信号处理分系统和数据处理分系统对接收的回波信号进行信号处理和数据处理后将数据在雷达显控分系统中显示。

2) 信息重构技术

间歇收发处理是对原始脉冲雷达信号的欠采样处理，需要进一步研究信息重构方法，消除欠采样带来的失真问题。针对该问题，可以结合间歇收发处理后的信号时频域特性及回波分段欠采样特性，进行回波处理与信息重构研究。刘晓斌等针对线性调频、相位编码等典型脉冲信号，分析了间歇收发处理的收发策略与回波特性，并基于压缩感知给出了目标回波重构方法，分析了间歇收发重构回波与完整脉冲回波的信息一致性，并通过仿真进行验证。针对半实物仿真系统在收发信号时难以得到理想矩形脉冲的问题，建立了在非理想条件下的梯形脉冲收发控制信号回波模型，并通过理论推导与仿真试验，验证了非理想间歇收发重构回波所得目标信息与理想方式所得结果一致。图 1.44 所示为构建的间歇收发脉冲雷达目标测量试验系统，通过该试验系统，在微波暗室中开展目标测量试验，验证了间歇收发处理及回波重构方法的有效性。

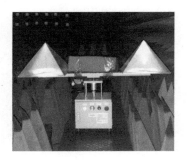

（a）试验系统实物图　　　　　　　　　　（b）目标实物图

图 1.44　构建的间歇收发脉冲雷达目标测量试验系统

　　刘源等在此基础上，从间歇收发回波的频域特性出发，通过提取回波频谱主周期、傅里叶逆变换、能量补偿来重构信号。沈健君等针对宙斯盾雷达常用的脉内四载频信号，分析了室内场间歇收发处理后的回波特性，并提出了回波重构方法。谢艾伦等针对相位编码信号，提出了基于匹配滤波变换基的间歇收发回波重构方法，并验证了回波重构性能。利用间歇收发实现室内场脉冲信号收发解耦合，是将脉冲雷达信号引入微波暗室开展目标测量、雷达对抗模拟等的基础，也值得开展广泛而深入的研究。

第 2 章　雷达辐射式仿真信号均匀间歇收发处理

2.1　概述

随着雷达辐射式仿真功能需求的增加，在室内场开展空间目标探测、成像及雷达对抗的等效模拟，成为辐射式仿真中的研究难点。由于室内场的空间受限，在收发同时模式下，目标回波会在雷达脉冲尚未被完全辐射前返回接收天线，所以收发信号相互耦合；在收发分时模式下，由于存在收发遮挡，雷达脉冲被完全辐射后，仅能接收到很少的回波，从而成为制约室内场开展脉冲雷达辐射式仿真的瓶颈问题。根据脉冲信号在室内场中的传播时间，将雷达脉冲分成多个短脉冲进行收发，是解决该问题的有效手段。在此基础上，分析收发处理的回波特性，研究相应的回波处理方法，有望形成室内场脉冲雷达辐射式仿真方法体系。

本章以雷达脉冲信号的间歇收发方法，针对均匀间歇收发技术展开讨论。2.2 节主要介绍脉冲雷达信号均匀间歇收发基本原理，分析间歇收发控制信号特性；2.3 节着重介绍线性调频（Linear Frequency Modulation，LFM）、相位编码（Phase Code Modulation，PCM）等典型的脉冲信号进行间歇收发后的回波特性，讨论了收发参数的设计方法；2.4 节针对实际系统难以产生理想的收发控制信号，介绍非理想间歇收发处理后的回波特性，并给出不同收发参数下的仿真结果。

2.2　均匀间歇收发模型及特性

2.2.1　均匀间歇收发控制信号模型

在辐射式仿真中，较大的微波暗室尺寸通常为几十米到百米，使得雷达电磁波往返时间在亚微秒量级。由于脉冲雷达信号脉宽一般为几十微秒到百微秒，因此，在进行目标测量时，发射信号和目标回波会同时被雷达接收天线收到，使得收发信号相互耦合。为此，可以通过间歇收发的方法，将发射信号截成多个短脉冲进行发射，每个短脉冲宽度在亚微秒量级，以保证短脉冲能够被有效接收。

间歇收发是指脉冲信号发射一小段时间后，在目标回波未返回前，切换射频开关至接收通道，开始接收目标回波信号，待接收完毕后，切换至发射通道，继续该脉冲内未发射的信号，如此交替直至信号发射完毕。对于雷达接收端，所得的回波信号类似于将实际雷达回波经过间歇采样得到的波形。间歇收发控制示意图如图 2.1 所示，脉冲信号经过间歇收发后，接收到的回波信号相比真实信号而言，等价于将雷达回波信号进行了部分"截断"。如何去除截断效应，就需要研究间歇收发处理后的信号与真实信号的差异，寻找重构方法以实现回波的精确重构。

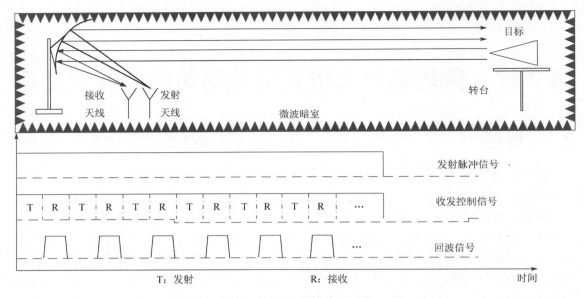

图 2.1　间歇收发控制示意图

下面对间歇收发控制信号特性进行分析。间歇收发控制信号是一个矩形脉冲串，其时域波形如图 2.2 所示。

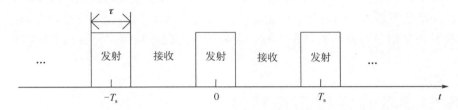

图 2.2　间歇收发控制信号时域波形

因此，理想的收发控制信号表达式可以写为

$$p(t) = \text{rect}\left(\frac{t}{\tau}\right) * \sum_{n=-\infty}^{+\infty} \delta(t - nT_s) \tag{2.1}$$

式中，$\delta(\cdot)$ 为冲激函数，n 为脉冲数，T_s 为间歇控制周期，"*"为卷积运算，$\text{rect}(\cdot)$ 为矩形函数，且有

$$\text{rect}\left(\frac{t}{\tau}\right) = \begin{cases} 1, & \left|\dfrac{t}{\tau}\right| < 0.5 \\ 0, & \text{其他} \end{cases} \tag{2.2}$$

式中，τ 为矩形函数的持续时间，即采样脉冲持续时间。

根据图 2.2，为保证在微波暗室环境中接收端在接收时间内能够得到回波信号，τ 一般控制在亚微秒量级。令 $D = \tau f_s$，表示间歇收发控制信号的占空比。根据图 2.2 中的间歇收发控制信号时域波形，要实现发射时长内信号的全部接收，采样脉冲持续时间需要满足 $\tau \leqslant T_s/2$，即 $D \leqslant 0.5$。

2.2.2　均匀间歇收发控制信号特性

利用傅里叶变换性质，间歇收发控制信号 $p(t)$ 的频谱 $P(f)$ 可以表示为

$$P(f) = \tau f_s \sum_{n=-\infty}^{n=+\infty} \text{sinc}(nf_s\tau)\delta(f - nf_s) \qquad (2.3)$$

式中，$f_s = 1/T_s$，$\text{sinc}(x) = \sin(\pi x)/(\pi x)$。

假设脉冲时长为 100μs，间歇收发周期 T_s 为 0.6μs，τ 为 0.3μs，得到 $p(t)$ 的时频域特性，如图 2.3 所示。

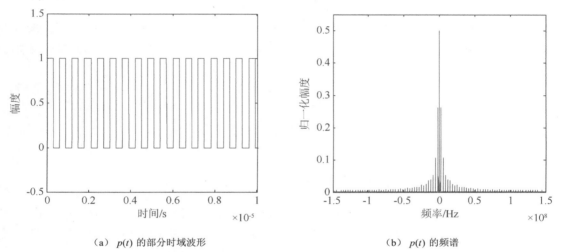

(a)　$p(t)$ 的部分时域波形　　　　　　　　(b)　$p(t)$ 的频谱

图 2.3　均匀间歇收发控制信号时频域特性

图 2.3（a）所示为 $p(t)$ 的部分时域波形。经过傅里叶变换，得到 $p(t)$ 的频谱如图 2.3（b）所示，可以发现，间歇收发控制信号的频谱为 $p(t)$ 各时域谐波的组合，与式（2.3）所得频谱表达式相符。

2.3　均匀间歇收发处理及回波特性

脉冲雷达可以采用不同的调制信号，LFM 信号大时宽带宽积的优势使得其被广泛用于雷达目标探测、跟踪、成像等任务。首先以典型 LFM 信号为例，针对点目标情况，分析间歇收发回波的特性。

2.3.1　LFM 信号均匀间歇收发处理及回波特性

2.3.1.1　间歇收发处理后 LFM 信号特性

1. 频谱特性

考虑雷达发射的完整 LFM 信号为

$$s_0(t) = u(t)\exp(\text{j}2\pi f_c t) \qquad (2.4)$$

式中，f_c 为信号载频；$u(t) = \text{rect}(t/T_p)\exp(\text{j}\pi\mu t^2)$ 为信号的复包络，这里，T_p 为脉冲宽度，μ 为调制斜率。信号带宽 $B = \mu T_p$。

根据驻定相位原理（Principle Of Stationary Phase，POSP），LFM 信号复包络的傅里叶变换可近似表示为

$$U(f) = \text{rect}\left(\frac{f}{B}\right)\exp\left(-\text{j}\pi\frac{f^2}{\mu}\right) \tag{2.5}$$

从而，发射信号的频谱为

$$S_0(f) = U(f - f_c) \tag{2.6}$$

在有限的微波暗室环境中，发射脉冲信号经过目标响应后，在接收端需要采用间歇收发的控制方法完成回波接收。对于发射信号进行间歇收发，相当于将发射信号与间歇收发控制信号进行相乘，从而有

$$s_1(t) = s_0(t)p(t) \tag{2.7}$$

根据式（2.6）可得式（2.7）的频谱为

$$S_1(f) = S_0(f) * P(f) \tag{2.8}$$

结合式（2.3）和式（2.5），可得

$$S_1(f) = \tau f_s \sum_{n=-\infty}^{n=+\infty} \text{sinc}(nf_s\tau)U(f - nf_s - f_c) \tag{2.9}$$

可以发现，LFM 信号经过间歇收发，得到的信号频谱以收发频率 f_s 为间隔进行频移，对于零阶频移处（$n=0$），信号频谱与 LFM 信号频谱仅有幅度 τf_s 的差别。若收发占空比 $D = \tau f_s$ 变大，则零阶频移处的频谱幅度随之增大。

因此，较大的收发频率和收发占空比，将使得间歇收发处理后零阶频移处的信号频谱与完整脉冲频谱更加接近。下面分别对不同收发频率和占空比条件下的 LFM 信号频谱进行仿真分析。信号脉宽 $T_p = 30\mu\text{s}$，带宽 $B = 2\text{MHz}$。收发周期分别为 $T_s = 0.4\mu\text{s}$ 和 $T_s = 0.8\mu\text{s}$，占空比为 0.5，得到的 LFM 信号频谱如图 2.4 所示。

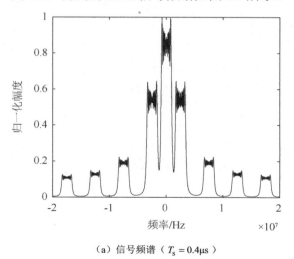
（a）信号频谱（$T_s = 0.4\mu\text{s}$）

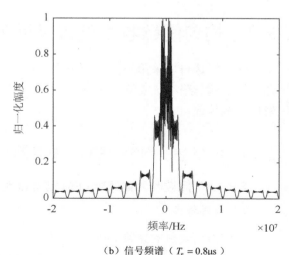
（b）信号频谱（$T_s = 0.8\mu\text{s}$）

图 2.4　均匀间歇收发 LFM 信号频谱（收发周期不同）

图 2.4（a）中的收发周期为 0.4μs，小于图 2.4（b）中的收发周期 0.8μs，因而图 2.4（a）中的频移大于图 2.4（b）中的频移，与式（2.9）结论一致。

仿真参数不变，当收发占空比不同时，得到的 LFM 信号频谱如图 2.5 所示。

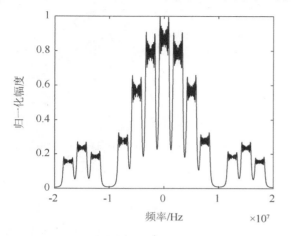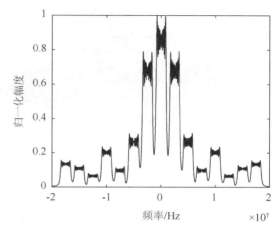

（a）均匀间歇收发 LFM 信号频谱（D=0.25）　　　　　（b）均匀间歇收发 LFM 信号频谱（D=0.375）

图 2.5　均匀间歇收发 LFM 信号频谱（收发占空比不同）

图 2.5（a）中收发占空比为 0.25，当占空比增大至 0.375 时，对应零阶频谱处的幅度相对于非零阶频谱处的幅度更高，说明占空比增加，将使得零阶处的频谱接近于完整脉冲时的信号频谱。

2. 模糊图特性

对于经过间歇收发的 LFM 信号，根据式（2.6），令 $f_c = 0$，可得频谱：

$$X(f) = \tau f_s \sum_{n=-\infty}^{n=+\infty} \mathrm{sinc}(nf_s\tau)U(f - nf_s) \tag{2.10}$$

在间歇收发处理中，以雷达实际信号处理过程为准，从而得到间歇收发之后 LFM 信号的模糊函数（Ambiguity Function，AF）为

$$\begin{aligned}
A_{\mathrm{Inter}}(\tau', f_d) &= \int U^*(f)X(f - f_d)\exp(\mathrm{j}2\pi f\tau')\mathrm{d}f \\
&= \tau f_s \sum_{n=-\infty}^{n=+\infty} \mathrm{sinc}(nf_s\tau)\int U^*(f)U(f - nf_s - f_d)\exp(\mathrm{j}2\pi f\tau')\mathrm{d}f \\
&= \tau f_s \sum_{n=-\infty}^{n=+\infty} \mathrm{sinc}(nf_s\tau)A(\tau', nf_s + f_d)
\end{aligned} \tag{2.11}$$

式中，$A(\tau', f_d)$ 为原始 LFM 信号模糊函数。可以发现，与原始 LFM 信号的 AF 相比，间歇收发之后的 LFM 信号的 AF 沿着多普勒轴形成以 f_s 为频率间隔的周期性延拓。

对均匀间歇收发后 LFM 信号的 AF 进行仿真。令时宽 $T_p = 2\mu s$，带宽 $B = 15MHz$。间歇采样周期 $T_s = 0.1\mu s$，采样占空比为 0.5，则 $\tau = 0.05\mu s$，均匀间歇收发之后的 LFM 信号的模糊图如图 2.6 所示。

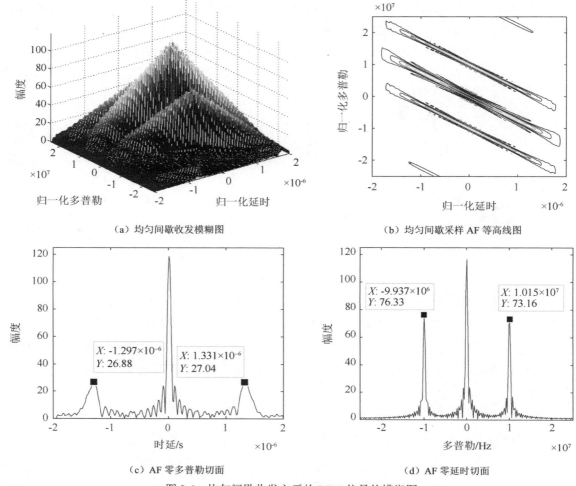

（a）均匀间歇收发模糊图　　　　　　　　　（b）均匀间歇采样 AF 等高线图

（c）AF 零多普勒切面　　　　　　　　　　（d）AF 零延时切面

图 2.6　均匀间歇收发之后的 LFM 信号的模糊图

由图 2.6（a）和图 2.6（b）可以发现，均匀间歇收发使得 LFM 信号模糊图沿着一定的多普勒频率延拓，其延拓周期与收发频率一致。当间歇采样周期 $T_s = 0.1\mu s$，收发频率 $f_s = 10\text{MHz}$ 时，与图 2.6（d）AF 零延时切面中主峰两侧虚假峰位于 $-9.937 \times 10^6 \text{Hz}$ 和 $1.015 \times 10^7 \text{Hz}$ 相符。

另外，间歇采样也使得零延时切面出现周期性延拓，但该延拓值与调制斜率和收发周期有关。根据 LFM 信号距离多普勒耦合特性可知，该延拓值为 $f_s / \mu = 1.3\mu s$，与图 2.6（c）中 AF 零多普勒切面中主峰两侧的旁瓣位置一致。

2.3.1.2　LFM 信号间歇收发回波特性

1. 完整 LFM 脉冲回波特性

对于 LFM 雷达信号，归一化匹配滤波器为

$$h(t) = u^*(t_0 - t) \tag{2.12}$$

式中，$u^*(\cdot)$ 表示 $u(\cdot)$ 的共轭，t_0 为时延。

令 $t_0 = 0$，可得匹配滤波器的频率响应为

$$H(f) = U^*(f) \tag{2.13}$$

　　回波的目标调制过程相当于将间歇收发之后的信号与目标响应卷积，而目标响应可写为

$$h_{\mathrm{T}}(t) = A\delta(t - \Delta t) \tag{2.14}$$

式中，$\Delta t = 2R/c$，c 为电磁波传播速度，R 为雷达与目标的距离。

　　因此，在接收端，目标某个散射点的回波经过混频后，可以表示为

$$s_1(t) = Au(t - \Delta t)\exp(-\mathrm{j}2\pi f_{\mathrm{c}}\Delta t) \tag{2.15}$$

式中，A 为回波幅度，可由回波功率 $P_{\mathrm{r}} = \dfrac{P_{\mathrm{t}}G^2\lambda^2\sigma}{(4\pi)^3 R^4}$ 得到，P_{t} 为发射功率，G 为天线收发增益，λ 为波长，σ 为目标散射截面积。

　　由傅里叶变换的性质及式（2.5），可得式（2.15）的频域形式为

$$S_1(f) = AU(f)\exp[-\mathrm{j}2\pi(f + f_{\mathrm{c}})\Delta t] \tag{2.16}$$

　　从而，回波信号经过匹配滤波之后的时域信号可以表示为

$$y(t) = F^{-1}\big[S_1(f)H(f)\big] = AB\,\mathrm{sinc}\big[B(t - \Delta t)\big] \cdot \exp(-\mathrm{j}2\pi f_{\mathrm{c}}\Delta t) \tag{2.17}$$

2. LFM 脉冲间歇收发回波特性

间歇收发之后，目标回波信号可以表示为

$$y_1(t) = [s_0(t)p(t)] * h_{\mathrm{T}}(t) \tag{2.18}$$

　　根据式（2.4），当回波延时为 Δt 时，将式（2.18）所得回波进行混频后得到：

$$\begin{aligned}
y_1'(t) &= p(t - \Delta t) \cdot As_0(t - \Delta t)\exp(-\mathrm{j}2\pi f_{\mathrm{c}}t) \\
&= Ap(t - \Delta t)u(t - \Delta t)\exp(-\mathrm{j}2\pi f_{\mathrm{c}}\Delta t)
\end{aligned} \tag{2.19}$$

　　可以发现，间歇收发所得信号由多个子 LFM 信号构成，子 LFM 信号脉宽为 τ，周期为 T_{s}，调频斜率仍为 μ。结合式（2.3）与傅里叶变换性质，可以得到式（2.19）间歇收发回波信号的频域形式为

$$\begin{aligned}
Y_1'(f) &= F\big[Ap(t - \Delta t)u(t - \Delta t)\exp(-\mathrm{j}2\pi f_{\mathrm{c}}\Delta t)\big] \\
&= F\big[Ap(t)u(t)\big]\exp\big[-\mathrm{j}2\pi(f + f_{\mathrm{c}})\Delta t\big]
\end{aligned} \tag{2.20}$$

　　对式（2.20）化简可得：

$$\begin{aligned}
Y_1'(f) &= A\left\{\left[\frac{\tau}{T_{\mathrm{s}}}\sum_{n=-\infty}^{n=+\infty}\mathrm{sinc}(nf_{\mathrm{s}}\tau)\delta(f - nf_{\mathrm{s}})\right] * U(f)\right\} \cdot \exp\big[-\mathrm{j}2\pi(f + f_{\mathrm{c}})\Delta t\big] \\
&= A\tau f_{\mathrm{s}}\sum_{n=-\infty}^{n=+\infty}\mathrm{sinc}(nf_{\mathrm{s}}\tau)U(f - nf_{\mathrm{s}})\exp\big[-\mathrm{j}2\pi(f + f_{\mathrm{c}})\Delta t\big]
\end{aligned} \tag{2.21}$$

　　按照完整脉冲处理方式，在雷达接收端，匹配滤波器仍为 $H(f)$。通常，间歇收发频率 f_{s} 远小于带宽 B，因此，匹配滤波后可得脉压输出为

$$\begin{aligned}
y_2(t) &= F^{-1}\big[Y_1'(f)H(f)\big] \\
&= A\tau f_{\mathrm{s}}\sum_{n=-\infty}^{n=+\infty}\Big\{\big(B - |nf_{\mathrm{s}}|\big)\mathrm{sinc}(nf_{\mathrm{s}}\tau) \cdot \\
&\quad \mathrm{sinc}\big[\big(B - |nf_{\mathrm{s}}|\big)\big(t + nf_{\mathrm{s}}/\mu - \Delta t\big)\big]\exp\big\{\mathrm{j}\pi\big[nf_{\mathrm{s}}(t - \Delta t) - 2f_{\mathrm{c}}\Delta t\big]\big\}\Big\}
\end{aligned} \tag{2.22}$$

式中，幅度项 $A\tau f_{\mathrm{s}}$ 与收发控制的脉宽和周期有关；第一个 sinc(·) 项是脉压输出的幅度加权，随子脉冲数 n 的变化而改变。

2.3.1.3　LFM 信号收发约束条件及参数设计

在式（2.22）中，求和项中的第二个 sinc(·) 说明间歇收发后，脉压输出为一系列 sinc(·) 的累加，其中 Δt 反映了回波延时，而 nf_{s}/μ 则表明了输出幅度上相邻尖峰的时间差，换算成距离可表示为

$$\Delta R = \frac{cf_{\mathrm{s}}}{2\mu} \tag{2.23}$$

由于雷达与目标之间的距离为 R，间歇发射的子脉冲宽度要小于回波往返时间。同时，当目标尺寸为 L 时，要保证目标特征清晰可见，需要回波脉压输出的相邻尖峰距离满足 $\Delta R > L$。因此，根据式（2.23），间歇收发控制信号的脉宽需要满足：

$$\begin{cases} \tau \leqslant \dfrac{2R}{c} \\ \tau + \dfrac{2(R+L)}{c} \leqslant T_{\mathrm{s}} < \dfrac{cT_{\mathrm{p}}}{2BL} \end{cases} \tag{2.24}$$

综合以上讨论，当采用间歇收发方法进行脉冲雷达信号的微波暗室目标测量时，有以下几点需要说明。

（1）在式（2.22）中，当 $n=0$ 时，有 $B-|nf_{\mathrm{s}}|=B$，对应脉压输出目标位置处的峰值幅度与完整脉冲[见式（2.17）]仅有 τf_{s} 的差异。因此，若收发周期 T_{s} 过大（f_{s} 过小）且 τ 偏小，则将会导致信号辐射至目标处的能量过小。因此，实际设置中要保证 T_{s} 在合理范围内不至于过大，以保证信号更多的辐射至目标处。

（2）式（2.24）限定了间歇收发控制信号的脉宽，第二个不等式要求间歇控制周期 T_{s} 满足距离雷达最远的目标散射点回波能够被有效接收。同时，由 $\Delta R > L$ 得到式（2.24）第二个不等式的右侧，因此，试验中需要设置较小的收发控制周期 T_{s}，以保证相邻尖峰距离大于目标尺寸。

（3）在有限微波暗室中，为保证间歇收发得到的回波信号经过匹配滤波能够准确反映目标的位置信息，需要设计合理的窗函数消除目标实际位置附近的虚假峰。针对式（2.22）得到的回波表达式，需要将 $n \neq 0$ 的峰值消除。

2.3.1.4　仿真试验与结果分析

根据图 2.2，假设微波暗室静区反射率为 -40dB，采用收发双天线模式，目标与天线之间的距离 $R=45\mathrm{m}$。脉冲宽度 $T_{\mathrm{p}}=100\mu\mathrm{s}$，带宽 $B=5\mathrm{MHz}$，波长为 0.3m，发射功率为 1W，天线收发增益为 30dB，接收机信噪比为 20dB，目标散射截面积 $\sigma=0.1\mathrm{m}^2$。

1. LFM 信号回波互耦分析

由于微波暗室空间有限，目标回波会在发射信号尚未被完全辐射时返回雷达接收天线，所以目标回波与发射天线的直达信号被同时接收。通常，经过隔离器的衰减，直达信号的能

量仍远大于目标回波能量，使得目标回波被直达信号覆盖，产生强互耦。图 2.7 和图 2.8 分别给出了无耦合时完整回波时域波形与脉压输出、收发耦合时回波时域波形与脉压输出。

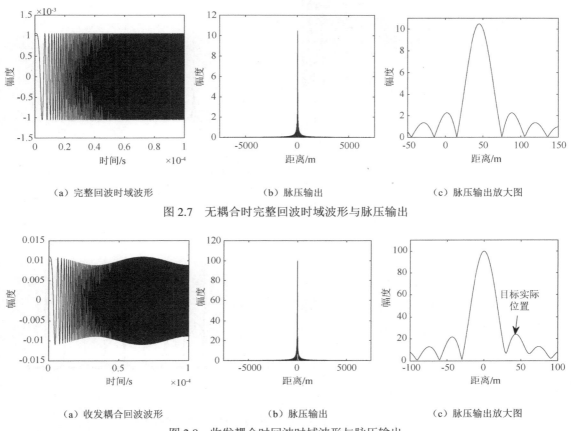

（a）完整回波时域波形　　　　　　　（b）脉压输出　　　　　　　（c）脉压输出放大图

图 2.7　无耦合时完整回波时域波形与脉压输出

（a）收发耦合回波波形　　　　　　　（b）脉压输出　　　　　　　（c）脉压输出放大图

图 2.8　收发耦合时回波时域波形与脉压输出

对比图 2.7（a）和图 2.8（a）可以发现，图 2.8（a）中的目标回波被直达信号覆盖，使得收发信号耦合时雷达时域波形幅度远大于图 2.7（a）中无耦合的真实回波幅度。因此，经过脉冲压缩（简称脉压），耦合波形的峰值幅度也远大于实际回波峰值，如图 2.7（b）和图 2.8（b）所示。

此外，从图 2.7（c）和图 2.8（c）中可以发现，由于真实回波峰值较低，经过脉压后，实际目标回波处的峰值被直达信号的副瓣覆盖，表现为图 2.8（c）中在目标真实位置处的峰值与第一副瓣基本相同。为有效消除直达信号的影响，需要采用间歇收发的方法，对雷达脉冲信号进行交替发射与接收，得到目标回波。

2. LFM 信号间歇收发回波特性分析

下面开展脉冲雷达信号间歇收发处理的仿真分析。由式（2.24）可知，间歇收发脉宽需要满足 $\tau \leqslant 0.3\mu s$，收发周期则需要满足 $T_s > \tau + 0.3\mu s$。设定三组仿真参数：$\tau = 0.2\mu s$，$T_s = 0.6\mu s$；$\tau = 0.2\mu s$，$T_s = 2\mu s$；$\tau = 0.25\mu s$，$T_s = 2\mu s$，得到间歇收发回波时域波形与脉压输出，如图 2.9 所示。

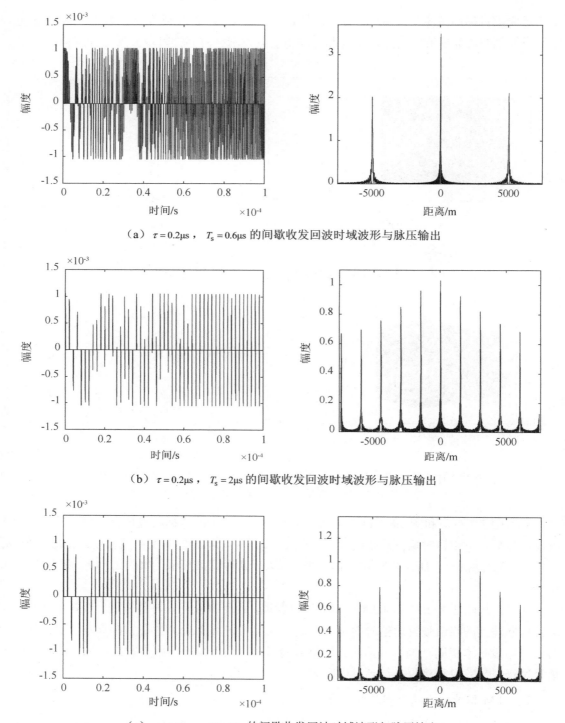

（a）$\tau = 0.2\mu s$，$T_s = 0.6\mu s$ 的间歇收发回波时域波形与脉压输出

（b）$\tau = 0.2\mu s$，$T_s = 2\mu s$ 的间歇收发回波时域波形与脉压输出

（c）$\tau = 0.25\mu s$，$T_s = 2\mu s$ 的间歇收发回波时域波形与脉压输出

图 2.9　间歇收发回波时域波形与脉压输出

　　对比图 2.9（a）与图 2.9（b），当原始长脉冲为 100μs 时，图 2.9（a）中的收发周期为 0.6μs，间歇收发的短脉冲有 100μs / 0.6μs ≈ 167 个，而图 2.9（b）则只能得到 100μs / 2μs = 50 个短脉冲，

所以从时域波形来看图 2.9（a）更为密集，且得到的回波能量更多。同时，由于两种场景下的接收时长 τ 相同，根据所得短脉冲个数的不同，图 2.9（a）回波能量将会是图 2.9（b）中的 $167/50 \approx 3.3$ 倍。从脉压输出来看，图 2.9（a）目标实际位置处的峰值约为图 2.9（b）中的 3.3 倍。因此，当 τ 相同而 T_s 过长时，间歇收发所得回波能量较少，将增加目标信息的提取难度。

对比图 2.9（b）与图 2.9（c）可以发现，当接收天线开启时间由 $\tau = 0.2\mu s$ 增加到 $\tau = 0.25\mu s$ 时，接收到的回波总时长增加，从而有利于增加回波的能量。从两种场景的脉压输出可知，图 2.9（c）中目标位置处的峰值幅度明显大于图 2.9（b）中目标位置处的峰值幅度。

3. 室内场测量目标 RCS 估计

根据得到的目标回波，可以计算出回波信号功率值，然后利用雷达方程可以估计出目标后向散射截面积。对于完整的目标回波，其散射截面积估计值为

$$\sigma_1 = \frac{(4\pi)^3 R^4}{P_t G^2 \lambda^2} P_r \qquad (2.25)$$

式中，目标回波功率 P_r 可以根据回波信号式（2.17）进行估计。

对于间歇收发回波，根据收发控制周期 T_s 与接收时长 τ，可以进行幅度补偿，得到如下估计值：

$$\sigma_2 = \frac{(4\pi)^3 R^4}{P_t G^2 \lambda^2}\left(P_r \cdot \frac{T_s}{\tau}\right) \qquad (2.26)$$

根据式（2.25）和式（2.26），分别利用完整脉冲回波与间歇收发回波，对目标的 RCS 进行估计，得到图 2.10。

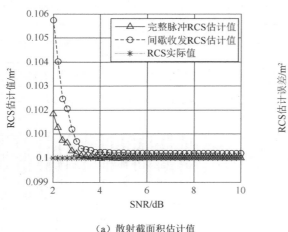
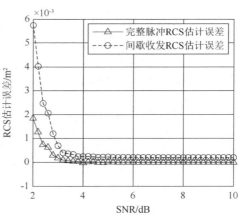

（a）散射截面积估计值　　　　　　　　（b）散射截面积估计误差

图 2.10　目标后向散射截面积估计结果

图 2.10（a）为散射截面积估计值，图 2.10（b）为散射截面积估计误差。可以发现，随着信噪比增加，两种方法的散射截面积估计值均逐渐接近实际值。但是，采用间歇收发方法估计得到的目标后向散射截面积相比完整回波误差偏大，这是因为当接收天线处于关闭状态时，没有目标回波进入，而接收机热噪声仍然存在，因此间歇收发回波的信噪比略低于完整回波的信噪比，从而导致该方法得到的雷达散射截面积误差偏大。但根据图 2.10（b），当信噪比大于 4dB 时，误差在 10^{-3} 以下，仍然能够得到较为准确的目标散射截面积。

4. 目标测量结果一致性分析

在微波暗室内进行目标测量时，通过分析间歇收发与完整脉冲所得目标信息的一致性，可以验证间歇收发方法的有效性与适用性。

1）目标回波脉压结果提取

对脉冲雷达信号进行间歇收发控制时，为保证回波能量，可以令间歇收发脉冲持续时间 τ 最大，即 $\tau = 2R/C$。根据式（2.22），经过间歇收发，在零阶峰值处为真实目标所在位置。因此，只需要考虑该处峰值的幅度、相位、位置等信息。令 $n = 0$ 可得：

$$y_2(t)\big|_{n=0} = AB\tau f_s \text{sinc}\big[B(t - \Delta t)\big]\exp(-\text{j}2\pi f_c \Delta t) \tag{2.27}$$

由此可见，间歇收发之后，在真实目标处，幅度与完整脉冲相差为 τf_s，相位、时延信息与完整脉冲一致。因此，只需要对间歇收发回波进行幅度补偿，即可得到与完整脉冲相一致的脉压输出。

2）理想情况下一致性仿真

以 LFM 信号为例，间歇收发周期由 $0.6\mu s$ 至 $2\mu s$ 等间隔变化，每种收发周期对应的 τ 均为 $0.3\mu s$。根据式（2.27），通过幅度补偿，对间歇收发回波脉压结果与完整脉冲回波脉压结果的目标位置、峰值幅度和相位进行对比分析，讨论两者的一致性。间歇收发参数如表 2.1 所示。

表 2.1　间歇收发参数

变　　量	数　　值
载频 f_0/GHz	9.3
带宽 B/MHz	5
脉宽 T_p/μs	50
目标与雷达距离 R/m	45
收发参数 (T_s, τ)/μs	$(0.6\mu s \sim 2\mu s, 0.3\mu s)$

对回波脉压输出的目标峰值位置、幅度、相位信息进行统计分析，如图 2.11 所示。

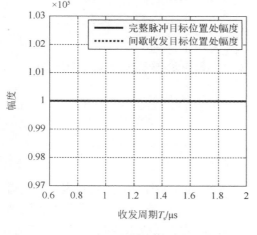

（a）绝对幅度对比

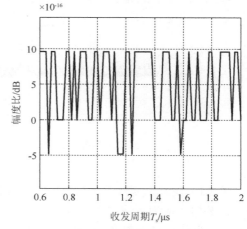

（b）完整脉冲回波幅度与间歇收发幅度之比

图 2.11　幅度、相位和目标位置一致性对比

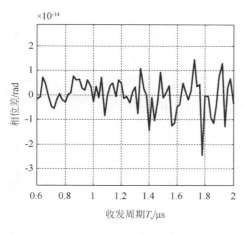

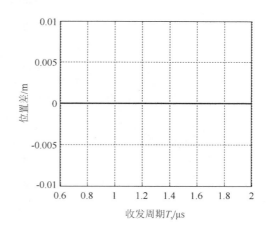

（c）脉压输出峰值处的相位差　　　　　（d）间歇收发与完整脉冲回波脉压输出峰值之间的位置差

图 2.11　幅度、相位和目标位置一致性对比（续）

图 2.11（a）为间歇收发回波与完整脉冲脉压之后，目标位置处峰值绝对幅度对比。其中，间歇收发回波幅度根据式（2.27）进行幅度补偿得到。由图 2.11（a）结果可知，经过幅度补偿，两者幅度一致。图 2.11（b）为图 2.11（a）中完整脉冲回波幅度与间歇收发幅度之比，该值在 10^{-16}dB 量级，因此，可以认为两者结果一致。

图 2.11（c）为脉压输出峰值处的相位差。根据仿真结果，间歇收发回波脉压与完整脉冲回波脉压目标位置处的相位差值为 10^{-14}rad。目标峰值处的相位差理论值为 0rad，仿真结果与此相近，因此可以认为两者的相位具有一致性。

图 2.11（d）为间歇收发与完整脉冲回波脉压输出峰值之间的位置差。根据仿真结果，间歇收发与完整脉冲回波脉压峰值之间位置差为 0，因此，两者所得的目标位置具有一致性。

3）噪声背景下一致性仿真

对于不同 SNR，令 T_s=0.6μs，τ=0.3μs，进行 1000 次蒙特卡洛仿真，得到脉压输出峰值幅度、相位和目标位置的值，然后求取平均值，得到图 2.12。

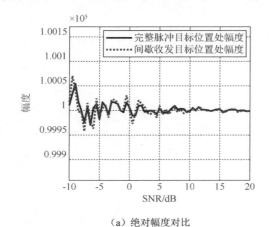

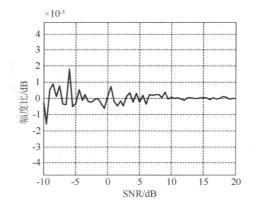

（a）绝对幅度对比　　　　　（b）完整脉冲回波与间歇收发幅度比

图 2.12　T_s=0.6μs 时幅度、相位和目标位置一致性对比

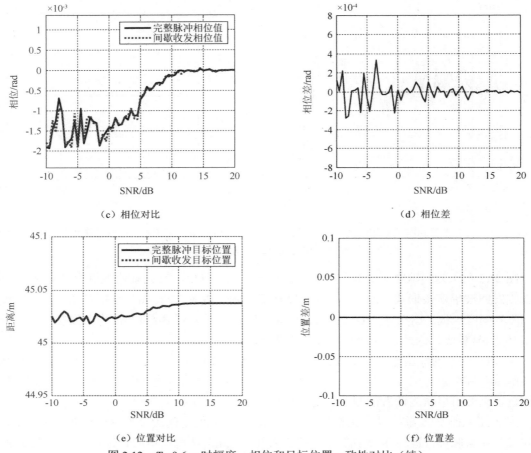

（c）相位对比　　　　　　　　　　　　　　　（d）相位差

（e）位置对比　　　　　　　　　　　　　　　（f）位置差

图 2.12　T_s=0.6μs 时幅度、相位和目标位置一致性对比（续）

可以发现，图 2.12 中间歇收发回波与完整脉冲回波所得脉压输出主峰处的峰值幅度、相位和目标位置基本一致。同时，随着 SNR 的增加，两者的偏差不断变小，最终趋于理想值。因此，在噪声背景下，间歇收发方法获取目标信息与完整脉冲获取目标信息基本一致。

增大收发周期，令 T_s=1.5μs，τ=0.3μs，得到图 2.13。

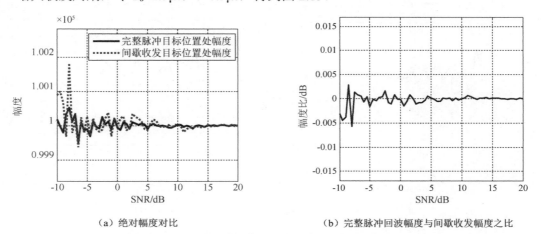

（a）绝对幅度对比　　　　　　　　　　（b）完整脉冲回波幅度与间歇收发幅度之比

图 2.13　T_s=1.5μs 时幅度、相位和目标位置一致性对比

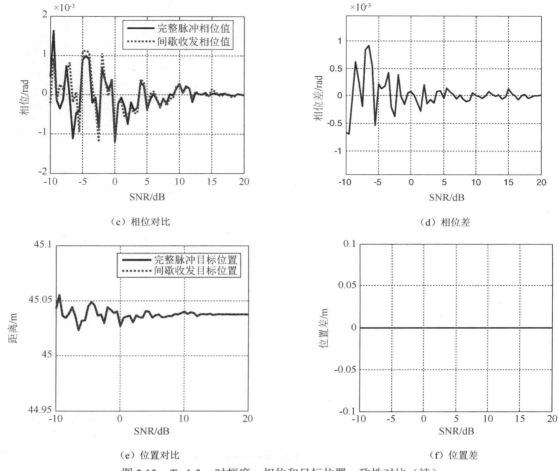

（c）相位对比 （d）相位差

（e）位置对比 （f）位置差

图 2.13 T_s=1.5μs 时幅度、相位和目标位置一致性对比（续）

根据图 2.13 所得脉压输出主峰处的峰值幅度、相位和目标位置对比结果可知，随着 SNR 的增加，间歇收发回波脉压输出峰值幅度、相位、目标位置逐渐趋于理论值，且与完整脉冲所得结果基本一致。

4）统计结果分析

仿真场景不变，令 τ=0.3μs，计算完整脉冲回波与不同间歇收发周期回波的脉压输出峰值幅度比，然后计算该幅度比的方差，得到图 2.14。

可以发现，随着 SNR 增加，不同收发周期所得脉压输出峰值幅度比的方差逐渐减小，最终趋于 0。说明在高 SNR 条件下，间歇收发回波与完整脉冲回波脉压输出峰值基本一致。此外，较大的收发周期所得间歇收发回波数据少于较小的收发周期所得间歇收发回波数据，因此，在低 SNR 下，受噪声影响，收发周期越大，幅度比的方差越大，导致目标位置处的幅度波动较大。但是，方差量级仍在 10^{-4}，因此可认为当收发周期较大时，间歇收发回波所得结果与完整脉冲所得结果基本一致，这与图 2.13 的结果相一致。

计算完整脉冲回波与不同间歇收发周期回波脉压输出峰值相位的差，然后计算该差值的方差，得到图 2.15。

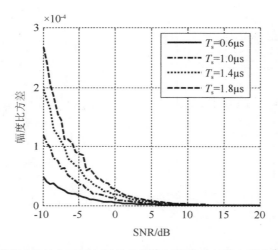

图 2.14　完整脉冲回波与不同间歇收发周期回波的脉压输出峰值幅度比的方差

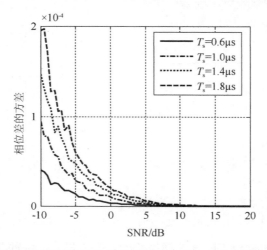

图 2.15　完整脉冲回波与不同间歇收发周期回波脉压输出峰值相位差的方差

　　随着 SNR 增加，相位差的方差逐渐减小，最终趋于 0。因此，在高 SNR 条件下，间歇收发回波与完整脉冲回波脉压输出峰值相位的一致性较好。与幅度比的方差结果相似，在低 SNR 条件下，受噪声影响，收发周期越大，幅度比的方差越大。此时，与完整脉冲脉压峰值相位相比，间歇收发回波脉压峰值相位的波动较大。但是，方差量级也在 10^{-4}，因此仍可认为当收发周期较大时，间歇收发所得结果与完整脉冲所得结果基本一致。

　　进一步，采用相关系数对回波脉压输出的相似性进行分析。定义如下：

$$r_{\text{similar}} = \frac{\text{Cov}\left[\left.y_2(t)\right|_{n=0}, y(t)\right]}{\sqrt{\text{Var}\left[\left.y_2(t)\right|_{n=0}\right]\text{Var}\left[y(t)\right]}} \tag{2.28}$$

式中，$\left.y_2(t)\right|_{n=0}$ 为 $n=0$ 时所得间歇收发脉压结果，$y(t)$ 为完整脉冲所得脉压结果，如式（2.17）所示，$\text{Cov}(\cdot)$ 表示计算互相关，$\text{Var}(\cdot)$ 表示计算方差。在仿真中，可以取目标所处实际距离单元的数据进行计算。

仿真场景与雷达脉冲参数不变，假设 τ 从 0.05μs 到 0.3μs 等间隔变化，分别得到 T_s 为 1μs、2μs 和 3μs 的回波距离像相关系数，如图 2.16 所示。

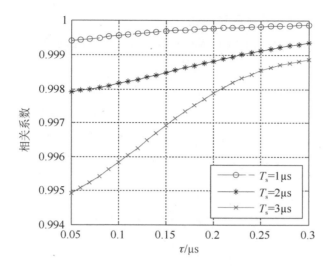

图 2.16　不同伪随机间歇收发参数相关系数

根据图 2.16，在 τ 相同时，收发周期 T_s 越大，相关系数越小。而对于相同的 T_s，子脉宽 τ 越小，相关系数越小。但是，总体而言，间歇收发脉压输出结果与完整脉冲的相关系数基本达到了 99%以上。

根据式（2.28），可以得到不同场景与收发参数相关系数表格如表 2.2 所示。

表 2.2　不同场景与收发参数相关系数表格

$T_p = 50\mu s$，$B = 5MHz$，$R = 30m$			$T_p = 50\mu s$，$B = 5MHz$，$R = 45m$		
T_s	τ	$r_{\text{ITR,Com}}$	T_s	τ	$r_{\text{ITR,Com}}$
0.5μs	0.1μs	0.9999	1μs	0.1μs	0.9996
0.5μs	0.15μs	0.9999	1μs	0.2μs	0.9998
0.5μs	0.2μs	0.9999	1μs	0.3μs	0.9999
1μs	0.1μs	0.9996	2μs	0.1μs	0.9982
1μs	0.15μs	0.9997	2μs	0.2μs	0.9988
1μs	0.2μs	0.9998	2μs	0.3μs	0.9994
1.5μs	0.1μs	0.9989	3μs	0.1μs	0.9958
1.5μs	0.15μs	0.9992	3μs	0.2μs	0.9979
1.5μs	0.2μs	0.9995	3μs	0.3μs	0.9989

根据表 2.2，可以结合微波暗室目标测量的实际场景，选择相应的收发参数，得到高精度的目标信息。

2.3.2　PCM 信号均匀间歇收发处理及回波特性

PCM 信号具有良好的抗干扰和低截获概率等优势，被广泛用于脉冲雷达中。本节首先建立 PCM 信号间歇收发信号模型，给出了 PCM 信号的间歇收发约束条件，然后分析所得目标信息的精确性，验证间歇收发的有效性。

2.3.2.1　PCM 信号均匀收发回波特性

假设 PCM 信号第 m 个码元对应的调制相位为 φ_m，信号的复包络可以写为

$$s_{\text{PCM}}(t) = \frac{1}{\sqrt{T_p}} \sum_{m=1}^{M} x_m \text{rect}\left[\frac{t-(m-1)t_b}{t_b}\right] \tag{2.29}$$

式中，T_p 为脉冲信号的时宽，M 为码元数目，$x_m = \exp(j\varphi_m)$，t_b 为码元宽度。

当采用二相编码时，φ_m 一般取 0 或 π，此时 x_m 为 1 或 -1。PCM 信号的脉冲压缩通常采用相关运算进行，对于式（2.29），相关运算的输出表示为

$$y_{\text{PCM}}(t) = \int_{-\infty}^{\infty} s_{\text{PCM}}(u') v_{\text{PCM}}^*(u'+t) \mathrm{d}u' \tag{2.30}$$

式中，$v_{\text{PCM}}(t)$ 为参考信号，$v_{\text{PCM}}^*(t)$ 是 $v_{\text{PCM}}(t)$ 的共轭，当 $v_{\text{PCM}}(t) = s_{\text{PCM}}(t)$ 时，式（2.30）为 PCM 自相关输出：

$$
\begin{aligned}
y_{\text{PCM}}(t) &= \frac{1}{T_p} \sum_{m=1}^{M} \sum_{p=1}^{P} x_m x_p^* \int_{-\infty}^{\infty} \text{rect}\left[\frac{u'-(m-1)t_b}{t_b}\right] \text{rect}\left[\frac{u'+t-(p-1)t_b}{t_b}\right] \mathrm{d}u' \\
&= \begin{cases} \dfrac{1}{T_p} \sum\limits_{m=1}^{M} \sum\limits_{p=1}^{P} x_m x_p^* \left[t_b - |t-(p-m)t_b|\right], & |t-(p-m)t_b| < t_b \\ 0, & |t-(p-m)t_b| \geqslant t_b \end{cases}
\end{aligned} \tag{2.31}
$$

根据式（2.1），理想的间歇收发控制信号还可写为

$$p(t) = \sum_{n=-\infty}^{+\infty} \text{rect}\left(\frac{t-nT_s}{\tau}\right) \tag{2.32}$$

结合式（2.29）与式（2.32），PCM 信号经过间歇收发，可以表示为

$$
\begin{aligned}
s_{\text{PCM}}'(t) &= s_{\text{PCM}}(t) p(t) \\
&= \frac{1}{\sqrt{T_p}} \sum_{m=1}^{M} \sum_{n=1}^{N} x_m \text{rect}\left[\frac{t-(n-1)T_s}{\tau}\right] \text{rect}\left[\frac{t-(m-1)t_b}{t_b}\right]
\end{aligned} \tag{2.33}
$$

式中，N 为脉冲 T_p 时长内间歇收发次数。

PCM 的码元宽度通常在亚微秒量级到微秒量级，为便于分析，假设间歇收发参数满足 $\tau = K_1 t_b$，$T_s = K_2 t_b$，K_1 和 K_2 为正整数，即收发周期与持续时间刚好为码宽的整数倍，从而式（2.33）可以简化为

$$
\begin{aligned}
s_{\text{PCM}}'(t) &= \frac{1}{\sqrt{T_p}} \sum_{m=1}^{M} \sum_{n=1}^{N} x_m \text{rect}\left[\frac{t-(n-1)K_2 t_b}{K_1 t_b}\right] \text{rect}\left[\frac{t-(m-1)t_b}{t_b}\right] \\
&= \frac{1}{\sqrt{T_p}} \sum_{\alpha=0}^{\lceil T_p/T_s \rceil} \sum_{m=1+\alpha K_2}^{K_1+\alpha K_2} x_m \text{rect}\left[\frac{t-(m-1)t_b}{t_b}\right]
\end{aligned} \tag{2.34}
$$

式中，α 为整数，$\lceil \cdot \rceil$ 表示向上取整运算。

间歇收发之后，进行匹配滤波可得：

$$y'_{PCM}(t) = \frac{1}{T_p} \sum_{\alpha=0}^{\lceil T_p/T_s \rceil} \sum_{m=1+\alpha K_2}^{K_1+\alpha K_2} \sum_{p=1}^{P} x_m x_p^* \int_{-\infty}^{\infty} rect\left[\frac{u'-(m-1)t_b}{t_b}\right] rect\left[\frac{u'+t-(p-1)t_b}{t_b}\right] du'$$

$$= \begin{cases} \dfrac{1}{T_p} \displaystyle\sum_{\alpha=0}^{\lceil T_p/T_s \rceil} \sum_{m=1+\alpha K_2}^{K_1+\alpha K_2} \sum_{p=1}^{P} x_m x_p^* \left[t_b - |t-(p-m)t_b|\right], & |t-(p-m)t_b| < t_b \\ 0, & |t-(p-m)t_b| \geqslant t_b \end{cases} \quad (2.35)$$

对比式（2.31）与式（2.35）可知，PCM 信号经过间歇收发，不像 LFM 信号一样在目标主峰两侧形成虚假峰值。此外，式（2.35）中的求和项表明，经过间歇收发，m 仅能在 $[\alpha K_2+1, \alpha K_2+K_1]$ 内取值，因此，脉压输出目标位置处峰值幅度将降低，其峰值幅度与完整脉冲信号脉压峰值幅度之比为 K_1/K_2，即 τ/T_s。

以上结果是在间歇收发周期与采样时长刚好为码元宽度的整数倍时得到的，在实际间歇收发过程中，T_s 与 τ 不一定满足该条件，需要讨论的情况也更为复杂，且解析表达式难以获得。

对 PCM 信号间歇收发处理，同样分析其 AF 特性。根据式（2.29），PCM 信号时域可表示为 $s_{PCM}(t)$，信号频谱为 $S_{PCM}(f)$，从而 AF 可以表示为

$$A(\tau', f_d) = \int S_{PCM}^*(f) S_{PCM}(f-f_d) \exp(j2\pi f\tau') df \quad (2.36)$$

式中，τ' 为时延。

根据式（2.33），间歇收发之后，PCM 信号频域表达式为

$$S'_{PCM}(f) = S_{PCM}(f) * P(f) \quad (2.37)$$

在间歇收发方法中，以雷达实际信号处理过程为准，根据完整脉冲 PCM 的匹配滤波器，得到间歇收发之后 PCM 信号的 AF 为

$$\begin{aligned} A_1(\tau', f_d) &= \int S_{PCM}^*(f) S'_{PCM}(f-f_d) \exp(j2\pi f\tau') df \\ &= \tau f_s \sum_{n=-\infty}^{n=+\infty} sinc(nf_s\tau) \int S_{PCM}^*(f) S_{PCM}(f-nf_s-f_d) \exp(j2\pi f\tau') df \quad (2.38) \\ &= \tau f_s \sum_{n=-\infty}^{n=+\infty} sinc(nf_s\tau) A(\tau', nf_s+f_d) \end{aligned}$$

对于在实际目标处，$n=0$，从而有

$$A_1(\tau, f_d) = \tau_1 f_s A(\tau, f_d) \quad (2.39)$$

当 $\tau=0$ 且 $f_d=0$ 时，对应 PCM 信号匹配滤波输出，即间歇收发之后 PCM 信号目标处峰值幅度为完整脉冲的 $\tau_1 f_s$，与式（2.35）的结果一致。同时，由于 $A_1(\tau, f_d)$ 与 $A(\tau, f_d)$ 仅存在幅度差异，对于 $f_d=0$ 对应的切面，间歇收发回波 AF 主瓣零点宽度与完整 PCM 回波相同。

2.3.2.2　PCM 信号收发约束条件及参数设计

由 PCM 信号脉冲压缩与模糊图特性可知，经过间歇收发，PCM 信号脉压输出不会在目标两侧出现虚假峰。另外，结合 PCM 信号间歇收发模糊图特性，利用目标主峰处的峰值幅度与完整信号幅度之比为 τ/T_s，可以补偿由间歇收发导致的能量损失。

此外，在微波暗室中进行目标测量时，PCM 信号的间歇收发控制参数需要满足如下条件：

$$\begin{cases} \tau \leqslant \dfrac{2R}{c} \\[2mm] \tau + \dfrac{2(R+L)}{c} \leqslant T_s \end{cases} \tag{2.40}$$

式中，由于 PCM 信号匹配滤波结果没有虚假峰，与式（2.24）相比，T_s 不受 ΔR 的约束。但是，T_s 过大也会导致间歇收发之后 PCM 的部分码元无法被发射和接收，影响测量性能。

2.3.2.3　仿真试验与结果分析

以点目标为例，天线与目标之间的距离 R=30m，静区反射率为-40dB，目标 RCS 为 1m^2。采用码长为 511 的二相编码，码元宽度为 0.5μs，从而脉冲信号总时长为 255.5μs。波长为 0.3m，发射功率为 1W，天线收发增益为 30dB，接收机信噪比为 20dB。

1. 单散射点间歇收发回波特性

根据式（2.40），间歇收发脉宽需要满足 $\tau \leqslant 0.2$μs，收发周期则需要满足 $T_s > \tau + 0.2$。若将 T_s 设为 0.5μs，则 τ 为 0.2μs，从而每个间歇收发周期均能将信号中的每个码元进行发射与接收，仿真结果如图 2.17 所示。

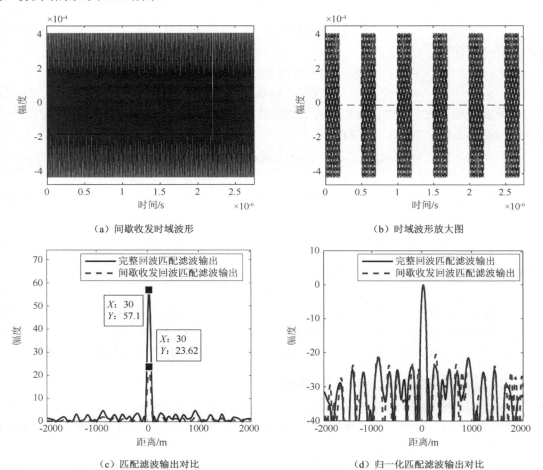

（a）间歇收发时域波形　　　　　　　　　　（b）时域波形放大图

（c）匹配滤波输出对比　　　　　　　　　　（d）归一化匹配滤波输出对比

图 2.17　间歇收发回波与匹配滤波仿真结果（T_s=0.5μs）

图 2.17（a）和图 2.17（b）为 PCM 完整信号回波和间歇收发回波。经过匹配滤波可得图 2.17（c），其中脉压输出结果中峰值位置反映了实际目标位置。同时，在目标位置两侧，没有出现如 LFM 信号一样的虚假峰，且间歇收发回波经过匹配滤波之后，实际目标峰值幅度约为完整脉冲的 $0.2\mu s / 0.5\mu s = 0.4$，两者的主瓣宽度相同，与式（2.35）和式（2.39）的分析相符。

图 2.17（d）为归一化匹配滤波输出对比，其中间歇收发之后的匹配滤波输出峰值旁瓣比（Peak Side Lobe Ratio，PSLR）为 17.54dB，而完整脉冲的匹配滤波输出 PSLR 则为 17.58dB。由于收发周期 T_s 与码元宽度相当，所以间歇收发时能够将每个码元进行发射和接收，因此间歇收发回波匹配滤波输出结果中实际目标两侧的旁瓣与完整脉冲的基本一致。

实际雷达系统常采用较小的码元宽度以获得较高的距离分辨率，因此收发周期 T_s 大于码元宽度的情况较为常见。考虑 $T_s = 1\mu s$，$\tau = 0.2\mu s$，此时在每个间歇收发周期内，有一个码元未被发射和接收，得到仿真结果如图 2.18 所示。

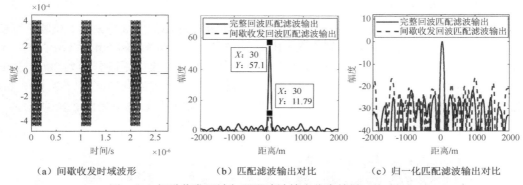

（a）间歇收发时域波形　　　　（b）匹配滤波输出对比　　　　（c）归一化匹配滤波输出对比

图 2.18　间歇收发回波与匹配滤波输出仿真结果（$T_s=1\mu s$）

由于 T_s 变大而 τ 不变，经过间歇收发得到图 2.18（a），与图 2.17（b）相比，第 2、4、6 个码元处被截断而未被发射，使得回波能量有所减少。因此，图 2.18（b）中匹配滤波输出的目标峰值幅度约为完整脉冲的 0.2。图 2.18（c）为归一化匹配滤波输出对比，其中，间歇收发回波匹配滤波输出的旁瓣幅度变高，对应的匹配滤波输出 PSLR 为 14.87dB，而完整脉冲的匹配滤波输出 PSLR 则为 17.58dB。但是，间歇收发与完整脉冲回波所得匹配滤波输出主瓣宽度相同，与理论分析一致。

2. PCM 信号间歇收发周期的选取方法

在实际测量中，收发周期 T_s 大于码元宽度的情况比较常见，而 T_s 的增加对脉压输出的 PSLR 影响较大。下面通过设定不同的收发周期对距离像的 PSLR 进行统计，为微波暗室中 PCM 信号间歇收发参数的选取提供依据。由于间歇收发脉冲宽度 τ 受目标与天线的距离约束，仿真中设定了三种宽度：$0.2\mu s$、$0.15\mu s$ 和 $0.1\mu s$。收发周期 T_s 由 $0.5\mu s$ 增大至 $5\mu s$，仿真结果如图 2.19 所示。

图 2.19 为不同 T_s 对应的匹配滤波输出 PSLR。可以发现，当 $T_s = 0.5\mu s$ 时，得到的间歇收发回波匹配滤波输出 PSLR 与完整脉冲最为接近。这是因为此时 PCM 信号的每个码元均被有效发射和接收。当 T_s 增加时，匹配滤波输出的旁瓣变高，PSLR 随之增大。此外，当 τ 较小时，间歇收发回波能量较小，也导致了 PSLR 增大。因此，为保证匹配滤波输出具有较低的旁瓣，间歇收发要尽量选取较小的收发周期和较大的子脉冲宽度。例如，为保证 PSLR 小于-10dB，根据图 2.19，T_s 应小于 $2\mu s$。

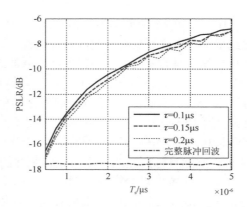

图 2.19　间歇收发回波匹配滤波输出的 PSLR 仿真结果

3. 多散射点目标间歇收发回波特性

当 PCM 信号码元宽度较小时，经过脉冲压缩能够获得较高的距离分辨率，反映目标的多个强散射点。假设二相编码的码元宽度为 $0.05\mu s$，对应距离分辨率为 7.5m，码元个数为 511，则脉冲总时长为 $25.55\mu s$。考虑目标径向距离上的三个散射点与天线距离分别为 30m、38m 和 46m，对应的 RCS 分别为 $1m^2$、$1.3m^2$ 和 $1.9m^2$。为获得尽可能大的回波能量，令 $\tau = 0.2\mu s$。根据式（2.40），有 $T_s > 0.507\mu s$，因此，可令 $T_s = 0.6\mu s$，得到仿真结果如图 2.20 所示。

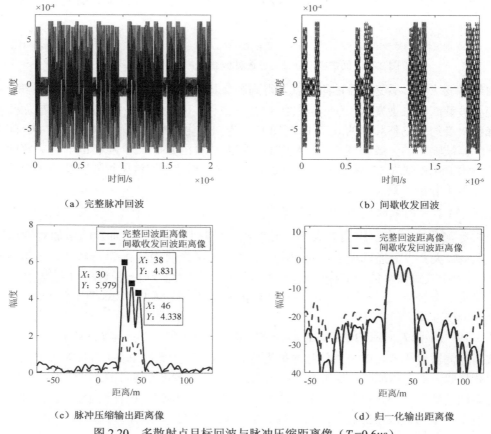

（a）完整脉冲回波　　　　　　　　　　（b）间歇收发回波

（c）脉冲压缩输出距离像　　　　　　　（d）归一化输出距离像

图 2.20　多散射点目标回波与脉冲压缩距离像（$T_s = 0.6\mu s$）

　　由于有多个散射点的回波叠加，目标回波存在起伏，如图 2.20（a）所示。经过间歇收发，得到时域回波，如图 2.20（b）所示。对回波进行脉冲压缩，得到图 2.20（c）和图 2.20（d）的距离像。图 2.20（d）中间歇收发回波脉冲压缩输出距离像中 PSLR 为-11.85dB，而完整脉冲中的 PSLR 为-14.58dB。这是由于在高分辨率条件下，PCM 信号码元宽度较小而收发周期较大，无法满足对每个码元的有效发射和接收，因此距离像的 PSLR 升高。然而，图 2.20（d）中间歇收发之后距离像中主瓣位置和幅度与完整脉冲基本吻合。结合图 2.20（c）标注的目标位置，可以说明经过幅度补偿，间歇收发回波能够获得与完整脉冲基本一致的目标位置信息，从而验证了间歇收发获取目标高分辨一维像的有效性。

2.3.3　脉内四载频信号间歇收发处理及回波特性

　　相比传统的单载频相位编码信号，脉内多载频相位编码信号具有更好的抗干扰性能，其中以抗瞄准式干扰的能力较为突出。脉内四载频信号是一种典型的脉内多载频信号，将其用于室内场仿真，对于分析和验证间歇收发处理方法的性能具有重要意义。

2.3.3.1　脉内四载频信号处理方法分析

1. 脉内四载频信号模型

　　脉内四载频信号的一个脉冲内部包含两个载频或四个载频，其中以四个载频居多。由于四载频信号的每个子脉冲内部均为 PCM 信号，可考虑第 i（$1 \leqslant i \leqslant 4$）个子脉冲的调制相位为 φ_{m_i}，假设四载频信号第 i 个子脉冲的载频为 f_i，则第 i 个子脉冲的信号可以写为

$$s_i(t) = \frac{1}{\sqrt{T_p}} \sum_{m_i=1}^{M} x_{m_i} e^{j2\pi f_i t} \text{rect} \left[\frac{t - (i-1)T_p - (m_i-1)t_b}{t_b} \right] \tag{2.41}$$

式中，T_p 为单个子脉冲信号的时宽；M 为子脉冲码元数；t_b 为码元宽度；$x_{m_i} = \exp(j\varphi_{m_i})$，当采用二相编码时，$\varphi_{m_i}$ 一般取 0 或 π，此时 x_{m_i} 为 1 或-1。$f_i = f_0 + \text{Label}_i \cdot \Delta f$，$\text{Label}_i$（$1 \leqslant i \leqslant 4$）为随机的频率编码，其取值为0~3，$\Delta f$ 为子脉冲之间的频率间隔，该频率间隔至少大于子脉冲的带宽，即

$$\Delta f \geqslant \frac{1}{t_b} = B \tag{2.42}$$

　　完整的四载频信号的时域表达式为

$$
\begin{aligned}
s_{\text{four}}(t) &= \sum_{i=1}^{4} s_i(t) \\
&= \frac{1}{\sqrt{T_p}} \sum_{i=1}^{4} \sum_{m_i=1}^{M} x_{m_i} e^{j2\pi f_i t} \text{rect} \left[\frac{t - (i-1)T_p - (m_i-1)t_b}{t_b} \right]
\end{aligned}
\tag{2.43}
$$

　　由于相位编码信号的带宽取决于其码元的宽度，即单个子脉冲的带宽为$1/t_b$，而子脉冲之间的累积方式为非相干的，所以通常认为其有效探测带宽就是$1/t_b$。图 2.21 给出了某两种可能的频率分布的四载频信号时频图。可以看出，4 个子脉冲的频段互不相交，且频率点随机分布，频率间隔大于或等于 10MHz。

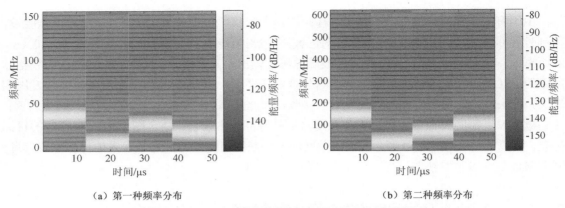

（a）第一种频率分布　　　　　　　　　　（b）第二种频率分布

图 2.21　某两种可能的频率分布的四载频信号时频图

2. 脉内四载频信号处理方法

现代雷达一般使用相关处理的方式实现 PCM 信号的脉冲压缩，脉内多载频信号也是如此。以四载频信号为例，将中频信号中包含的子脉冲送入 4 个处理通道后，分别进行检波、匹配滤波处理，最后对其进行非相参积累、恒虚警率（Constant False Alarm Rate，CFAR）检测处理、门限检测等操作。四载频信号直接非相参积累处理如图 2.22 所示。

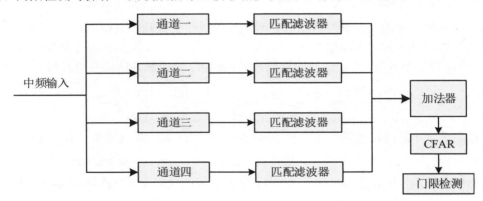

图 2.22　四载频信号直接非相参积累处理

根据式（2.30），第 i 个子脉冲的匹配滤波处理的结果可以表示为

$$y_{\text{PCM},i}(t) = \int_{-\infty}^{\infty} s_i(u) v_i^*(u+t) \mathrm{d}u \tag{2.44}$$

式中，$v_i^*(\cdot)$ 为参考信号。

4 个通道的匹配滤波结果经非相参积累后得到：

$$
\begin{aligned}
y_{\Sigma}(t) &= \sum_{i=1}^{4} y_{\text{PCM},i}(t) \\
&= \sum_{i=1}^{4} \int_{-\infty}^{\infty} s_i(u) v_i^*(u+t) \mathrm{d}u
\end{aligned}
\tag{2.45}
$$

结合式（2.43），将 $S_i(t)$ 代入式（2.45）可以得到积累后的匹配滤波结果：

$$y_{\Sigma}(t) = \frac{1}{T_{\mathrm{p}}} \sum_{i=1}^{4} \sum_{m_i=1}^{M} \sum_{p_i=1}^{P} x_{m_i} x_{p_i}^{*} \cdot \int_{-\infty}^{\infty} \mathrm{rect}\left[\frac{u-(m_i-1)t_{\mathrm{b}}}{t_{\mathrm{b}}}\right] \mathrm{rect}\left[\frac{u+t-(p_i-1)t_{\mathrm{b}}}{t_{\mathrm{b}}}\right] \mathrm{d}u$$

$$= \begin{cases} \dfrac{1}{T_{\mathrm{p}}} \displaystyle\sum_{i=1}^{4} \sum_{m_i=1}^{M} \sum_{p_i=1}^{P} x_{m_i} x_{p_i}^{*} \cdot [t_{\mathrm{b}} - |t-(p_i-m_i)t_{\mathrm{b}}|], & |t-(p_i-m_i)t_{\mathrm{b}}| < t_{\mathrm{b}} \\ 0, & |t-(p_i-m_i)t_{\mathrm{b}}| \geqslant t_{\mathrm{b}} \end{cases} \tag{2.46}$$

非相参积累得到的 $y_{\Sigma}(t)$ 再经过恒虚警处理、门限检测等步骤后即可得出检测结果。

2.3.3.2　脉内四载频信号间歇收发设计及回波特性

由于脉内四载频信号由 4 个载频不同的 PCM 信号组成，对脉内四载频进行间歇收发，本质上是对 4 个 PCM 信号子脉冲进行间歇收发。因此，结合 PCM 信号的间歇收发处理过程，可以实现对脉内四载频信号的间歇收发。

对于均匀间歇收发，4 个子脉冲的收发控制信号是相同的，根据式（2.33）及式（2.43）可得第 i 个子脉冲信号的脉冲压缩输出为

$$y'_{\mathrm{PCM},i}(t) = \int_{-\infty}^{\infty} s_i(u) p(u) v_i^{*}(u+t) \mathrm{d}u \tag{2.47}$$

从而，经过间歇收发后，4 个通道的匹配滤波结果再进行非相参积累可得：

$$\begin{aligned} y_{\Sigma}(t) &= \sum_{i=1}^{4} y'_{\mathrm{PCM},i}(t) \\ &= \sum_{i=1}^{4} \int_{-\infty}^{\infty} s_i(u) p(u) v_i^{*}(u+t) \mathrm{d}u \end{aligned} \tag{2.48}$$

由于脉内四载频信号由 4 个相位编码子脉冲组成，每个子脉冲经过间歇收发后的距离像具有与 PCM 信号相同的特点，因此非相参积累后特性基本不变。此外，脉内四载频信号的收发参数约束条件与式（2.40）中相位编码信号的收发参数约束条件也是一致的。

2.3.3.3　仿真试验与结果分析

脉内四载频信号每个子载频的频率间隔为 10MHz，每个子载频包含 128 个二相编码的码元，码元宽度为 0.1μs，从而脉内四载频信号脉宽为 51.2μs。若目标与雷达距离 $R = 30\mathrm{m}$，采用的均匀收发周期 $T_{\mathrm{s}} = 0.5\mu\mathrm{s}$，收发脉宽 $\tau = 0.2\mu\mathrm{s}$，则得到仿真结果如图 2.23 所示。

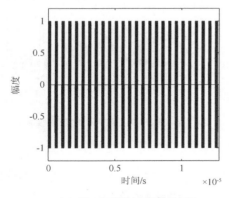
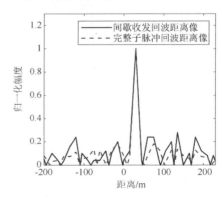

（a）第一个子脉冲间歇收发回波　　　　　　（b）第一个子脉冲距离像对比

图 2.23　脉内四载频信号均匀间歇收发处理仿真结果（$T_{\mathrm{s}} = 0.5\mu\mathrm{s}$）

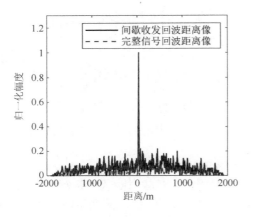 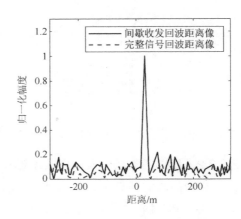

（c）脉内四载频信号距离像对比　　　　　　　（d）脉内四载频信号距离像对比（放大）

图 2.23　脉内四载频信号均匀间歇收发处理仿真结果（$T_s = 0.5\mu s$）（续）

图 2.23（a）为脉内四载频信号第一个子脉冲经过均匀间歇收发处理后的时域回波，根据 PCM 信号处理方法，经过脉冲压缩后得到完整子脉冲与间歇收发后的子脉冲回波距离像对比结果，如图 2.23（b）所示。可以发现，经过间歇收发，回波距离像的旁瓣相比完整子脉冲的旁瓣略高，与 2.3.3.2 节对 PCM 信号间歇收发回波距离像特性一致。经过非相参积累处理，得到脉内四载频信号的回波距离像对比如图 2.23（c）和图 2.23（d）所示。图 2.23（c）表明，由于每个子脉冲距离像旁瓣较高，所以非相参积累后的距离像旁瓣也高于完整脉内四载频信号的距离像旁瓣。

当收发周期为 $T_s = 0.7\mu s$ 时，得到子脉冲和脉内四载频信号的距离像对比，如图 2.24 所示。

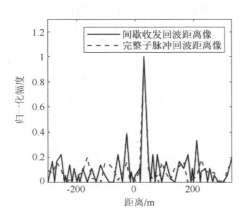 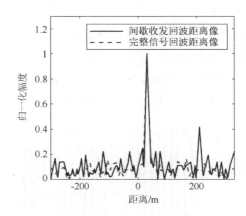

（a）第一个子脉冲距离像对比　　　　　　　（b）非相参积累后的脉内四载频距离像对比

图 2.24　脉内四载频信号均匀间歇收发距离像对比结果（$T_s = 0.7\mu s$）

图 2.24（a）为第一个子脉冲距离像对比，图 2.24（b）为非相参积累后的脉内四载频距离像对比。可以发现，随着收发周期的增加，子脉冲和脉内四载频信号距离像的旁瓣均增加，因此，较小的收发周期有利于获取较为精确的距离像。

2.4　非理想均匀间歇收发回波特性

通过雷达辐射式仿真系统产生的间歇收发脉冲存在上升沿与下降沿，考虑该实际情况，本节以梯形脉冲构建非理想条件下的间歇收发控制信号模型。对比分析理想矩形脉冲与梯形脉冲间歇收发的脉冲压缩（简称脉压）结果，从而验证间歇收发方法在实际工程中的有效性与实用性。

2.4.1　非理想间歇收发控制信号模型

在进行间歇收发时，脉冲上升沿与下降沿有一定的响应时间，以梯形脉冲对脉冲上升沿与下降沿进行建模，更符合实际情况，其时域波形如图 2.25 所示。

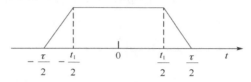

图 2.25　梯形脉冲时域波形

根据图 2.25，单个梯形脉冲的时域表达式为

$$\mathrm{trap}\left(\frac{t}{\tau}\right) = \begin{cases} \left(|t| - \tau/2\right)/\left(t_1/2 - \tau/2\right), & t_1/2 < |t| < \tau/2 \\ 1, & |t| \leqslant t_1/2 \\ 0, & \text{其他} \end{cases} \qquad (2.49)$$

式中，t_1 为去除上升沿与下降沿之后的脉宽时长，τ 为整个短脉冲持续时间，相当于理想矩形脉冲信号的脉冲宽度。

根据傅里叶变换性质，梯形脉冲频谱为

$$\mathrm{Trap}(f) = \frac{t_1 + \tau}{2}\mathrm{sinc}\left[\frac{f(t_1 + \tau)}{2}\right]\mathrm{sinc}\left[\frac{f(\tau - t_1)}{2}\right] \qquad (2.50)$$

可以发现，当 t_1 接近 τ 时，式（2.50）中第二个 sinc(·) 接近 1，梯形脉冲与理想矩形脉冲频谱接近。特别地，当 $t_1 = \tau$ 时，梯形脉冲即理想矩形脉冲，两者频谱一致。

周期梯形脉冲间歇收发信号时域波形如图 2.26 所示。

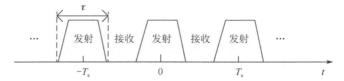

图 2.26　周期梯形脉冲间歇收发信号时域波形

根据图 2.26 与式（2.49），周期梯形脉冲控制信号时域表达式为

$$p_{\mathrm{trap}}(t) = \mathrm{trap}\left(\frac{t}{\tau}\right) * \sum_{n=-\infty}^{+\infty} \delta(t - nT_s) \qquad (2.51)$$

经过傅里叶变换可得频谱为

$$P_{\text{trap}}(f) = \frac{(t_1 + \tau) f_s}{2} \sum_{n=-\infty}^{n=+\infty} a_n \delta(f - nf_s) \tag{2.52}$$

式中，$a_n = \text{sinc}\left[\dfrac{nf_s(t_1 + \tau)}{2}\right] \text{sinc}\left[\dfrac{nf_s(\tau - t_1)}{2}\right]$。

2.4.2 非理想间歇收发回波特性

以 LFM 信号为例，结合式（2.51）可得梯形脉冲间歇收发目标回波为

$$\begin{aligned}
y_3(t) &= \left[s_0(t) p_{\text{trap}}(t) \right] * h_{\text{T}}(t) \\
&= A p_{\text{trap}}(t - \Delta t) u(t - \Delta t) \exp(-\text{j}2\pi f_c \Delta t)
\end{aligned} \tag{2.53}$$

根据傅里叶变换性质，结合式（2.52）得到回波的频谱为

$$\begin{aligned}
Y_3(f) &= F\left[A p_{\text{trap}}(t) u(t) \right] \exp\left[-\text{j}2\pi(f + f_c)\Delta t \right] \\
&= \frac{A f_s (t_1 + \tau)}{2} \sum_{n=-\infty}^{n=+\infty} a_n U(f - nf_s) \exp\left[-\text{j}2\pi(f + f_c)\Delta t \right]
\end{aligned} \tag{2.54}$$

从而，匹配滤波输出为

$$\begin{aligned}
y_3'(t) &= F^{-1}[Y_3(f) H(f)] \\
&= \frac{A f_s (t_1 + \tau)}{2} \sum_{n=-\infty}^{n=+\infty} \Big\{ a_n \left(B - |nf_s| \right) \cdot \\
&\quad \text{sinc}\left[\left(B - |nf_s| \right) \left(t + nf_s/\mu - \Delta t \right) \right] \exp\left\{ \text{j}\pi \left[nf_s \left(t - \Delta t \right) - 2f_c \Delta t \right] \right\} \Big\}
\end{aligned} \tag{2.55}$$

另外，理想矩形脉冲间歇收发回波的匹配滤波输出如式（2.22）所示。令 $b_n = \text{sinc}(nf_s\tau)$，则

$$\begin{aligned}
y_2'(t) &= A\tau f_s \sum_{n=-\infty}^{n=+\infty} \Big\{ b_n \left(B - |nf_s| \right) \cdot \\
&\quad \text{sinc}\left[\left(B - |nf_s| \right) \left(t + nf_s/\mu - \Delta t \right) \right] \exp\left\{ \text{j}\pi \left[nf_s \left(t - \Delta t \right) - 2f_c \Delta t \right] \right\} \Big\}
\end{aligned} \tag{2.56}$$

式（2.55）与式（2.56）中 $\text{sinc}(\cdot)$ 项的 nf_s/μ 均表明，间歇收发之后，梯形脉冲与理想矩形脉冲的脉压输出中相邻尖峰的距离相同，即式（2.23）。同样地，间歇收发控制信号脉宽与周期需要满足式（2.24）。

综合式（2.55）与式（2.56），可得到如下结论。

（1）梯形脉冲间歇收发的脉压输出峰值幅度小于理想矩形脉冲脉压峰值幅度。由于梯形脉冲有 $(t_1 + \tau)/2 \leqslant \tau$，从而 $A f_s (t_1 + \tau)/2 \leqslant A\tau f_s$。同时，梯形脉冲在上升沿与下降沿时间段内，回波幅度被调制变小，所以脉压输出峰值幅度变小。

（2）另外，当 $n = 0$ 时，脉压输出峰值与 a_n 和 b_n 无关，只与求和项之外的幅度项有关；当 $n \neq 0$ 时，梯形脉冲所得脉压输出的 a_n 与理想矩形脉冲中的 b_n 存在差异，从而造成两者脉压输出虚假峰幅度不同。

2.4.3　仿真试验与结果分析

假设目标与天线距离 $R = 45\text{m}$，暗室静区反射率为-40dB。脉冲雷达信号脉宽 $T_p = 100\mu\text{s}$，带宽 $B = 5\text{MHz}$，波长为 0.3m，发射功率为 1W，天线收发增益为 30dB，接收机信噪比为 20dB。

2.4.3.1　LFM 信号梯形脉冲间歇收发结果分析

根据式（2.24），有 $\tau \leqslant 0.3\mu\text{s}$ 且 $T_s > \tau + 0.3$，可令 $\tau = 0.2\mu\text{s}$，$T_s = 0.6\mu\text{s}$。梯形脉冲上升沿与下降沿分别取为 20ns 和 35ns。当上升沿和下降沿时长为 20ns 时，梯形脉冲上底时宽为 0.16μs，下底时宽为 0.2μs，仿真结果如图 2.27 所示。

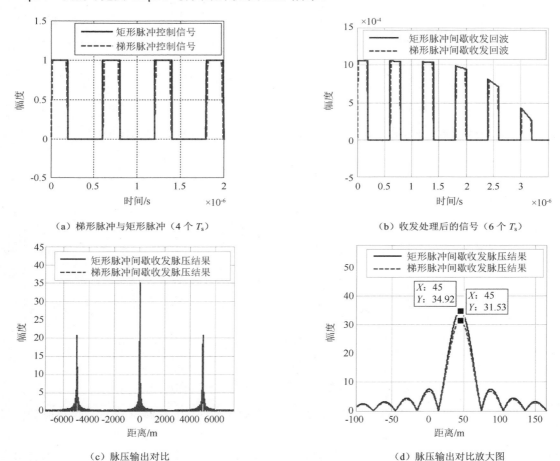

（a）梯形脉冲与矩形脉冲（4 个 T_s）　　　　　（b）收发处理后的信号（6 个 T_s）

（c）脉压输出对比　　　　　　　　　　（d）脉压输出对比放大图

图 2.27　梯形脉冲与理想矩形脉冲采样后时域、脉压输出对比仿真结果

在图 2.27（a）中，梯形脉冲间歇收发的时域回波幅度受到调制，相当于幅度被降低。图 2.27（b）给出了 6 个收发周期的回波波形。由于梯形波存在上升沿与下降沿，所以脉压输出幅度与理想矩形脉冲相比有一定程度的下降，如图 2.27（c）所示。根据图 2.27（d），梯形脉冲间歇收发脉冲压缩目标真实峰的幅度为 31.53，略低于理想矩形脉冲所得脉压输出的峰值幅度，这与第 1 条结论相符。目标位置处（$n = 0$）的峰值幅度，仅与 $Af_s(t_1 + \tau)/2$ 有关。虚假峰（$n \neq 0$）的幅度由 a_n 决定，与理想矩形脉冲相差较大。但是，实际仿真中仅关

心 $n=0$ 处的峰值幅度与波形，因此，根据 $Af_s(t_1+\tau)/2$ 进行幅度补偿，能够得到精确的脉压输出结果。

当脉冲上升沿和下降沿时长为 35ns 时，仿真结果如图 2.28 所示。

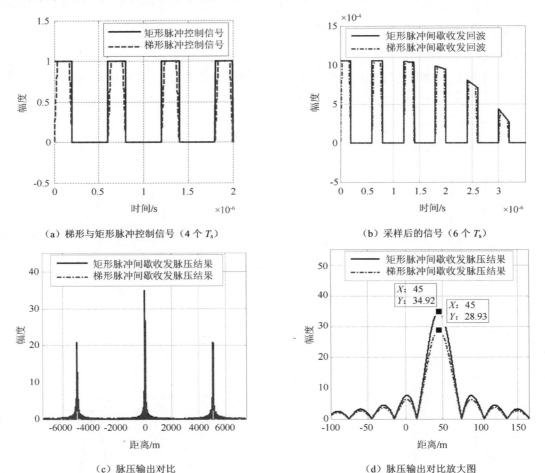

(a) 梯形与矩形脉冲控制信号（4 个 T_s）　　　　　　(b) 采样后的信号（6 个 T_s）

(c) 脉压输出对比　　　　　　　　　　　　(d) 脉压输出对比放大图

图 2.28　梯形脉冲与理想矩形脉冲采样后时域、脉压输出对比仿真结果

从图 2.28（a）可以发现，当梯形波上升沿时长增加后，上底时宽变窄，收发控制信号进一步接近三角波，因此图 2.28（b）中经过收发后的信号与理想矩形脉冲间歇收发信号在幅度上的差别变大。与图 2.27（d）中脉压输出幅度 31.53 相比，图 2.28（d）中脉压输出幅度进一步降低为 28.93，这是上升沿的时间增加导致的。但是，脉压波形的形状仍与理想矩形脉冲相同。

综合以上仿真结果可知，梯形波的脉冲上升沿与下降沿时间增加会减少回波信号的能量，但是脉压输出仅表现为幅度降低，与理想矩形脉冲相比，脉压输出的形状不变。

2.4.3.2　PCM 信号梯形脉冲间歇收发结果分析

针对 PCM 信号，在非理想间歇收发时，难以得到脉冲压缩的解析表达式。但是，通过数值仿真的方法能够进行分析验证。考虑 PCM 信号为 511 位的二相编码，码宽为 0.5μs，间歇收发周期 T_s 为 0.5μs，收发脉宽 τ 为 0.2μs。仍采用梯形脉冲进行仿真，其中脉冲上升沿与下降沿均为 50ns。雷达与目标距离为 30m，得到仿真结果如图 2.29 所示。

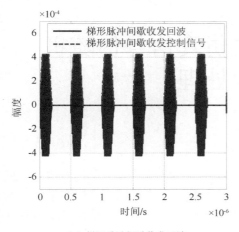

（a）梯形脉冲间歇收发回波

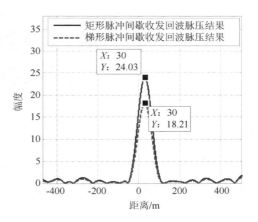

（b）梯形脉冲与矩形脉冲脉压结果对比

图 2.29　PCM 信号梯形脉冲间歇收发回波与脉压仿真结果

图 2.29（a）为 PCM 信号梯形脉冲间歇收发后的回波，由该回波进行脉冲压缩并与理想矩形脉冲间歇收发回波脉压进行对比，得到图 2.29（b）。可以发现，由于梯形脉冲存在上升沿与下降沿，所以回波能量相比矩形脉冲有所下降，脉压结果中目标位置处的峰值幅度略小，与 LFM 信号仿真结果相同。

第 3 章　雷达辐射式仿真信号伪随机间歇收发处理

3.1　概述

在雷达辐射式仿真中，对脉冲信号进行均匀间歇收发，能够有效解决收发信号互耦的问题。但是，均匀间歇收发所得目标距离像出现明显的虚假峰，给目标信息提取带来影响。尤其当采用宽带信号时，均匀收发可能导致目标真实距离像与虚假峰相互重叠，使得目标信息无法提取。

将收发周期伪随机化，可以得到不同的收发控制信号。与均匀收发回波距离像特性不同，伪随机收发周期不断变化，距离像中的虚假峰难以累积而幅度下降，利于目标信息的提取。另外，结合不同的雷达信号样式，从收发周期、收发控制序列、收发脉宽等方面进行设计，也是值得深入研究的问题。

本章从脉冲信号伪随机收发技术出发，在 3.2 节阐述伪随机间歇收发的技术原理；3.3 节结合 LFM、PCM 和脉内四载频等典型雷达信号，介绍伪随机间歇收发处理方法和回波特性；3.4 节介绍周期循环伪随机间歇收发的处理方法。通过开展仿真试验，给出伪随机间歇收发处理方法的效果，分析不同参数条件下的伪随机间歇收发回波特性。

3.2　伪随机间歇收发模型及回波特性

3.2.1　伪随机间歇收发控制信号模型

伪随机间歇收发是将收发周期设在一定的范围内随机变化，如图 3.1 所示。

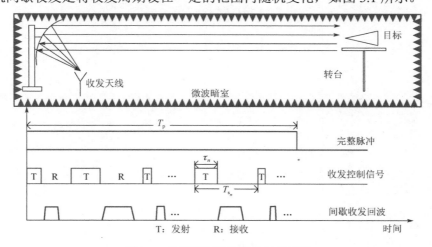

图 3.1　伪随机间歇收发控制示意图

　　根据伪随机间歇收发参数可以分为两种情况：若每个子脉冲占空比固定，则对应的子脉冲持续时间 τ_n 随收发周期 T_{s_n} 变化；若每个子脉冲对应的 τ_n 固定不变，则当收发周期 T_{s_n} 变化时，对应每个子脉冲的占空比会随机变化。

　　对于伪随机间歇收发，控制信号可表示为

$$p_1(t) = \sum_{n \to -\infty}^{+\infty} \text{rect}\left(\frac{t}{\tau_n}\right) * \delta\left(t - \sum_k^n T_{s_k}\right) \tag{3.1}$$

式中，$\delta(\cdot)$ 为冲激函数；n 为收发短脉冲数；τ_n 为对应的发射脉冲持续时间；T_{s_k} 为第 k 个间歇收发周期，且有 $k \leqslant n$；$*$ 为卷积运算；$\text{rect}(\cdot)$ 为矩形函数，且有

$$\text{rect}\left(\frac{t}{\tau_n}\right) = \begin{cases} 1, & |t/\tau_n| < 0.5 \\ 0, & \text{其他} \end{cases} \tag{3.2}$$

　　均匀间歇收发的周期与脉冲持续时间不变，从而有 $T_{s_n} = T_s$ 和 $\tau_n = \tau$，且对于第 n 个脉冲有 $\sum_k^n T_{s_k} = nT_s$。

　　由于伪随机间歇收发周期 T_{s_k} 不是固定值，难以得到频谱的解析表达式。但是，根据收发周期 T_{s_n} 与采样持续时间 τ_n 的特点，可以假设 $T_{s_n} = \tilde{n}_1 \tilde{\tau}$，$\tau_n = \tilde{n}_2 \tilde{\tau}$，其中 $\tilde{n}_1$ 和 $\tilde{n}_2$ 为正整数。在 $\tilde{\tau}$ 采样时间内，如果对应收发控制信号采样值为 0 或 1，那么式（3.1）可以写为

$$p_2(t) = \sum_{\tilde{n} \to -\infty}^{+\infty} \text{rect}\left(\frac{t}{\tilde{\tau}}\right) * a_{\tilde{n}} \delta(t - \tilde{n}\tilde{\tau}) \tag{3.3}$$

式中，$a_{\tilde{n}}$ 为 0 或 1，即在每个间歇收发周期内，对应的发射部分信号由若干个 $a_{\tilde{n}}=1$ 组成，接收时段内由若干个 $a_{\tilde{n}}=0$ 组成，且 $\tilde{n}$ 远大于收发子脉冲个数。

　　对式（3.3）进行傅里叶变换得到：

$$\begin{aligned} P_2(f) &= \int_{-\infty}^{+\infty} \sum_{\tilde{n} \to -\infty}^{+\infty} \left[\text{rect}\left(\frac{t}{\tilde{\tau}}\right) * a_{\tilde{n}} \delta(t - \tilde{n}\tilde{\tau}) \right] \exp(-j2\pi ft) \mathrm{d}t \\ &= \tilde{\tau} \text{sinc}(f\tilde{\tau}) \sum_{\tilde{n} \to -\infty}^{+\infty} a_{\tilde{n}} \exp(-j2\pi \tilde{n}\tilde{\tau} f) \end{aligned} \tag{3.4}$$

　　由式（3.4）可知，在 $T_{s_n} = \tilde{n}_1 \tilde{\tau}$，$\tau_n = \tilde{n}_2 \tilde{\tau}$ 条件下，伪随机间歇收发控制信号频谱不是冲激脉冲的周期延拓。

　　特别地，当 $f = 0$ 时，式（3.4）为

$$P_2(0) = \sum_{\tilde{n} \to -\infty}^{+\infty} a_{\tilde{n}} \tilde{\tau} \tag{3.5}$$

由于 $a_{\tilde{n}}$ 只在发射时段为 1，因此式（3.5）可视为对间歇收发控制信号发射时间的求和。

　　综合式（3.4）和式（3.5）可知：

　　（1）无论是伪随机间歇收发还是均匀间歇收发，若控制信号发射的总长相等，且每个子脉冲占空比 D 不变，则对应频谱零频处的波形一致，且幅度相同。因此，对频谱进行归一化处理时，有 $P_2(0) = D$ 与均匀间歇收发相同。

　　（2）均匀间歇收发控制信号的频谱是以 f_s 为频率间隔的对称冲激脉冲，而伪随机间歇收发控制信号周期变化，使得其频谱不是对称的冲激脉冲。

3.2.2 伪随机间歇收发控制信号特性

假设雷达脉冲宽度 $T_p = 50\mu s$，均匀间歇收发周期 $T_s = 0.5\mu s$，$\tau = 0.2\mu s$，此时采样占空比为 0.4。伪随机间歇收发周期 $T_{s_n} \in [0.5\mu s, 0.8\mu s]$，变化间隔为 $0.1\mu s$，根据采样占空比计算相应的 τ_n，得到间歇收发控制信号时域与频域波形如图 3.2 所示。

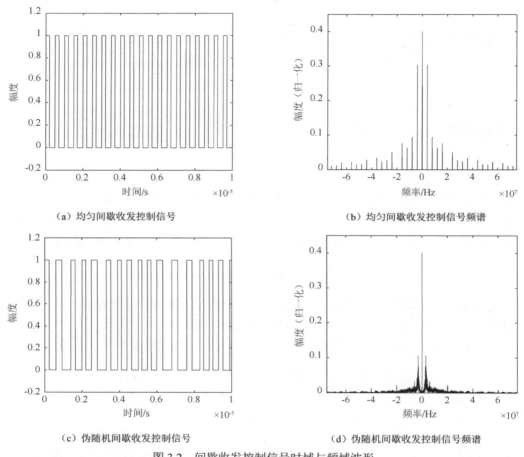

（a）均匀间歇收发控制信号　　　　　　（b）均匀间歇收发控制信号频谱

（c）伪随机间歇收发控制信号　　　　　　（d）伪随机间歇收发控制信号频谱

图 3.2　间歇收发控制信号时域与频域波形

可以发现，图 3.2（b）中均匀间歇收发控制信号频谱以收发频率 f_s 周期延拓。而图 3.2（d）中伪随机间歇收发控制信号频谱则并非周期延拓的冲激信号，而是在零频两侧形成一定的旁瓣，且旁瓣幅度相比图 3.2（b）一阶冲激信号幅度更低。此外，两种收发控制信号频谱的零频幅度相同，因此利用这两种收发方法所得目标距离像中真实目标位置处的结果是一致的。

3.3　伪随机间歇收发处理及回波特性

伪随机间歇收发控制信号与均匀间歇收发具有不同的特性，相应地，经过收发处理后的雷达信号也会有不同的特点，下面结合伪随机间歇收发控制信号的时频域特性，分析 LFM 信号、PCM 信号及脉内四载频信号经过收发处理后的信号特性。

3.3.1　LFM 信号伪随机间歇收发处理及回波特性

3.3.1.1　间歇收发处理后 LFM 信号特性

1. 频谱特性

完整 LFM 信号可以表示为

$$s_0(t) = u(t)\exp(j2\pi f_c t) \tag{3.6}$$

式中，f_c 为信号载频；$u(t) = \text{rect}(t/T_p)\exp(j\pi\mu t^2)$ 为信号的复包络，这里，T_p 为脉冲宽度，μ 为调制斜率。信号带宽 $B = \mu T_p$。

若 LFM 信号复包络 $u(t)$ 的傅里叶变换为 $U(f)$，则发射信号的频谱为

$$S_0(f) = U(f - f_c) \tag{3.7}$$

根据式（3.4），对 LFM 信号进行伪随机间歇收发，则其频谱可以表示为

$$S_1(f) = S_0(f) * P_2(f) \tag{3.8}$$

从而有

$$
\begin{aligned}
S_1(f) &= U(f - f_c) * \left[\tilde{\tau}\text{sinc}(f\tilde{\tau}) \sum_{\tilde{n} \to -\infty}^{+\infty} a_{\tilde{n}}\exp(-j2\pi\tilde{n}\tilde{\tau}f) \right] \\
&= DU(f - f_c) + U(f - f_c) * \left[\tilde{\tau}\text{sinc}(f\tilde{\tau}) \sum_{\substack{\tilde{n} \to -\infty \\ f \neq 0}}^{+\infty} a_{\tilde{n}}\exp(-j2\pi\tilde{n}\tilde{\tau}f) \right]
\end{aligned}
\tag{3.9}
$$

可以发现，伪随机间歇收发后，LFM 信号的频谱不再像均匀收发处理后以收发频率 f_s 为间隔进行频移。但是，零阶频移处（$n=0$）的频谱与 LFM 信号复包络的频谱仅有幅度上的差异。

首先对不同收发频率进行仿真分析，脉宽 $T_p = 30\mu s$，带宽 $B = 2\text{MHz}$，收发周期分别为 $T_{s_n} \in [0.2\mu s, 0.5\mu s]$ 和 $T_{s_n} \in [0.5\mu s, 0.8\mu s]$，占空比为 0.5，得到频谱如图 3.3 所示。

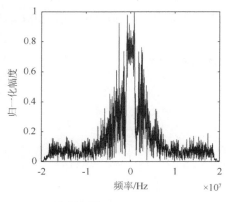
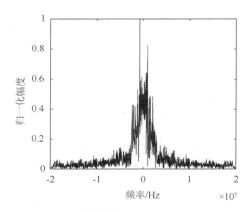

（a）信号频谱 $T_{s_n} \in [0.2\mu s, 0.5\mu s]$　　　　　（b）信号频谱 $T_{s_n} \in [0.5\mu s, 0.8\mu s]$

图 3.3　伪随机间歇收发 LFM 信号频谱（收发周期不同）

当收发周期 $T_{s_n} \in [0.2\mu s, 0.5\mu s]$ 时，得到 LFM 信号频谱如图 3.3（a）所示，当收发周期增加为 $T_{s_n} \in [0.5\mu s, 0.8\mu s]$ 时，得到信号频谱如图 3.3（b）所示。可以发现，当收发周期较小时，

在零频附近能够观察到与 LFM 信号频谱接近的频谱，当收发周期增加后，零频附近的频谱与两侧频谱混叠，难以观察到与 LFM 信号频谱接近的频谱形状。这与均匀间歇收发周期变化时的结论相符。

当收发占空比不同时，得到伪随机间歇收发的 LFM 信号频谱如图 3.4 所示。

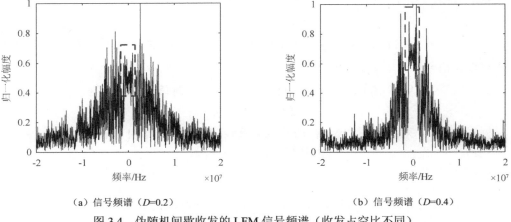

（a）信号频谱（D=0.2）　　　　　　　　（b）信号频谱（D=0.4）

图 3.4　伪随机间歇收发的 LFM 信号频谱（收发占空比不同）

图 3.4（a）中的信号频谱是由占空比为 0.2 时得到的，当占空比增大至 0.4 时得到图 3.4（b）。可以发现，图 3.4（b）中零频附近的频谱幅度相对于两侧的频谱幅度增加，与均匀收发占空比变化时的结论相同。

2. 模糊图特性

对于经过伪随机间歇收发的 LFM 信号，根据式（3.9），令 $f_c = 0$，可得到：

$$X(f) = DU(f) + U(f) * \left[\tilde{\tau} \mathrm{sinc}(f\tilde{\tau}) \sum_{\substack{\tilde{n} \to -\infty \\ f \neq 0}}^{+\infty} a_{\tilde{n}} \exp(-\mathrm{j}2\pi\tilde{n}\tilde{\tau}f) \right] \tag{3.10}$$

在间歇收发处理中，以雷达实际信号处理过程为准，从而得到间歇收发之后 LFM 信号的模糊函数（AF）为

$$\begin{aligned} A_{\mathrm{Inter}}(\tau', f_{\mathrm{d}}) &= \int U^*(f) X(f - f_{\mathrm{d}}) \exp(\mathrm{j}2\pi f\tau') \mathrm{d}f \\ &= DA(\tau', f_{\mathrm{d}}) + A'(\tau', f_{\mathrm{d}}) \end{aligned} \tag{3.11}$$

式中，$A(\tau', f_{\mathrm{d}})$ 为原始 LFM 信号 AF。且

$$\begin{aligned} A'(\tau', f_{\mathrm{d}}) = \int U^*(f) \exp(\mathrm{j}2\pi f\tau') \cdot \\ \left\{ U(f - f_{\mathrm{d}}) * \left[\tilde{\tau} \mathrm{sinc}((f - f_{\mathrm{d}})\tilde{\tau}) \sum_{\substack{\tilde{n} \to -\infty \\ f \neq 0}}^{+\infty} a_{\tilde{n}} \exp(-\mathrm{j}2\pi\tilde{n}\tilde{\tau}(f - f_{\mathrm{d}})) \right] \right\} \mathrm{d}f \end{aligned} \tag{3.12}$$

可以发现，与完整 LFM 信号的 AF 相比，伪随机间歇收发后，信号的 AF 由两部分组成，第一部分与均匀间歇收发后 LFM 信号 AF 零频处相同，第二部分由第一部分进行非周期延拓并叠加后得到。

下面对伪随机间歇收发后 LFM 信号的 AF 进行仿真。令时宽 $T_p = 2\mu s$ ，带宽 $B = 15MHz$ ，收发周期 $T_{s_n} \in [0.2\mu s, 0.6\mu s]$ ，采样占空比为 0.5，τ_n 随之变化，仿真得到模糊图如图 3.5 所示。

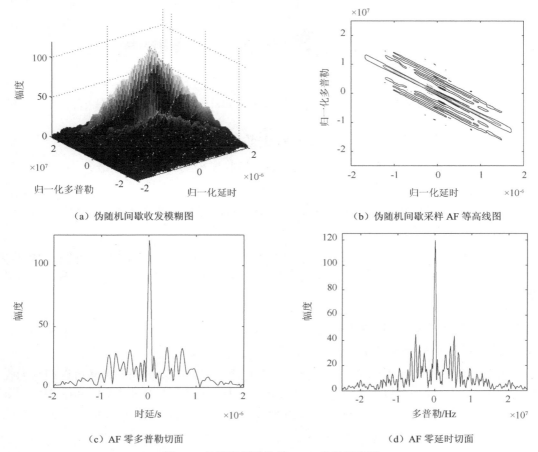

（a）伪随机间歇收发模糊图　　　　　　　　　（b）伪随机间歇采样 AF 等高线图

（c）AF 零多普勒切面　　　　　　　　　　　（d）AF 零延时切面

图 3.5　伪随机间歇收发 LFM 信号模糊图

根据图 3.5 可以发现，由于收发周期随机变化，其模糊图沿多普勒轴周期延拓的特性消失。与均匀收发后的模糊图相比，伪随机收发后零多普勒与零延时切面在非零延时和多普勒处没有明显的峰值，而呈现出旁瓣起伏特性。同时，由图 3.5（b）可知，间歇收发后 LFM 信号的 AF 在时延-多普勒平面上有所倾斜，与原始 LFM 信号 AF 相同，因此间歇收发之后，信号仍然具备大多普勒容限的特性。

3.3.1.2　LFM 信号伪随机间歇收发回波特性

对于伪随机间歇收发，当回波延时为 Δt 时，得到混频后的目标回波为

$$
\begin{aligned}
y_1'(t) &= p_1(t - \Delta t) \cdot A s_0(t - \Delta t) \exp(-j2\pi f_c t) \\
&= A p_1(t - \Delta t) u(t - \Delta t) \exp(-j2\pi f_c \Delta t)
\end{aligned}
\tag{3.13}
$$

式中，A 为回波幅度。

结合式（3.9），可以得到伪随机间歇收发后信号的频谱为

$$Y_1'(f) = A\left\{DU(f) + U(f) * \left[\tilde{\tau}\mathrm{sinc}(f\tilde{\tau})\sum_{\substack{\tilde{n}\to-\infty\\f\neq0}}^{+\infty} a_{\tilde{n}}\exp(-\mathrm{j}2\pi\tilde{n}\tilde{\tau}f)\right]\right\} \cdot \tag{3.14}$$

$$\exp[-\mathrm{j}2\pi(f + f_\mathrm{c})\Delta t]$$

仍采用 LFM 信号的匹配滤波器 $H(f)$，得到：

$$\begin{aligned}
y_2(t) &= F^{-1}\left[Y_1'(f)H(f)\right]\\
&= DF^{-1}\left[AU(f)\exp[-\mathrm{j}2\pi(f + f_\mathrm{c})\Delta t]\right] + F^{-1}\left[Y_1''(f)H(f)\right]\\
&= AB\mathrm{sinc}\left[B(t - \Delta t)\right] \cdot \exp(-\mathrm{j}2\pi f_\mathrm{c}\Delta t) + F^{-1}\left[Y_1''(f)H(f)\right]
\end{aligned} \tag{3.15}$$

式中，$F^{-1}[\cdot]$ 为傅里叶逆变换，$Y_1''(f)$ 为伪随机间歇收发得到的非零阶频谱。

$$Y_1''(f) = AU(f) * \left[\tilde{\tau}\mathrm{sinc}(f\tilde{\tau})\sum_{\substack{\tilde{n}\to-\infty\\f\neq0}}^{+\infty} a_{\tilde{n}}\exp(-\mathrm{j}2\pi\tilde{n}\tilde{\tau}f)\right]\exp[-\mathrm{j}2\pi(f + f_\mathrm{c})\Delta t] \tag{3.16}$$

根据式（2.22）及第 2 章完整 LFM 信号匹配滤波的结果可以发现，对于伪随机间歇收发，其回波距离像在实际目标位置处的形状与完整 LFM 信号相同，仅有幅度上的差异，该差异由收发占空比决定。

3.3.1.3　仿真试验与结果分析

1. 收发周期抖动结果分析

在实际系统中，收发周期可能存在抖动的非理想情况，收发周期的抖动可以归结为收发周期的伪随机。LFM 信号脉宽为 $100\mu s$，带宽为 5MHz，雷达与目标距离为 30m，考虑间歇收发脉宽固定 $\tau = 0.2\mu s$。仿真中设定为 $T_{s_n} \in [0.55\mu s, 0.65\mu s]$，变化间隔为 20ns，从而实现收发周期抖动的模拟，仿真结果如图 3.6 所示。

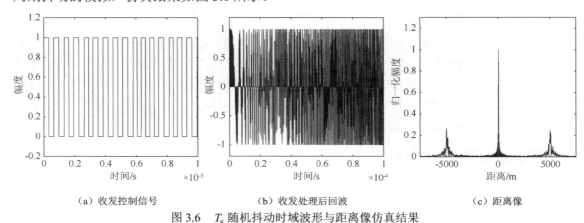

（a）收发控制信号　　　　　（b）收发处理后回波　　　　　（c）距离像

图 3.6　T_s 随机抖动时域波形与距离像仿真结果

当收发周期 T_s 随机抖动时，图 3.6（a）中每个控制脉冲周期发生变化。对应得到收发处理后的目标回波如图 3.6（b）所示。但是，当 $n = 0$ 时，收发周期抖动不影响目标位置处的距离像特征，因此脉冲压缩之后主峰处（$n = 0$）的幅度和位置不变，如图 3.6（c）所示。另外，

当 T_s 抖动时，主峰左右两侧 5km 处的虚假峰无法累积而幅度降低，且发生了展宽，这与均匀间歇收发所得目标距离像有明显区别。

2. 收发周期伪随机变化结果分析

仿真场景参数不变，伪随机间歇收发脉宽仍为 $\tau = 0.2\mu s$，伪随机间歇收发周期变化范围增大，仿真中设定为 $T_{s_n} \in [0.5\mu s, 0.9\mu s]$，间隔为 $0.1\mu s$，仿真结果如图 3.7 所示。

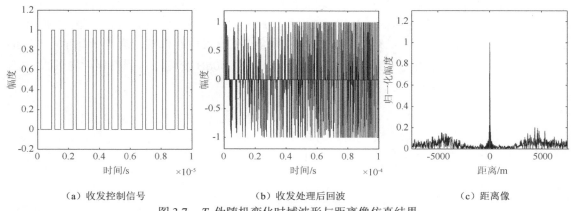

（a）收发控制信号　　　　　　（b）收发处理后回波　　　　　　（c）距离像

图 3.7　T_s 伪随机变化时域波形与距离像仿真结果

当间歇收发周期在 $[0.5\mu s, 0.9\mu s]$ 范围内随机变化时，可以发现图 3.7（a）中每个控制脉冲周期发生显著变化。对应得到收发处理后的目标回波如图 3.7（b）所示。同样得到脉冲压缩之后主峰处（$n = 0$）的幅度和位置不变，如图 3.7（c）所示。但是，主峰左右两侧 5km 处的虚假峰幅度已经出现显著下降，且发生了较大展宽。

若试验场景中存在两个目标，目标分别位于 30m 和 60m 处，对应的散射系数分别为 1 和 0.8。为实现目标分辨，信号带宽设置为 20MHz。根据 LFM 信号收发参数约束条件，收发脉宽及周期需要满足 $\tau \leqslant 0.2\mu s$，$T_s \geqslant 0.6\mu s$，仿真中设定 $\tau = 0.2\mu s$，收发周期在 $[0.6\mu s, 0.9\mu s]$ 伪随机变化，得到仿真结果如图 3.8 所示。

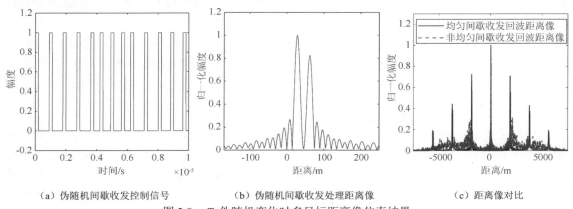

（a）伪随机间歇收发控制信号　　（b）伪随机间歇收发处理距离像　　（c）距离像对比

图 3.8　T_s 伪随机变化时多目标距离像仿真结果

图 3.8（a）所示为伪随机间歇收发控制信号，利用该控制信号能够得到目标回波，经过脉冲压缩得到收发处理距离像如图 3.8（b）所示。可以发现，目标能够被有效分辨，且峰值幅度反映了真实的目标散射情况。将收发周期设定为 $0.8\mu s$，可以得到收发回波距离像对比如

图 3.8（c）所示。可以发现，目标真实位置处，伪随机间歇收发和均匀间歇收发得到的距离像是一致的。但由于收发周期的伪随机变化使得均匀间歇收发距离像中的虚假目标峰值位置发生展宽，且幅度下降。因此，相比于均匀间歇收发，伪随机间歇收发有利于降低均匀间歇收发导致的距离像中虚假峰幅度。

3. 室内场测量目标 RCS 估计

根据得到的目标回波，可以计算出回波信号功率值，然后利用雷达方程可以估计出目标后向散射截面积。对于伪随机间歇收发，可以根据均匀间歇收发的方法进行目标 RCS 的估计。假设目标与雷达距离为 45m，根据收发参数约束条件可设定伪随机收发周期在 $0.5\mu s \sim 0.8\mu s$ 随机变化，收发占空比设定为 $D=0.3$。信噪比由 2dB 至 10dB 变化，得到目标后向 RCS 估计结果如图 3.9 所示。

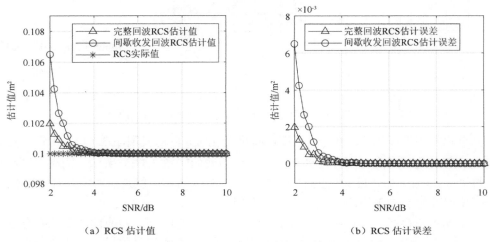

（a）RCS 估计值　　　　　　　　　　（b）RCS 估计误差

图 3.9　目标后向 RCS 估计结果

伪随机间歇收发回波和完整回波的 RCS 估计值，如图 3.9（a）所示，图 3.9（b）所示为 RCS 估计误差。可以发现，随着信噪比增加，伪随机间歇收发回波和完整回波的 RCS 估计值均逐渐接近实际值。但是，采用伪随机间歇收发方法估计得到的目标后向 RCS 相比完整回波误差偏大，这是因为当接收天线处于关闭状态时，没有目标回波进入，而接收机热噪声仍然存在，使得信噪比略低于完整回波的信噪比，并降低了估计精度。在图 3.9（b）中，当信噪比大于 4dB 时，误差在 10^{-3} 以下，说明伪随机间歇收发也能得到较为准确的目标 RCS 结果。

4. 目标测量一致性分析

伪随机间歇收发之后，信号的频谱等价于将原始 LFM 信号频谱与收发控制信号频谱卷积。根据式（3.4），随机收发之后信号频谱的零频处对应完整脉冲目标回波信号的频谱，因此，利用匹配滤波仍然能够得到与均匀间歇收发相同的目标距离像。下面分别针对窄带和宽带 LFM 信号进行伪随机间歇收发仿真，然后对比所得距离像与完整脉冲距离像特征，讨论伪随机间歇收发方法目标测量结果的一致性。

考虑窄带 LFM 信号，带宽为 $B=5\text{MHz}$，脉宽为 $T_p=100\mu s$，波长为 0.3m，发射功率为 1W，天线收发增益为 30dB，接收机信噪比为 20dB。目标与天线距离 $R=45\text{m}$，暗室静区反射率为-40dB。间歇收发脉宽 $\tau=0.2\mu s$，$T_{s_n}\in[0.5\mu s, 0.8\mu s]$，随机变化间隔为 0.1μs。首先得

到窄带条件下伪随机间歇收发目标回波与距离像，如图 3.10 所示。

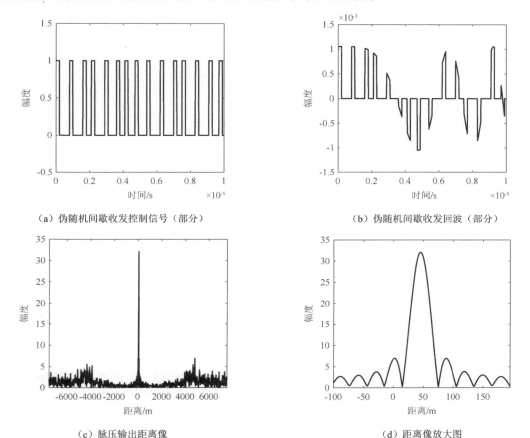

（a）伪随机间歇收发控制信号（部分）　　　　　（b）伪随机间歇收发回波（部分）

（c）脉压输出距离像　　　　　　　　　（d）距离像放大图

图 3.10　收发周期 T_s 随机变化时域波形与脉压输出

图 3.10（a）所示为伪随机间歇收发控制信号（部分），取前 10μs 目标回波，如图 3.10（b）所示。根据间歇收发回波，匹配滤波得到距离像如图 3.10（c）所示。与均匀间歇收发相比，主峰两侧 5km 附近虚假峰的位置展宽，幅度下降。但是，主峰的形状和位置并未改变。图 3.10（d）中的距离像放大图，能够准确获取目标位置。因此，对于窄带 LFM 信号，伪随机间歇收发能够获得与均匀间歇收发相同的目标距离像，且有效降低了均匀间歇收发造成的虚假峰值幅度。

对伪随机间歇收发目标距离像进行幅度补偿，然后对伪随机间歇收发回波距离像与完整脉冲回波距离像的目标位置、峰值幅度和相位进行对比，分析测量结果的一致性。

根据表 3.1 中的仿真参数，对于不同 SNR，进行 1000 次蒙特卡洛仿真，得到距离像目标位置处的峰值幅度、相位和位置的信息，然后求取平均值，得到图 3.11。

表 3.1　伪随机间歇收发参数

变　　量	数　　值
载频 f_0 / GHz	9.3
带宽 B / MHz	5
脉宽 T_p / μs	50
目标与雷达距离 R/m	45

续表

变　量	数　值
收发周期 T_{s_n}	$[0.6\mu s, 1.2\mu s]$
收发脉宽 τ	$0.3\mu s$

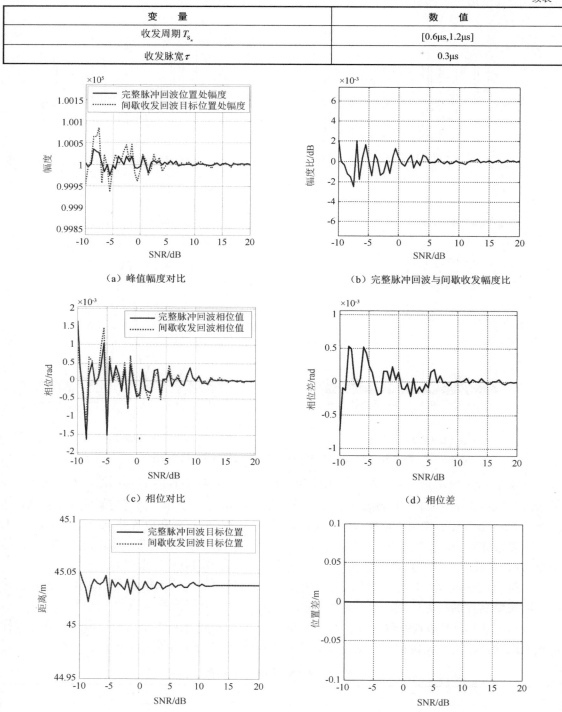

（a）峰值幅度对比　　　　　　　　　　（b）完整脉冲回波与间歇收发幅度比

（c）相位对比　　　　　　　　　　（d）相位差

（e）目标位置对比　　　　　　　　　　（f）目标位置差

图 3.11　　$T_{s_n} \in [0.6\mu s, 1.2\mu s]$ 时幅度、相位和目标位置一致性对比

根据图 3.11（a）和图 3.11（b）可知，间歇收发周期在 $[0.6\mu s, 1.2\mu s]$ 内随机出现时，所

得距离像目标位置处峰值幅度与完整脉冲对应幅度比为 0.001dB。对于间歇收发回波距离像，当 $n=0$ 时，距离像中目标位置处的峰值相位与完整脉冲相同。仿真结果如图 3.11（c）和图 3.11（d）所示，两种回波对应距离像目标峰值点相位波动基本一致，相位差在 1mrad 左右。此外，两种回波对应距离像中的目标位置信息相同。因此，可以说明伪随机间歇收发方法获取目标信息与完整脉冲获取目标信息是一致的。

根据图 3.12 可知，随着 SNR 增加，不同收发周期所得脉压输出目标位置处的峰值幅度与完整脉冲峰值幅度比的方差逐渐减小，最终趋于 0。说明在高 SNR 条件下，间歇收发回波与完整脉冲回波脉压输出峰值基本一致。

由于不同随机收发周期对应的 τ 均取值为 0.3μs，较大的收发周期所得间歇收发回波数据少于较小的收发周期。在低 SNR 条件下，受噪声影响，收发周期越大，幅度比的方差越大。但是，方差量级仍为 10^{-4}，因此仍可认为收发周期较大时，间歇收发回波所得结果与完整脉冲回波所得结果基本一致。

根据图 3.13 可知，随着 SNR 增加，相位差的方差逐渐减小，最终趋于 0。因此，在高 SNR 条件下，伪随机间歇收发回波与完整脉冲回波脉压输出峰值的相位差很小。同样地，在低 SNR 条件下，受噪声影响，收发周期越大，相位差的方差越大，但是，方差的量级仍为 10^{-4}。因此，可以认为当收发周期较大时，间歇收发回波所得结果与完整脉冲回波所得结果基本一致。

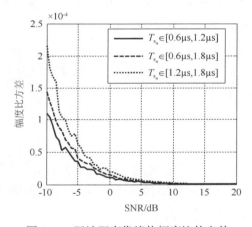

图 3.12　回波距离像峰值幅度比的方差

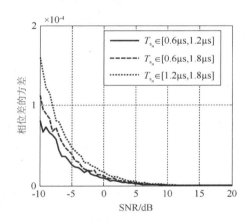

图 3.13　回波距离像峰值相位差的方差

3.3.2　PCM 信号伪随机间歇收发处理及回波特性

对于均匀间歇收发，由于收发周期是不变的，可根据收发周期与 PCM 信号码元宽度的关系对间歇收发处理后的信号特性进行讨论。但是，伪随机间歇收发周期与 PCM 信号的码元宽度无固定关系，因此，可以从频域对间歇收发后的回波进行分析。

3.3.2.1　PCM 信号伪随机间歇收发回波特性

考虑 PCM 信号的调制相位为 φ_m，信号的复包络可以写为

$$s_{\text{PCM}}(t) = \frac{1}{\sqrt{T_p}} \sum_{m=1}^{M} x_m \text{rect}\left[\frac{t-(m-1)t_b}{t_b}\right] \tag{3.17}$$

式中，T_p 为脉冲信号的时宽；M 为码元数目；$x_m = \exp(\mathrm{j}\varphi_m)$；$t_b$ 为码元宽度。

根据式（3.3），伪随机间歇收发处理后，信号可以表示为

$$s'_{\text{PCM}}(t) = s_{\text{PCM}}(t)p_2(t) \tag{3.18}$$

从而，间歇收发之后，PCM 信号频域表达式为

$$S'_{\text{PCM}}(f) = S_{\text{PCM}}(f) * P_2(f) \tag{3.19}$$

采用匹配滤波的处理方法对 PCM 信号进行处理，若 PCM 信号的匹配滤波器为

$$H(f) = S^*_{\text{PCM}}(f) \tag{3.20}$$

则对式（3.19）进行匹配滤波处理后，得到的距离像可以表示为

$$
\begin{aligned}
y'_{\text{PCM}}(t) &= F^{-1}\left[\left[S_{\text{PCM}}(f) * P_2(f)\right]H(f)\right] \\
&= F^{-1}\left[DS_{\text{PCM}}(f) * H(f) + \left[S_{\text{PCM}}(f) * \left[\tilde{\tau}\,\text{sinc}(f\tilde{\tau})\sum_{\substack{\tilde{n}\to-\infty \\ f\neq 0}}^{+\infty} a_{\tilde{n}}\exp(-\text{j}2\pi\tilde{n}\tilde{\tau}f)\right]\right]H(f)\right] \\
&= DF^{-1}\left[S_{\text{PCM}}(f) * H(f)\right] + y'_{\text{PCM, res}}(t)
\end{aligned} \tag{3.21}
$$

式中，$y'_{\text{PCM, res}}(t)$ 可以表示为

$$y'_{\text{PCM, res}}(t) = F^{-1}\left[\left[S_{\text{PCM}}(f) * \left[\tilde{\tau}\,\text{sinc}(f\tilde{\tau})\sum_{\substack{\tilde{n}\to-\infty \\ f\neq 0}}^{+\infty} a_{\tilde{n}}\exp(-\text{j}2\pi\tilde{n}\tilde{\tau}f)\right]\right]H(f)\right] \tag{3.22}$$

根据式（3.21）可知，PCM 信号经过伪随机间歇收发的距离像由两部分组成，第一部分为 PCM 信号进行匹配滤波并乘以系数 D，第二部分为 $y'_{\text{PCM, res}}(t)$。因此，在目标实际位置处，伪随机间歇收发得到的距离像与完整信号仅有幅度上的差异。

3.3.2.2　仿真试验与结果分析

1. 收发周期抖动结果分析

对于 PCM 信号，码元宽度为 1μs，采用 127 位二相码，对应 PCM 信号脉宽为 127μs。考虑雷达与目标距离为 30m，收发脉宽 $\tau = 0.2\mu s$。设定收发周期 $T_{s_n} \in [0.5\mu s, 0.6\mu s]$，变化间隔为 20ns，从而实现收发周期抖动的模拟，得到仿真结果如图 3.14 所示。

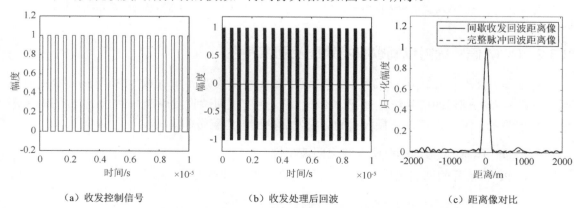

（a）收发控制信号　　　　（b）收发处理后回波　　　　（c）距离像对比

图 3.14　PCM 信号收发周期抖动时所得回波及距离像仿真结果

PCM 信号收发周期抖动时伪随机间歇收发控制信号，如图 3.14（a）所示，利用该控制

信号能够得到目标回波，如图 3.14（b）所示。进一步根据式（3.21）可以得到距离像，如图 3.14（c）所示。可以发现，由于收发周期小于码元宽度，伪随机间歇收发得到的目标距离像旁瓣略高于完整脉冲距离像旁瓣，但目标位置处的距离像与完整脉冲回波的距离像基本一致。

2．收发周期伪随机变化结果分析

收发脉宽 $\tau = 0.2\mu s$。设定收发周期 $T_{s_n} \in [0.5\mu s, 0.8\mu s]$，变化间隔为 $0.1\mu s$，从而实现收发周期伪随机变化，得到仿真结果如图 3.15 所示。

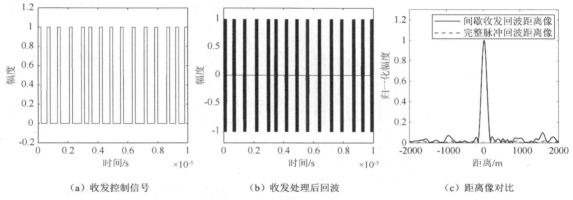

（a）收发控制信号　　　　（b）收发处理后回波　　　　（c）距离像对比

图 3.15　PCM 信号收发周期伪随机变化时所得回波及距离像仿真结果

PCM 信号收发周期伪随机变化的收发控制信号，如图 3.15（a）所示，利用该控制信号得到的目标回波如图 3.15（b）所示。经过脉冲压缩得到的距离像对比结果，如图 3.15（c）所示，由于收发周期相比于图 3.14 有所增大，所以间歇收发回波的距离像旁瓣进一步升高，但目标实际位置附近的距离像与完整脉冲回波的距离像基本一致。

3.3.3　脉内四载频信号伪随机间歇收发处理及回波特性

3.3.3.1　脉内四载频信号伪随机收发回波特性

脉内四载频信号的信号模型可表示为

$$s_{\text{four}}(t) = \sum_{i=1}^{4} s_i(t)$$

$$= \frac{1}{\sqrt{T_p}} \sum_{i=1}^{4} \sum_{m_i=1}^{M} x_{m_i} e^{j2\pi f_i t} \text{rect}\left[\frac{t - (i-1)T_p - (m_i - 1)t_b}{t_b}\right] \tag{3.23}$$

式中，$s_i(t)$ 为某个载频对应的 PCM 信号。

对脉内四载频进行伪随机间歇收发，本质上仍是对四个 PCM 信号子脉冲进行伪随机间歇收发处理。结合脉内四载频非相参积累处理方法，对某个子脉冲进行间歇收发处理后，由式（3.19）~式（3.21）可得其对应的距离像为

$$y_i'(t) = F^{-1}[DS_{\text{PCM}}(f) * H(f)] + y_{\text{PCM, res}}'(t) \tag{3.24}$$

对不同子脉冲分别进行匹配滤波后，再进行非相参积累，得到脉内四载频信号的距离像为

$$y_{\text{four}}(t) = \sum_{i=1}^{4} y'_i(t) \qquad (3.25)$$

由此可见，对于脉内四载频信号，经过伪随机间歇收发处理后，其距离像特性由每个子脉冲对应的特性决定。此外，脉内四载频信号的收发参数约束条件与式（2.40）相位编码信号一致。

3.3.3.2　仿真试验结果与分析

脉内四载频信号每个子载频的频率间隔为 10MHz，每个子载频包含 128 个二相编码的码元，码元宽度为 0.1μs，从而信号脉宽为 51.2μs。目标与雷达距离 $R = 30\text{m}$，采用的均匀间歇收发周期的取值在 0.5μs、0.6μs、0.7μs 中随机变化，收发脉宽 $\tau = 0.2\text{μs}$，得到仿真结果如图 3.16 所示。

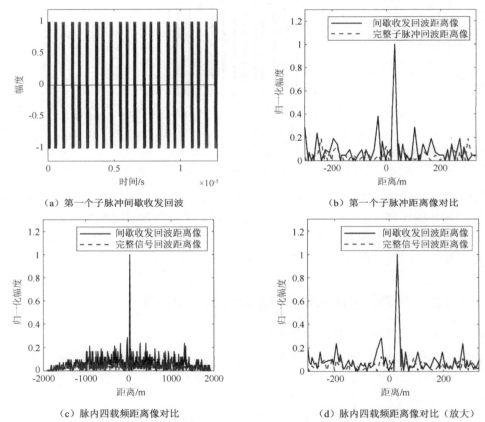

（a）第一个子脉冲间歇收发回波　　　　　　（b）第一个子脉冲距离像对比

（c）脉内四载频距离像对比　　　　　　（d）脉内四载频距离像对比（放大）

图 3.16　脉内四载频信号伪随机间歇收发处理仿真结果（码元宽度 0.1μs）

脉内四载频信号第一个子脉冲经过伪随机收发处理后的时域回波，如图 3.16（a）所示。经过脉冲压缩后，得到完整子脉冲与间歇收发后的子脉冲回波距离像对比结果，如图 3.16（b）所示。收发周期大于码元宽度，导致回波距离像的旁瓣相比完整子脉冲距离像的旁瓣略高。经过非相参积累处理，得到脉内四载频信号的回波距离像对比如图 3.16（c）和图 3.16（d）所示。结果表明，由于每个子脉冲距离像旁瓣较高，非相参积累后的距离像旁瓣也高于完整脉内四载频信号的距离像，与均匀间歇收发处理结论一致。

当脉内四载频信号每个子载频的码元宽度为 1μs 时，对应的信号脉宽为 512μs。其余参数不变，得到仿真结果如图 3.17 所示。

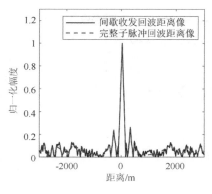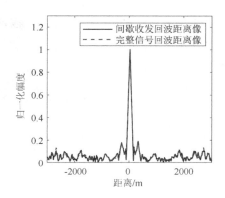

（a）子脉冲距离像对比　　　　　　　　　　（b）脉内四载频距离像对比（放大）

图 3.17　脉内四载频信号伪随机间歇收发处理仿真结果（码元宽度 1μs）

由于码元宽度为1μs，大于伪随机收发最大周期0.7μs，因此每个码元均能被发射并接收到，对于每个子脉冲，得到的伪随机间歇收发回波距离像与完整子脉冲距离像基本一致，如图 3.17（a）所示。经过非相参积累，得到脉内四载频信号的距离像也基本一致，如图 3.17（b）所示。

3.4　周期循环伪随机间歇收发处理及回波特性

采用伪随机间歇收发时，除了设计收发序列完全随机，还可以对伪随机序列按组重复，从而得到周期循环伪随机间歇收发处理。周期循环伪随机间歇收发的控制信号及回波特性与均匀收发和伪随机收发存在差异，下面通过构建周期循环伪随机间歇收发控制信号模型，分析收发控制信号特性，并着重介绍 LFM、PCM 信号收发处理后的回波特性。

3.4.1　周期循环伪随机间歇收发控制信号模型及特性

3.4.1.1　周期循环伪随机间歇收发控制信号模型

不同于图 3.1 中的伪随机收发控制信号，周期循环伪随机间歇收发在每个循环周期内进行伪随机间歇收发，不同循环周期内的伪随机间歇收发方式保持一致，收发控制信号存在明显的周期性。两种间歇收发控制信号示意图对比如图 3.18 所示。

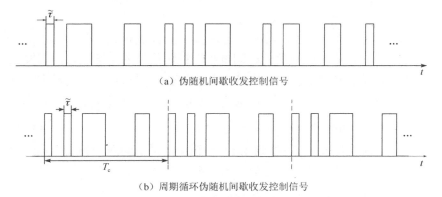

（a）伪随机间歇收发控制信号

（b）周期循环伪随机间歇收发控制信号

图 3.18　两种间歇收发控制信号示意图对比

定义每个循环周期为 T_c，每个循环周期内码元的个数为 N_c。类似于 3.2.1 节中的定义，此处假设 $T_c = N_c \tilde{\tau}$，在每个循环周期内，伪随机码元序列为 a_l，a_l 为 0 或 1，其中 $l = 0, 2, \cdots, N_c - 1$。则周期循环伪随机间歇收发控制信号可以表示为

$$p_3(t) = \text{rect}(\frac{t}{\tilde{\tau}}) * \sum_{l=0}^{N_c-1} a_l \delta(t - l\tilde{\tau}) * \sum_{n=-\infty}^{+\infty} \delta(t - nT_c) \tag{3.26}$$

对其进行傅里叶变换，根据傅里叶变换对的关系有

$$\text{rect}(\frac{t}{\tilde{\tau}}) * \sum_{l=0}^{N_c-1} a_l \delta(t - l\tilde{\tau}) \leftrightarrow \tilde{\tau} \sin c(f\tilde{\tau}) \sum_{l=0}^{N_c} a_l \exp(-j2\pi l\tilde{\tau}f) \tag{3.27}$$

$$\sum_{n=-\infty}^{+\infty} \delta(t - nT_c) \leftrightarrow \frac{1}{T_c} \sum_{n=-\infty}^{+\infty} \delta(f - nf_s') \tag{3.28}$$

式中，$f_s' = 1/T_c$。

将式（3.27）、式（3.28）代入式（3.26），得到周期循环伪随机间歇收发控制信号频谱为

$$\begin{aligned} P_3(f) &= \frac{\tilde{\tau}}{T_c} \sin c(f\tilde{\tau}) \sum_{l=0}^{N_c} a_l \exp(-j2\pi l\tilde{\tau}f) \sum_{n=-\infty}^{+\infty} \delta(f - nf_s') \\ &= \frac{\tilde{\tau}}{T_c} \sum_{n=-\infty}^{+\infty} \sum_{l=0}^{N_c} a_l \exp(-j2\pi nl\tilde{\tau}f_s') \text{sinc}(nf_s'\tilde{\tau}) \delta(f - nf_s') \end{aligned} \tag{3.29}$$

第 n 阶频谱峰值幅度为

$$A_n = \frac{\tilde{\tau}}{T_c} \sum_{l=0}^{N_c} a_l \exp(-j2\pi nl\tilde{\tau}f_s') \text{sinc}(nf_s'\tilde{\tau}) \tag{3.30}$$

特别地，当 $n=0$ 时的幅度为

$$A_0 = \frac{\tilde{\tau}}{T_c} \sum_{l=0}^{N_c} a_l = D \tag{3.31}$$

根据编码调制包络的特性，其包络覆盖的主要范围为 sinc 函数的 ±1 阶零点之间，即 $[-\frac{1}{\tilde{\tau}}, \frac{1}{\tilde{\tau}}]$。其离散频谱调制的数目可近似为

$$N = 2(\frac{1}{\tilde{\tau}f_s'} - 1) + 1 = \frac{2T_c}{\tilde{\tau}} - 1 = 2N_c - 1 \tag{3.32}$$

观察式（3.29）和式（3.31），可以发现：

（1）频谱的峰值为零阶时取得，归一化后与占空比 D 成正比。

（2）根据式（3.29），周期循环伪随机间歇收发控制信号的频谱与均匀收发控制信号形式类似，即具有离散的频率调制特性，且相邻的频谱间隔为 $f_s' = 1/T_c$。其特别之处在于其幅度包络由 a_l 决定，其基本形式为一个由编码系数调制的 sinc 函数形式。

（3）令式（3.29）中 $\text{sinc}(nf_s'\tilde{\tau})=0$，有 $nf_s'\tilde{\tau}=k$，其中 $k=1,2,3\cdots$。当 $k=1$ 时得到第一个零点，则有 $n=1/f_s'\tilde{\tau}$，代入 $\delta(f-nf_s')$ 得到 $\delta(f-1/\tilde{\tau})$。定义中间两个相邻零点之间的间距为主瓣宽度，则有 $B_0 = 2/\tilde{\tau}$，这与普通脉冲信号的主瓣宽度结论相一致。

3.4.1.2　周期循环伪随机间歇收发控制信号特性

假设雷达脉冲宽度 $T_p = 100\mu s$，每个循环周期 $T_c = 10\mu s$。伪随机间歇收发周期

$T_{s_n} \in [0.5\mu s, 0.8\mu s]$，变化间隔为 $0.1\mu s$，假设间歇收发的占空比为 0.4，根据采样占空比计算相应的 $\tilde{\tau}$，取三组不同的编码序列，其仿真结果如图 3.19（a）～图 3.19（c）所示。更改循环周期，令 $T_c = 5\mu s$，其余参数保持不变，仿真结果如图 3.19（d）所示。图 3.19 左侧和右侧分别为周期循环伪随机间歇收发控制信号的时域和频域图像，其中对频域的幅值进行了归一化处理。

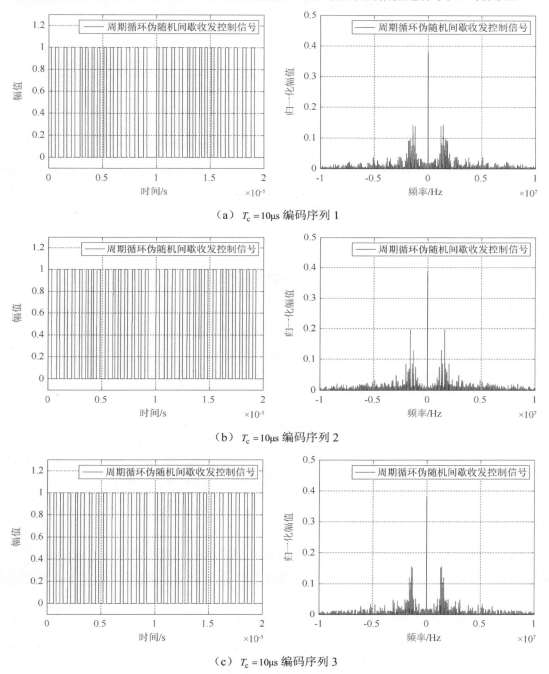

（a）$T_c = 10\mu s$ 编码序列 1

（b）$T_c = 10\mu s$ 编码序列 2

（c）$T_c = 10\mu s$ 编码序列 3

图 3.19 周期循环伪随机间歇收发控制信号时域和频域波形

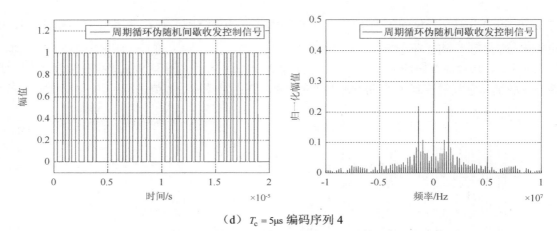

（d）$T_c = 5\mu s$ 编码序列 4

图 3.19　周期循环伪随机间歇收发控制信号时域和频域波形（续）

首先，从时域的图像中可以明显看出编码调制脉冲的周期性。其次，伪随机收发信号频谱则并非周期延拓的冲激信号，而是在零频两侧一定频率间隔处形成一定的旁瓣，且旁瓣幅度相比图 3.2（b）中均匀间歇收发信号频谱的一阶冲激信号幅度更低。降低循环周期 T_c 后得到的收发控制信号频域特性基本不变。

3.4.2　周期循环伪随机间歇收发处理后信号特性

3.4.2.1　频谱特性

对信号 $s(t)$ 进行周期循环伪随机收发，则其频谱可以表示为

$$X(f) = P_3(f) * S(f) \tag{3.33}$$

将式（3.29）代入式（3.33），得到间歇收发后信号的频谱为

$$
\begin{aligned}
X(f) &= P_3(f) * S(f) \\
&= \frac{\tilde{\tau}}{T_c} \operatorname{sinc}(f\tilde{\tau}) \sum_{l=0}^{N_c} a_l \exp(-\mathrm{j}2\pi l\tilde{\tau} f) \sum_{n=-\infty}^{+\infty} \delta(f - nf_s') * S(f) \\
&= \frac{\tilde{\tau}}{T_c} \sum_{n=-\infty}^{+\infty} \sum_{l=0}^{N_c} a_l \exp(-\mathrm{j}2\pi nl\tilde{\tau} f_s') \operatorname{sinc}(nf_s'\tilde{\tau}) S(f - nf_s') \\
&= \sum_{n=-\infty}^{+\infty} A_n S(f - nf_s')
\end{aligned} \tag{3.34}
$$

根据式（3.34），周期循环伪随机间歇收发处理后信号频谱是对原信号频谱以 nf_s' 为间隔进行搬移得到的，各阶频谱输出的幅度调制系数 A_n 服从收发控制序列与 sinc 函数的复合调制。

对于周期循环伪随机收发，假设被调制信号带宽为 B，则当调制频率 $f_s' \geqslant B$ 时，其信号频谱将不会发生混叠，这就意味着信号的匹配滤波输出将与原信号一致，只是在幅度上有所损失。从物理意义上来讲，因为此时收发周期分量已经满足奈奎斯特定理，这就决定了调制后的信号可以得到与原信号一致的匹配滤波特性，幅度上仅由编码的占空比决定周期伪随机收发的输出的峰值。反之，当 $f_s' < B$ 时，间歇收发后信号的频谱将发生混叠，收发序列的均

匀分量决定信号的匹配滤波输出由在距离向上延拓的多个离散峰值组成，其每个周期内的 a_l 则决定每个峰值的幅度。

3.4.2.2　匹配滤波输出特性

由式（3.34）得到，周期循环伪随机间歇收发处理后信号的匹配滤波输出频谱为

$$Y(f) = X(f)S^*(f) = \sum_{n=-\infty}^{+\infty} A_n S(f - nf_s')S^*(f) \tag{3.35}$$

对式（3.35）进行傅里叶逆变换，得到匹配滤波输出为

$$y(t) = F^{-1}(Y(f)) = \sum_{n=-\infty}^{+\infty} A_n F^{-1}\left(S(f - nf_s')S^*(f)\right) \tag{3.36}$$

特别地，当 $n=0$ 时，其零阶匹配滤波输出为

$$y(t)\big|_{n=0} = \sum_{l=0}^{N_c} a_l \tilde{\tau}/T_c \cdot y_{mf}(t) = D y_{mf}(t) \tag{3.37}$$

从式（3.37）可以看出，周期循环伪随机间歇收发处理信号的零阶匹配滤波输出从表现形式上与完整信号一致，仅在幅度上存在采样占空比 D 的损失。

3.4.2.3　模糊函数特性

根据模糊函数在频域内的定义

$$\hat{\chi}(\tau', f_d) = \int_{-\infty}^{+\infty} X^*(f)X(f - f_d)\exp(\mathrm{j}2\pi f\tau')\mathrm{d}f \tag{3.38}$$

式中，$X(f)$ 表示信号 $x(t)$ 的频域表达式；τ' 表示时延；f_d 表示多普勒频移。代入式（3.34）得到信号在间歇收发调制后的模糊函数 $\hat{\chi}_1(\tau', f_d)$ 为

$$\hat{\chi}_1(\tau', f_d) = \int_{-\infty}^{+\infty}\left\{\left[\sum_{n=-\infty}^{+\infty} A_n S(f - nf_s')\right]^* \cdot \left[\sum_{m=-\infty}^{+\infty} A_m S(f - mf_s' - f_d)\right]\exp(\mathrm{j}2\pi f\tau')\right\}\mathrm{d}f \tag{3.39}$$

式中，$A_n = \dfrac{\tilde{\tau}}{T_c}\sum_{l=0}^{N_c} a_l \exp(-\mathrm{j}2\pi nl\tilde{\tau}f_s')\,\mathrm{sinc}(nf_s'\tilde{\tau})$ 为幅度调制系数。

因为有

$$\left[\sum_{i=1}^{m} f(i)\right]\left[\sum_{j=1}^{n} g(j)\right] = \sum_{i=1}^{m}\sum_{j=1}^{n} f(i)g(j) \tag{3.40}$$

式（3.39）可以化简为

$$\hat{\chi}_1(\tau', f_d) = \sum_{n=-\infty}^{+\infty}\sum_{m=-\infty}^{+\infty}\left[A_n^* A_m \int_{-\infty}^{+\infty} S^*(f - nf_s')S(f - mf_s' - f_d)\exp(\mathrm{j}2\pi f\tau')\mathrm{d}f\right] \tag{3.41}$$

令 $f' = f - nf_s'$，则有 $f = f' + nf_s'$，从而式（3.41）写为

$$\hat{\chi}_1(\tau', f_d) = \sum_{n=-\infty}^{+\infty}\sum_{m=-\infty}^{+\infty}\left[A_n^* A_m \int_{-\infty}^{+\infty} S^*(f')S(f' - [(m-n)f_s' + f_d])\exp(\mathrm{j}2\pi(f' + nf_s')\tau')\mathrm{d}f'\right] \tag{3.42}$$

结合模糊函数的定义式（3.38），得到雷达信号在周期循环伪随机间歇收发处理后模糊函数为

$$\hat{\chi}_1(\tau', f_d) = \sum_{n=-\infty}^{+\infty} \sum_{m=-\infty}^{+\infty} \left[A_n^* A_m \exp(j2\pi n f_s' \tau') \hat{\chi}\left(\tau', f_d + (m-n)f_s'\right) \right] \tag{3.43}$$

从式（3.43）可以看出，间歇收发调制后的模糊函数 $\hat{\chi}_1(\tau', f_d)$ 是对不同多普勒偏移下信号的模糊函数进行累加的，幅度受 A_n 调制。特别地，当 $m=n=0$ 时，$A_n = \dfrac{\tilde{\tau}}{T_c} \sum_{l=0}^{N_c} a_l = D$，此时模糊函数化简为

$$\hat{\chi}_1(\tau', f_d) = D^2 \hat{\chi}(\tau', f_d) \tag{3.44}$$

由式（3.44）可知，信号在间歇收发调制后实际目标处的模糊函数值为原始的 D^2 倍。

3.4.2.4 LFM 信号周期循环伪随机间歇收发回波特性

由式（3.6）进行傅里叶变换得到 LFM 信号频谱：

$$S(f) = \text{rect}\left((f - f_c)/B\right) \exp\left(j\pi(f - f_c)^2/\mu - j\pi/4\right) \tag{3.45}$$

将式（3.45）代入式（3.34），得到周期循环伪随机间歇收发处理后 LFM 信号频谱为

$$X(f) = \sum_{n=-\infty}^{+\infty} A_n \text{rect}\left((f - n f_s' - f_c)/B\right) \exp\left(j\pi(f - n f_s' - f_c)^2/\mu - j\pi/4\right) \tag{3.46}$$

同理，将式（3.46）代入式（3.36），得到间歇收发处理后 LFM 信号的匹配滤波输出为

$$\begin{aligned} y(t) &= \sum_{n=-\infty}^{+\infty} A_n \left| \frac{\sin(\pi(-n f_s' + \mu t)(T - |t|))}{\pi T(-n f_s' + \mu t)} \right| \\ &= \sum_{n=-\infty}^{+\infty} A_n (1 - \frac{|t|}{T}) \text{sinc}((-n f_s' + \mu t)(T - |t|)) \end{aligned} \tag{3.47}$$

根据上面分析，当采用周期循环间歇收发方式时，结果与均匀收发结果基本一致，均产生了多个离散峰值。

需要说明的是，上述关于周期循环间歇收发特性的推导是基于总调制码元序列无限长的假设，在此假设下周期循环间歇收发的周期性特点可以得到充分体现。在实际调制中，由于信号脉冲宽度有限，总码元序列长度有限。当总码元长度远大于一个周期的循环间歇收发长度时，上述推导出的特性依然成立。反之，不能体现出周期循环间歇收发的周期性特点，此时该方法将与伪随机间歇收发类似。

3.4.2.5 PCM 信号周期循环伪随机间歇收发回波特性

结合式（2.29）和式（3.26）得，PCM 信号经过周期循环伪随机间歇收发处理后为

$$\begin{aligned} s_{\text{PCM}}''(t) &= s_{\text{PCM}}(t) \cdot p_3(t) \\ &= \left(\frac{1}{\sqrt{T_p}} \sum_{m=1}^{M} x_m \text{rect}\left[\frac{t - (m-1)t_b}{t_b} \right] \right) \cdot \left(\text{rect}(\frac{t}{\tilde{\tau}}) * \sum_{l=0}^{N_c - 1} a_l \delta(t - l\tilde{\tau}) * \sum_{n=-\infty}^{+\infty} \delta(t - n T_c) \right) \end{aligned} \tag{3.48}$$

由式（2.29）得 PCM 信号在频域内的表示为

$$S_{\text{PCM}}(f) = \frac{t_b}{\sqrt{T_p}} \sum_{m=1}^{M} \text{sinc}(ft_b) \exp(-j2\pi f(m-1)) \exp(j\varphi_m) \qquad (3.49)$$

结合式（3.29），式（3.48）进行傅里叶变换后的频域表示为

$$S_{\text{PCM}}''(f) = S_{\text{PCM}}(f) * P_3(f)$$

$$= \frac{t_b}{\sqrt{T_p}} \sum_{m=1}^{M} \text{sinc}(ft_b) \exp(-j2\pi f(m-1)) \exp(j\varphi_m) * \qquad (3.50)$$

$$\left(\frac{\tilde{\tau}}{T_c} \sum_{n=-\infty}^{+\infty} \sum_{l=0}^{N_c} a_l \exp(-j2\pi n l \tilde{\tau} f_s') \, \text{sinc}(nf_s'\tilde{\tau}) \delta(f - nf_s') \right)$$

3.4.3　仿真试验与结果分析

以下对 LFM 和 PCM 两种典型雷达信号进行周期循环伪随机间歇收发仿真，重点分析在收发周期抖动和收发周期伪随机变化两种情况下的回波结果。对于一段完整的脉冲，根据信号脉宽分成多个循环周期，保证总码元长度远大于一个周期的循环编码长度。每个循环周期内分别设置收发周期抖动或者收发周期伪随机变化，多个循环周期内的收发方式相同。

3.4.3.1　LFM 信号周期循环伪随机间歇收发

1. 收发周期抖动结果分析

实际系统中收发周期可能存在抖动的非理想情况，收发周期的抖动可以归为收发周期的伪随机。LFM 信号脉宽为 $100\mu s$，带宽为 5MHz，雷达与目标距离为 30m，考虑收发脉宽 $\tau = 0.2\mu s$，循环周期 $T_c = 10\mu s$。仿真中设定 $T_{s_n} \in [0.55\mu s, 0.65\mu s]$，变化间隔为 20ns，从而实现收发周期抖动的模拟。选取三组不同的收发序列得到仿真结果如图 3.20 所示，图中从左至右分别为周期循环伪随机间歇收发控制信号的时域波形、LFM 信号间歇收发处理后的时域回波和脉冲压缩后的距离像对比，其中，对间歇收发后的回波脉冲压缩输出进行了幅度补偿。

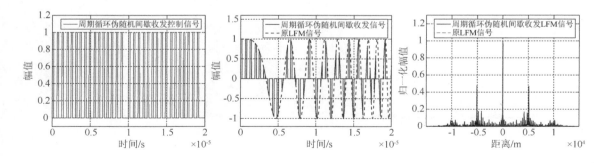

（a）编码序列 1

图 3.20　T_s 随机抖动时域波形与距离像

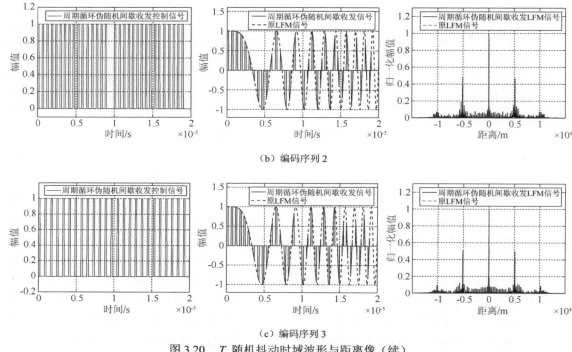

（b）编码序列 2

（c）编码序列 3

图 3.20　T_s 随机抖动时域波形与距离像（续）

当收发周期 T_s 随机抖动时，图 3.20 中每个控制脉冲周期发生小幅度变化。从图 3.20 中可知脉冲压缩之后主峰处的位置与原 LFM 信号一致，因此收发周期抖动不影响目标位置处的距离像特征。不同收发序列之间的仿真结果相差不大，可见在收发周期伪随机抖动时，收发周期的变化对成像结果影响很小。

当收发周期抖动时，主峰左右两侧出现较高的虚假峰。设置两组参数如图 3.21 所示，其中 T_s' 表示均匀收发的周期，收发脉宽均 $\tau = 0.2\mu s$，其余参数设置保持不变。对脉冲压缩输出均进行了幅度补偿。

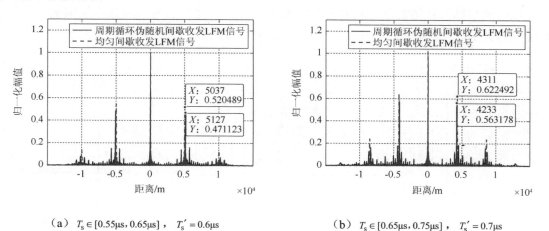

（a）$T_s \in [0.55\mu s, 0.65\mu s]$，$T_s' = 0.6\mu s$　　（b）$T_s \in [0.65\mu s, 0.75\mu s]$，$T_s' = 0.7\mu s$

图 3.21　脉冲压缩输出对比

由图 3.21 可知，峰值位置主要受间歇收发周期的影响。在收发周期抖动的情况下，周期循环伪随机间歇收发信号的性质与均匀收发信号接近，其目标位置和虚假峰位置相同。它们的区别主要存在于周期循环伪随机间歇收发信号的虚假峰周围产生一定的展宽。实际上，在 T_s 随机抖动的情况下，间歇收发周期变化的范围较小，从而其脉冲压缩输出结果接近以抖动范围的中值为间歇收发周期得到的距离像。

对于周期循环伪随机间歇收发的 LFM 信号在脉冲压缩后产生的虚假峰，可以通过时域加窗的方式进行去除，以保证对实际目标的识别。距离像加窗仿真结果 1 如图 3.22 所示，使用矩形窗对脉冲压缩输出的结果进行部分选取，从而去除虚假峰对测量带来的影响。

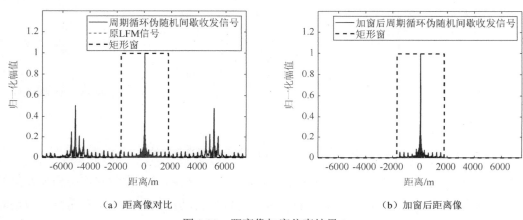

（a）距离像对比　　　　　　　　（b）加窗后距离像

图 3.22　距离像加窗仿真结果 1

2. 收发周期伪随机变化结果分析

LFM 信号参数保持不变，收发脉宽仍为 $\tau = 0.2\mu s$，循环周期 $T_c = 10\mu s$。伪随机收发周期变化范围增大，仿真中设定为 $T_{s_n} \in [0.5\mu s, 0.9\mu s]$，间隔为 $0.1\mu s$，选取三组不同的编码序列得到仿真结果，如图 3.23 所示，图中从左至右分别为周期循环伪随机间歇收发控制信号的时域波形、LFM 信号收发处理后的时域回波和脉冲压缩后的距离像对比。其中，对间歇收发后的回波脉冲压缩输出进行了幅度补偿。

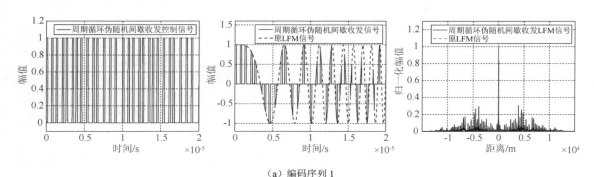

（a）编码序列 1

图 3.23　T_s 伪随机变化时域波形与距离像

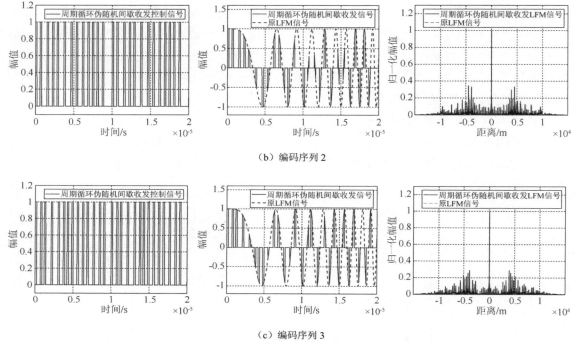

（b）编码序列 2

（c）编码序列 3

图 3.23　　T_s 伪随机变化时域波形与距离像（续）

当间歇收发周期在 [0.5μs, 0.9μs] 随机变化时，可以发现图 3.23 中收发控制周期发生显著变化。同样得到脉冲压缩之后主峰处位置不变，与周期抖动相比，主峰左右两侧的虚假峰发生了较大展宽，且幅度出现显著下降。

同样地，脉冲压缩后产生的虚假峰，可以通过时域加窗的方式进行去除，以保证对实际目标的识别，如图 3.24 所示。

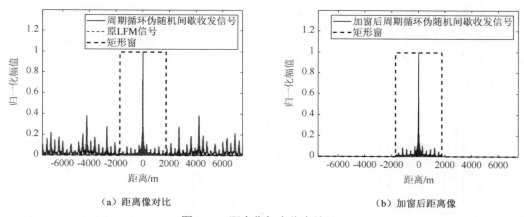

（a）距离像对比　　　　　　　　　　　　　　（b）加窗后距离像

图 3.24　　距离像加窗仿真结果 2

若实验场景中存在两个目标，目标分别位于 30m 和 60m 处，则对应的散射系数分别为 1 和 0.8。为实现目标分辨，信号带宽设置为 20MHz。根据 LFM 信号收发参数约束条件，收发脉宽及周期需要满足 $\tau \leqslant 0.2\mu s$，$T_s \geqslant 0.6\mu s$，仿真中设定 $\tau = 0.2\mu s$，循环周期

$T_c = 10\mu s$，T_s 在 $[0.6\mu s, 0.9\mu s]$ 伪随机变化，间隔为 $0.1\mu s$。均匀间歇收发的发射脉宽 $\tau = 0.2\mu s$，收发周期 $T_s = 0.75\mu s$。选取三组不同的收发序列得到仿真结果，如图 3.25 所示，图中从左至右分别为周期循环伪随机间歇收发控制信号的时域波形、LFM 信号收发处理后的距离像局部放大图和间歇收发后距离像的对比图。其中，对间歇收发后的回波脉冲压缩输出进行了幅度补偿。

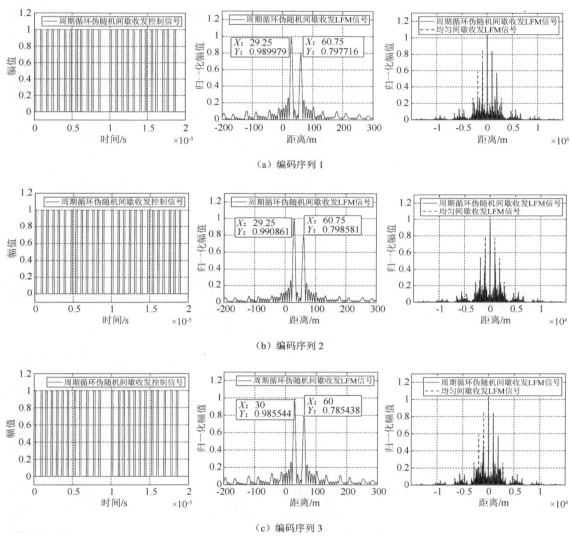

（a）编码序列 1

（b）编码序列 2

（c）编码序列 3

图 3.25　T_s 伪随机变化时多目标距离像

从图 3.25 中可知，两目标能够被有效分辨，且峰值幅度反映了真实的目标散射情况。可以发现，伪随机间歇收发和均匀间歇收发相比，目标距离像在位置上是一致的，幅度上有一定的衰减。此外，收发周期的伪随机变化使得均匀收发距离像中的虚假目标峰值位置发生展宽，且幅度下降。

3.4.3.2　PCM 信号周期循环伪随机间歇收发

1. 收发周期抖动结果分析

对于 PCM 信号，码元宽度为 $1\mu s$，采用 127 位二相码，对应 PCM 信号脉宽为 $127\mu s$。考虑雷达与目标距离为 30m，收发脉宽 $\tau = 0.2\mu s$，循环周期 $T_c = 10\mu s$。设定收发周期 $T_{s_n} \in [0.5\mu s, 0.6\mu s]$，变化间隔为 20ns，从而实现收发周期抖动的模拟。选取三组不同的收发序列得到仿真结果，如图 3.26 所示，图中从左至右分别为周期循环伪随机收发控制信号的时域波形、PCM 信号收发处理后的回波和脉冲压缩后的距离像对比。其中，对间歇收发后的回波脉冲压缩输出进行了幅度补偿。

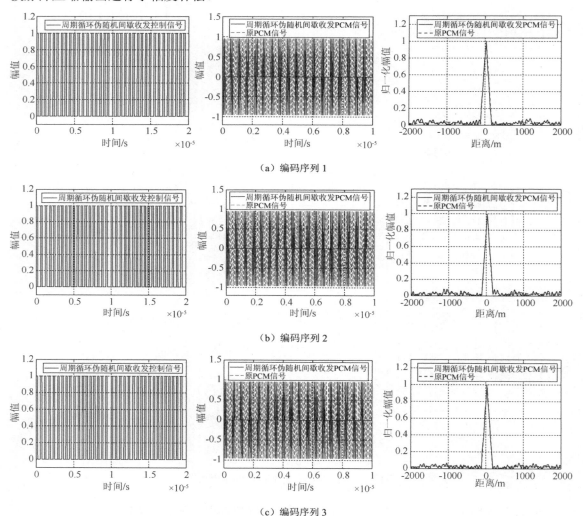

（a）编码序列 1

（b）编码序列 2

（c）编码序列 3

图 3.26　T_s 随机抖动时域波形与距离像

对比间歇收发的 PCM 信号和原 PCM 信号的距离像可以发现，经过幅度补偿后，周期循环伪随机间歇收发得到的目标距离像主瓣和旁瓣的位置和幅度与原 PCM 信号基本一致。为了进一步研究它们之间的差异，可以分析它们的峰值旁瓣比。不同收发方式的 PCM 信号在不同收发参数下，通过蒙特卡洛仿真后的平均峰值旁瓣比的结果对比如表 3.2 所示，峰值旁瓣比的结果用 dB 表示。T_s 表示周期循环伪随机间歇收发的周期变化范围，T_s' 表示均匀间歇收发的周期。每一组两种间歇收发方式的发射脉宽保持一致，其余参数设置与上述相同。

表 3.2　PCM 信号收发周期抖动脉冲压缩输出峰值旁瓣比结果对比

	$\tau = 0.2\mu s$ $T_{s_n} \in [0.5\mu s, 0.6\mu s]$ $T_s' = 0.55\mu s$	$\tau = 0.2\mu s$ $T_{s_n} \in [0.6\mu s, 0.7\mu s]$ $T_s' = 0.65\mu s$	$\tau = 0.2\mu s$ $T_{s_n} \in [0.4\mu s, 0.5\mu s]$ $T_s' = 0.45\mu s$	$\tau = 0.3\mu s$ $T_{s_n} \in [0.6\mu s, 0.7\mu s]$ $T_s' = 0.65\mu s$
周期循环伪随机间歇收发	6.81	6.65	6.92	6.72
均匀间歇收发	6.85	6.63	6.95	6.70
原始信号	7.08	7.03	7.06	6.97

从表 3.2 中可以看出，间歇收发对信号能量有一定的损失，且实际占空比越低能量损失越大。在收发周期抖动的情况下，周期循环伪随机间歇收发和均匀间歇收发的峰值旁瓣比基本相同。

2. 收发周期伪随机变化结果分析

PCM 信号参数保持不变，收发脉宽 $\tau = 0.2\mu s$，循环周期 $T_c = 10\mu s$。设定为收发周期 $T_{s_n} \in [0.5\mu s, 0.8\mu s]$，变化间隔为 $0.1\mu s$，从而实现收发周期伪随机变化，选取三组不同的编码序列得到仿真结果，如图 3.27 所示，图中从左至右分别为周期循环伪随机间歇收发控制信号的时域波形、PCM 信号收发处理后的时域回波和脉冲压缩后的距离像对比。同样地，对间歇收发后的回波脉冲压缩输出进行了幅度补偿。

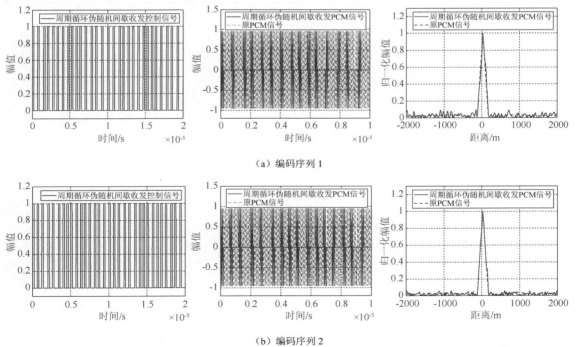

（a）编码序列 1

（b）编码序列 2

图 3.27　T_s 伪随机变化时域波形与距离像

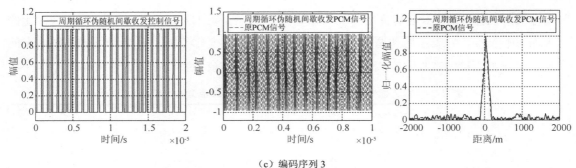

（c）编码序列 3

图 3.27　T_s 伪随机变化时域波形与距离像（续）

对比间歇收发的 PCM 信号和原 PCM 信号的距离像可以发现，经过幅度补偿后，周期循环伪随机间歇收发得到的目标距离像主瓣和旁瓣的位置与原 PCM 信号基本一致，旁瓣的幅度略高于原 PCM 信号。类似地，不同收发处理方式的峰值旁瓣比结果对比如表 3.3 所示。可以发现，间歇收发对信号能量有一定的损失，且收发周期伪随机的损失比均匀收发的损失更大。

表 3.3　PCM 信号收发周期伪随机变化脉冲压缩输出峰值旁瓣比结果对比

	$\tau = 0.2\mu s$ $T_{s_n} \in [0.5\mu s, 0.8\mu s]$ $T_s' = 0.65\mu s$	$\tau = 0.2\mu s$ $T_{s_n} \in [0.6\mu s, 0.9\mu s]$ $T_s' = 0.75\mu s$	$\tau = 0.2\mu s$ $T_{s_n} \in [0.4\mu s, 0.7\mu s]$ $T_s' = 0.55\mu s$	$\tau = 0.3\mu s$ $T_{s_n} \in [0.6\mu s, 0.9\mu s]$ $T_s' = 0.75\mu s$
周期循环伪随机间歇收发	6.62	6.63	6.68	6.59
均匀间歇收发	6.69	6.63	6.84	6.78
原始信号	7.09	7.13	7.05	7.04

第 4 章　雷达辐射式仿真目标回波与信息重构

4.1　概述

对于 LFM 信号，均匀间歇收发会导致目标距离像中出现明显的虚假峰，通过伪随机间歇收发，尽管能降低虚假峰的幅度，并使虚假峰展宽从而减小对目标真实距离像的影响，但是对于宽带雷达信号，虚假峰仍然会对目标真实位置处的距离像产生影响。对于 PCM 信号，均匀和伪随机间歇收发都会导致目标距离像的高旁瓣问题。因此，在间歇收发处理的基础上，针对性地研究目标回波与信息重构方法，是其应用于室内场辐射式仿真需要解决的重要问题。

一方面，针对均匀间歇收发，可以通过对目标距离像的截取得到目标信息，并通过反变换，实现目标回波的重构。另一方面，目标强散射中心在距离单元可视为稀疏的，结合收发控制信号构建观测模型，能够实现目标回波及目标信息的精确重构。此外，通过设计收发控制序列，并进行多脉冲对消，能够消除间歇收发引起的回波距离像虚假峰，从而实现目标信息的精确重构。

本章从均匀间歇收发回波特性出发，详细介绍雷达脉冲间歇收发回波及目标信息重构方法。4.2 节主要介绍均匀间歇收发回波与信息重构。4.3 节结合雷达脉冲调制样式，着重介绍基于压缩感知的目标信息重构方法，包括均匀和伪随机间歇收发两种方法。4.4 节针对伪随机间歇收发控制方法，介绍基于遗传算法的收发序列优化设计方法。4.5 节通过设计多个收发控制序列，介绍多脉冲间歇收发回波处理及重构方法。

4.2　均匀间歇收发回波与信息重构

4.2.1　基于时频域滤波的 LFM 信号回波与信息重构

脉冲雷达可以采用不同的调制信号，LFM 信号大时宽带宽积的优势使得其被广泛用于雷达目标探测、跟踪、成像等任务。首先以 LFM 信号为例，针对点目标情况，分析间歇收发回波的特性，并进行重构。

4.2.1.1　回波重构

1. 收发频率大于信号带宽

脉冲雷达信号经过间歇收发后被部分截断，导致相应的回波损失部分能量和目标信息，很难从时域上直接恢复完整回波信号。根据前面章节的分析，间歇收发后的回波信号在频域上表现为完整回波信号的周期性延拓，因此，当间歇采样信号的脉冲重复频率和雷达发射信号带宽之间满足 $f_s \geq B$ 时，可在频域上从间歇收发回波的频谱中恢复完整的回波信号。

完整的 LFM 回波可表示为

$$y(t) = Au(t - \Delta t)\exp(-\mathrm{j}2\pi f_c \Delta t) \tag{4.1}$$

式中，f_c 为载频；$u(t) = \text{rect}(t/T_p)\exp(j\pi\mu t^2)$ 为信号复包络，T_p 为信号脉宽，μ 为线性调频斜率。$B = \mu T_p$ 为信号带宽。

根据傅里叶变换性质，$y(t)$ 的频谱为

$$Y(f) = AU(f)\exp(-j2\pi(f + f_c)\Delta t) \tag{4.2}$$

式中，$U(f)$ 为 LFM 信号复包络 $u(t)$ 的频谱。

根据第 2 章，可得间歇收发后 LFM 回波的频谱为

$$Y_s(f) = AD\sum_{n=-\infty}^{+\infty}\text{sinc}(nD)U(f - nf_s)\exp(-j2\pi(f + f_c - nf_s)\Delta t) \tag{4.3}$$

式中，$D = \tau f_s$。

通过设计低通滤波器，能够消除搬移后的频谱分量，其中低通滤波器的截止频率应覆盖信号带宽：

$$W(f) = \begin{cases} 1, & |f| \leqslant B/2 \\ 0, & \text{其他} \end{cases} \tag{4.4}$$

那么，经过上述低通滤波器之后，LFM 间歇收发回波频谱可表示为

$$\begin{aligned} Y_1(f) &= W(f)Y_s(f) \\ &\approx ADU(f)\exp(-j2\pi(f + f_c)\Delta t) \end{aligned} \tag{4.5}$$

对比式（4.5）和式（4.2）不难看出，经过低通滤波后的间歇收发回波信号频谱相比完整 LFM 回波，在幅度上多了一个占空比 D。因此，经过补偿可以得到重构之后的频谱，即

$$Y_r(f) = \frac{1}{D}Y_1(f) \tag{4.6}$$

最后，对式（4.6）进行傅里叶逆变换，即可得到重构信号的时域波形，从而完成由间歇收发回波恢复出完整回波信号的过程：

$$y_r(t) = F^{-1}[Y_r(f)] \tag{4.7}$$

2. 收发频率小于信号带宽

随着雷达信号带宽的增加，上述回波重构方法需要更高的收发频率方可实施，这无疑给室内场试验系统带来巨大挑战。根据式（4.3），若 $f_s < B$，则间歇收发回波的频谱将发生混叠，采用上述滤波方法将难以恢复完整的目标回波。然而，雷达系统接收到目标回波后一般采用匹配滤波处理，得到的距离像中目标散射信息较为集中。因此，对间歇收发回波进行匹配滤波处理后，可以提取目标散射信息从而实现回波重构。

对于完整的线性调频回波信号，其匹配滤波输出为

$$y(t) = F^{-1}[Y(f)H(f)] = AB\text{sinc}[B(t - \Delta t)] \cdot \exp(-j2\pi f_c\Delta t) \tag{4.8}$$

式中，$H(f) = U^*(f)$ 为归一化匹配滤波器的频域形式。

根据第 2 章均匀间歇收发，若 $D = \tau f_s$，则得到匹配滤波输出为

$$\begin{aligned} y_2(t) &= F^{-1}[Y_s(f)H(f)] \\ &= AD\sum_{n=-\infty}^{n=+\infty}\{(B - |nf_s|)\text{sinc}(nD) \cdot \\ &\quad \text{sinc}[(B - |nf_s|)(t + nf_s/\mu - \Delta t)]\exp\{j\pi[nf_s(t - \Delta t) - 2f_c\Delta t]\}\} \end{aligned} \tag{4.9}$$

对于尺寸为 L 的目标，为保证目标所有散射点与相邻脉压峰之间不发生混叠，应满足 $\Delta R > L$ 的条件，因此，收发频率 f_s 应满足如下条件：

$$\frac{2LB}{cT_p} < f_s < B \tag{4.10}$$

根据式（4.9），为了得到完整回波真实的脉压输出，就要除去其他脉压峰对主峰的影响，故采取时域加窗的方法提取距离像中目标位置处的信息。窗函数的宽度应小于距离像中相邻峰的间隔，理想的距离像截取窗函数可以表示为

$$w'(t) = \text{rect}\left(\frac{t - \Delta t}{T_w}\right), T_w < \frac{f_s}{\mu} \tag{4.11}$$

加窗后的距离像可以表示为

$$
\begin{aligned}
y_2'(t) &= y_2(t) \cdot w'(t) \\
&= A \cdot D \sum_{n=-\infty}^{n=+\infty} \left\{ \text{rect}\left(\frac{t - \Delta t}{T_w}\right) \cdot \left(B - |nf_s|\right) \text{sinc}(nD) \cdot \right. \\
&\quad \left. \text{sinc}\left[\left(B - |nf_s|\right)\left(t + nf_s / \mu - \Delta t\right)\right] \exp\left\{j\pi\left[nf_s(t - \Delta t) - 2f_c\Delta t\right]\right\}\right\} \\
&\approx ABD \cdot \text{sinc}[B(t - \Delta t)] \exp(-j2\pi f_c \Delta t)
\end{aligned}
\tag{4.12}
$$

由于距离像中虚假峰在窗函数内的幅度很小，可忽略不计，因此加窗截取后的最终结果可表示为式（4.12）中的近似形式。比较式（4.12）与式（4.8）可知，二者在幅度上相差一个占空比，所以同样需要补偿。特别地，窗的宽度是影响重构结果的重要参数，若窗的宽度太小，则提取的主峰中缺少足够的回波信息；若窗的宽度太大，则提取的结果中将包含虚假峰中的不必要信息。

由式（4.12）可知，进行加窗处理后得到的是完整回波的匹配滤波信息，若要恢复完整回波的时域波形，则需要进行匹配滤波的逆变换处理。

根据式（4.8），逆滤波器的频率响应为

$$H^{-1}(f) = \frac{1}{H(f)} = \text{rect}\left(\frac{f}{B}\right) \exp\left(-j\pi \frac{f^2}{\mu}\right) \tag{4.13}$$

将时域加窗后的匹配滤波结果通过逆滤波器，得到重构信号的频谱为

$$Y(f) = F[y_2(t)]H^{-1}(f) \tag{4.14}$$

对式（4.14）进行傅里叶逆变换和能量补偿，即可恢复完整回波的时域波形。

综上所述，LFM 信号经过间歇收发后的回波重构流程如图 4.1 所示。

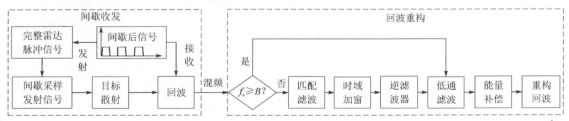

图 4.1　LFM 信号经过间歇收发后的回波重构流程

首先，完整的脉冲信号经过间歇收发处理后被截断为若干个子脉冲进行发射，经过目标响应后得到间歇收发回波，接下来分两种情况设计回波重构方法。当 $f_s \geqslant B$ 时，直接对回波进行低通滤波处理去除虚假频谱分量，经过能量补偿后即得到重构的回波；当 $f_s < B$ 时，首

先对间歇收发回波进行匹配滤波处理，再通过时域加窗的方法提取距离像的主峰，然后将结果通过匹配滤波的逆滤波器，经过能量补偿即可重构完整回波。

4.2.1.2 目标信息重构

在有限微波暗室中，根据式（4.12），可以将 $n \neq 0$ 的峰值消除。其中，回波延时 Δt 可以根据加窗前式（4.9）中的主峰位置估计得到。

图 4.2 给出了脉冲雷达信号间歇收发处理流程图。其中加窗截取目标距离像与 4.2.1.1 节的原则相同，且收发控制参数与窗函数参数的设置由暗室尺寸、目标尺寸和信号相关参数得到。此外，通过截取得到的目标距离像，可以进一步得到目标散射特性、位置信息等多维信息。

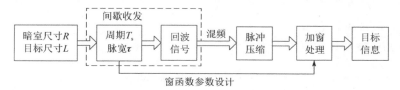

图 4.2　脉冲雷达信号间歇收发处理流程图

4.2.1.3 仿真试验与结果分析

1. 回波重构

仿真中，设收发天线与目标之间的距离 $R = 45\text{m}$。暗室对电磁波的吸收小于 40dB。发射线性调频信号脉宽 $T_\text{p} = 50\mu\text{s}$，带宽 $B = 3\text{MHz}$，电磁波波长 $\lambda = 0.3\text{m}$，为了简化信号载频设为 $f_\text{c} = 0$。试验中天线发射功率为 1W，天线增益为 30dB，信噪比为 20dB。目标为点目标，散射面积 $\sigma = 0.1\text{m}^2$。

1）收发频率大于信号带宽

间歇采用收发参数 $\tau = 0.05\mu\text{s}$，$T_\text{s} = 0.25\mu\text{s}$。根据图 4.1 中的回波重构流程，得到窄带信号回波重构的仿真结果，如图 4.3 所示。

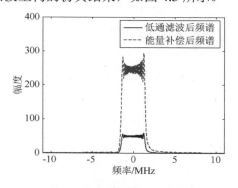

（a）重构回波能量补偿前后频谱对比

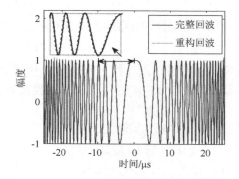

（b）重构时域波形

图 4.3　间歇采样频率大于信号带宽时线性调频信号回波重构结果

在图 4.3（a）中，给出了重构回波在能量补偿前后的频谱，能量由式（4.12）中的占空比决定。由于间歇收发信号的占空比 $D = 0.2$，可见补偿后重构信号频谱的幅度值为补偿前的 $1/D = 5$ 倍。图 4.3（b）是对能量补偿后的重构信号进行傅里叶逆变换后得到的时域波形，将其与完整回波画在同一坐标系下，可见二者时域波形基本吻合，即回波重构成功。

2）收发频率小于信号带宽

在满足式（4.10）和间歇收发约束条件的基础上，设置 $\tau = 0.3\mu s$，$T_s = 0.6\mu s$，此时 $D = 0.5$，且有 $f_s < B$。根据图 4.1 中的回波重构流程，得到雷达信号回波重构结果，如图 4.4 所示。

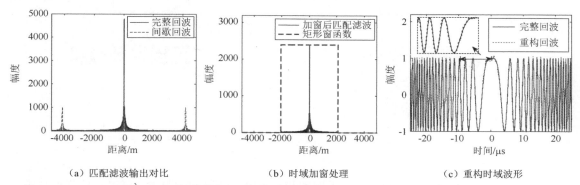

（a）匹配滤波输出对比　　　　　（b）时域加窗处理　　　　　（c）重构时域波形

图 4.4　间歇采样频率小于信号带宽时线性调频信号回波重构结果

对间歇收发回波进行匹配滤波，得到距离像结果如图 4.4（a）所示，与完整的 LFM 回波相比，目标峰值两侧存在虚假峰，且目标峰值是完整回波峰值的一半。在图 4.4（b）中，给出了采用式（4.11）中的矩形窗函数提取间歇收发回波距离像中的主峰。

通过匹配滤波的逆滤波器对加窗后的信号进行恢复，得到重构回波。经过能量补偿，得到重构回波与完整回波之间的对比结果如图 4.4（c）所示，可以发现重构回波与完整回波吻合良好。

2. 目标信息重构

假设微波暗室静区反射率为-40dB，采用收发双天线模式，目标与天线之间的距离 $R = 45m$，脉冲宽度 $T_p = 100\mu s$，带宽 $B = 5MHz$，波长为 0.3m，发射功率为 1W，天线收发增益为 30dB，接收机信噪比为 20dB，目标散射截面积 $\sigma = 0.1m^2$。

根据式（4.12），利用合适的窗能够有效截取目标脉压输出的主峰信息，消除间歇收发导致的虚假峰。目标所处位置是已知的，利用该信息能够对 Δt 进行设定。另外，窗函数的宽度 T_w 可由信号调制斜率 μ 与收发周期 T_s 进行约束，以保证窗宽内不会出现多余的虚假峰。对于 $\tau = 0.2\mu s$，$T_s = 0.6\mu s$ 的间歇收发控制方式所得脉压回波的信号，仿真结果如图 4.5 所示。

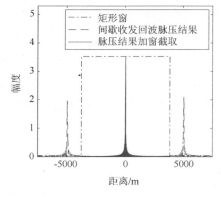 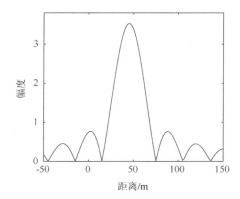

（a）加窗前后脉压输出对比　　　　　　　（b）间歇收发回波脉压结果

图 4.5　间歇收发回波信号矩形窗恢复仿真结果

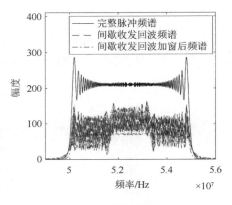

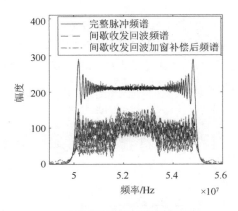

（c）频谱特性对比   （d）幅度补偿后频谱特性对比

图 4.5   间歇收发回波信号矩形窗恢复仿真结果（续）

由图 4.5（b）的脉压输出可知，对于完整目标回波，经过间歇收发，可以正确得到目标与雷达收发天线的距离为 45m。此外，对比图 4.5（a）和图 4.5（b）可以发现，将间歇收发得到的目标回波脉压输出与窗函数相乘，可以有效消除目标主峰周围的假峰，从而得到目标信息。根据图 4.5（c）与图 4.5（d），间歇收发的回波能量比完整回波能量小，经过幅度补偿和窗函数滤除之后，回波的频谱接近完整回波的频谱。

4.2.2 基于互补序列的脉内四载频信号回波与信息重构

脉内四载频信号将不同频率的相位编码信号作为子脉冲，构成发射信号，具有良好的抗干扰能力，因而被广泛使用。本节通过设计每个子脉冲的编码序列及间歇收发控制序列，从而实现目标回波与信息的精确重构。

4.2.2.1 脉内四载频信号均匀间歇收发模型

已知脉内四载频信号的时域表达式为

$$s_{\text{four}}(t) = \sum_{i=1}^{4} s_i(t)$$

$$= \frac{1}{\sqrt{T_{\text{p}}}} \sum_{i=1}^{4} \sum_{m_i=1}^{M} x_{m_i} \text{e}^{\text{j}2\pi f_i t} \text{rect}\left[\frac{t-(i-1)T_{\text{p}}-(m_i-1)t_{\text{b}}}{t_{\text{b}}}\right] \tag{4.15}$$

式中，$s_i(t)$ 为第 i 个子脉冲的信号；T_{p} 为子脉冲信号的时宽；M 为子脉冲码元数；$x_{m_i} = \exp(\text{j}\varphi_{m_i})$；$t_{\text{b}}$ 为码元宽度；$f_i = f_0 + \text{Label}_i \cdot \Delta f$，$\text{Label}_i$（$1 \leqslant i \leqslant 4$）为随机的频率编码，其取值为 $0 \sim 3$，Δf 为子脉冲之间的频率间隔，该频率间隔至少大于子脉冲的带宽，即 $\Delta f \geqslant 1/t_{\text{b}}$。

四载频信号经过均匀间歇收发，可以表示为

$$s'_{\text{four}} = s_{\text{four}} p(t)$$

$$= \frac{1}{\sqrt{T_{\text{p}}}} \sum_{i=1}^{4} \sum_{m=1}^{M} \sum_{n=1}^{N} x_{m_i} \text{e}^{\text{j}2\pi f_i t} \text{rect}\left[\frac{t-(i-1)T_{\text{p}}-(n-1)T_{\text{s}}}{\tau}\right] \text{rect}\left[\frac{t-(i-1)T_{\text{p}}-(m-1)t_{\text{b}}}{t_{\text{b}}}\right] \tag{4.16}$$

式中，N 为脉冲 T_p 时长内间歇收发次数。

与相位编码信号相比，脉内四载频信号由四个不同频率的相位编码信号子脉冲组成，其带宽更大，抗干扰性能更强，经过间歇收发处理后也将出现不同的结果。

4.2.2.2　收发互补序列设计及回波重构

间歇收发的参数可以根据微波暗室的尺寸和信号的特征事先设计，参数包括间歇采样控制信号的周期 T_s 和脉宽 τ。不妨将间歇控制信号的周期和脉宽设为码元宽度 t_b 的整数倍，即

$$T_s = m \cdot t_b \tag{4.17}$$
$$\tau = a \cdot t_b \tag{4.18}$$

如图 4.6 所示，设计收发控制信号的周期为码元宽度的偶数倍且收发信号的占空比为 0.5。将脉冲内的 4 个子脉冲任意分为两组，每组两个子脉冲且两个子脉冲的相位编码序列相同。针对每组内的两个子脉冲，采用互补的收发控制信号分别进行处理，如图 4.6 中频率 f_1 和 f_2 对应的子脉冲及收发控制信号。如图 4.7 所示，对编码相同的两个间歇回波进行变频后再进行求和处理，即可得到拥有完整的原始编码序列的子脉冲，但其回波的能量将损失一半。

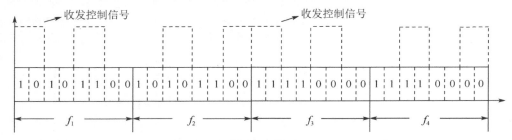

图 4.6　脉内四载频编码设计及间歇收发序列设计示意图

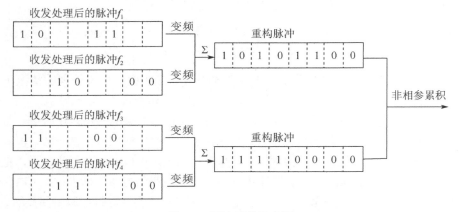

图 4.7　回波重构示意图

4.2.2.3　仿真试验及结果分析

脉内四载频信号每个子载频码元长度为 128，码宽为 0.1μs，从而信号脉宽为 51.2μs。设置四个载频之间的频率间隔为 10MHz，间歇收发脉宽为 0.2μs，收发周期为 0.4μs。目标为单散射点，利用图 4.6 和图 4.7 的收发互补序列及回波重构方法，得到仿真结果如图 4.8 所示。

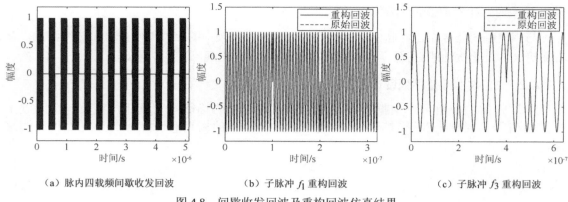

（a）脉内四载频间歇收发回波　　　（b）子脉冲 f_1 重构回波　　　（c）子脉冲 f_3 重构回波

图 4.8　间歇收发回波及重构回波仿真结果

　　图 4.8（a）所示为脉内四载频间歇收发回波，通过编码序列设计和收发互补序列设计，能够得到脉内四载频信号的两个子脉冲重构回波，如图 4.8（b）和图 4.8（c）所示。可以发现，重构后的回波与完整子脉冲相同，从而实现了目标回波的精确重构。

　　对重构后的子脉冲进行匹配滤波，得到目标距离像与完整脉内四载频对比图，如图 4.9 所示。

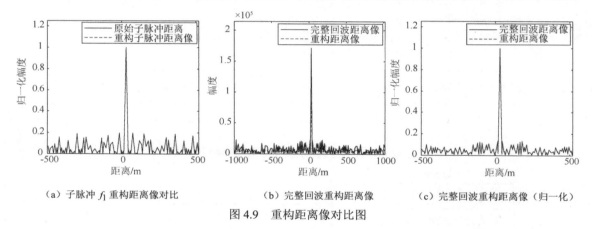

（a）子脉冲 f_1 重构距离像对比　　　（b）完整回波重构距离像　　　（c）完整回波重构距离像（归一化）

图 4.9　重构距离像对比图

　　从图 4.9（a）的仿真结果可以看出，脉内多载频信号在非相参积累处理的情况下，其间歇采样回波的距离像表现的目标个数、目标位置等信息与原始距离像是一致的。

　　从图 4.9（b）的仿真结果可以看出，经间歇收发的脉内多载频信号可以在时域上得到完整的重构，且重构得到的距离像表现的目标个数、目标位置等信息与原始距离像一致，但其能量将衰减一半。图 4.9（c）为归一化幅度后得到的距离像对比结果，可以发现归一化之后，重构距离像与完整脉冲距离像一致。因此，在微波暗室内使用脉内多载频信号对目标进行探测时，采用间歇收发的技术、设计合理的收发参数和编码序列互补，可以有效实现对目标原始回波的重构。

4.3　伪随机间歇收发回波与信息重构

4.3.1　基于压缩感知的 LFM 信号回波与信息重构

　　对于宽带 LFM 信号，若目标尺寸较大，均匀间歇收发之后，目标距离像中虚假峰之间的距离可能小于目标尺寸，造成距离像难以被提取。针对该问题，利用伪随机间歇收发的方法，能够降低目标距离像中虚假峰的幅度。同时，间歇收发可以视为对完整脉冲雷达信号的分段采样，结合压缩感知理论构建稀疏观测模型，可以实现目标距离像的重构，进一步获取目标的散射特性。

4.3.1.1　基于 De-chirp 的 LFM 信号间歇收发回波特性

对于伪随机间歇收发回波，难以获得距离像的解析表达式。通过推导均匀间歇收发回波 De-chirp 的处理过程，讨论目标回波特性，能为伪随机间歇收发回波距离像重构提供参考。考虑雷达发射 LFM 信号为

$$s(t) = \text{rect}\left(\frac{t}{T_\text{p}}\right)\exp\left[\text{j}2\pi\left(f_\text{c}t + \frac{1}{2}\mu t^2\right)\right] \tag{4.19}$$

令 De-chirp 处理的参考距离为 R_ref，可得参考信号为

$$s_\text{ref}(t) = \text{rect}\left(\frac{t - 2R_\text{ref}/c}{T_\text{ref}}\right)\exp\left\{\text{j}2\pi\left[f_\text{c}\left(t - \frac{2R_\text{ref}}{c}\right) + \frac{1}{2}\mu\left(t - \frac{2R_\text{ref}}{c}\right)^2\right]\right\} \tag{4.20}$$

式中，T_ref 为参考信号的脉宽，一般比 T_p 稍大。

从而，差频输出可表示为

$$s_\text{f}(t) = s_\text{r}(t)s_\text{ref}^*(t) \tag{4.21}$$

式中，$s_\text{r}(t) = \sum_{k=1}^{K}\alpha_k s(t - 2R_k/c)$ 为回波，K 为目标强散射点个数，即目标距离像的稀疏度，α_k 为对应散射点的散射强度，R_k 为散射点与雷达距离，c 为电磁波速度。$s_\text{ref}^*(t)$ 为 $s_\text{ref}(t)$ 的共轭。

对式（4.21）进行快速傅里叶变换，并去除残余视频相位（Residual Video Phase，RVP）和斜置项，可得完整脉冲回波距离像为

$$S_\text{f}(f) = T_\text{p}\sum_{k=1}^{K}\alpha_k \text{sinc}\left[T_\text{p}\left(f + 2\frac{\mu}{c}R_{k,\Delta}\right)\right]\exp\left(-\text{j}\frac{4\pi f_\text{c}}{c}R_{k,\Delta}\right) \tag{4.22}$$

式中，$R_{k,\Delta} = R_k - R_\text{ref}$，$2\mu R_{k,\Delta}/c$ 表示散射点相对参考点的位置。

根据式（4.21）中的完整脉冲回波，均匀间歇收发时，目标回波为

$$s_{\text{r}_2}(t) = \sum_{k=1}^{K}\alpha_k s(t - 2R_k/c)p_2(t - 2R_k/c) \tag{4.23}$$

根据 De-chirp 处理原理，间歇收发回波的差频输出为

$$
\begin{aligned}
s_{\text{f}_2}(t) &= s_{\text{r}_2}(t)\cdot s_\text{ref}^*(t) \\
&= \sum_{k=1}^{K}\left\{\left[\text{rect}\left(\frac{t - 2R_k/c}{\tau}\right)*\sum_{n\to-\infty}^{+\infty}\delta(t - nT_\text{s})\right]\alpha_k\text{rect}\left(\frac{t - 2R_k/c}{T_\text{p}}\right)\cdot\right. \\
&\quad \left.\exp\left[-\text{j}\frac{4\pi}{c}\mu\left(t - \frac{2R_\text{ref}}{c}\right)R_{k,\Delta}\right]\exp\left(-\text{j}\frac{4\pi}{c}f_\text{c}R_{k,\Delta}\right)\exp\left(\text{j}\frac{4\pi\mu}{c^2}R_{k,\Delta}^2\right)\right\}
\end{aligned}
\tag{4.24}
$$

对式（4.24）进行快速傅里叶变换，可得：

$$S_{f_2}(f) = \sum_{k=1}^{K} \alpha_k \tau f_s \left\{ \left[\sum_{n \to -\infty}^{+\infty} \mathrm{sinc}(nf_s\tau) \exp\left(-\mathrm{j}2\pi nf_s \frac{2R_k}{c}\right) \delta(f - nf_s) \right] * \right.$$

$$\left\{ T_p \mathrm{sinc}\left[T_p \left(f + 2\frac{\mu}{c} R_{k,\Delta} \right) \right] \exp\left(-\mathrm{j}\frac{4\pi f_c}{c} R_{k,\Delta} \right) \exp\left(-\mathrm{j}\frac{4\pi\mu}{c^2} R_{k,\Delta}^2 \right) \cdot \right. \quad (4.25)$$

$$\left. \left. \exp\left(-\mathrm{j}\frac{4\pi f}{c} R_{k,\Delta} \right) \right\} \right\}$$

进一步化简，得到间歇收发回波的高分辨距离像为

$$S_{f_3}(f) = \tau f_s T_p \sum_{k=1}^{K} \alpha_k \exp\left(-\mathrm{j}\frac{4\pi f_c}{c} R_{k,\Delta} \right) \cdot$$

$$\sum_{n \to -\infty}^{+\infty} \mathrm{sinc}(nf_s\tau) \mathrm{sinc}\left[T_p \left(f - nf_s + 2\frac{\mu}{c} R_{k,\Delta} \right) \right] \exp\left(-\mathrm{j}\frac{4\pi nf_s}{c} R_{\mathrm{ref}} \right) \quad (4.26)$$

由式（4.26）可知，回波幅度与间歇收发周期 T_s、脉宽 τ 和完整脉冲宽度 T_p 等参数有关。同时，De-chirp 处理与第 2 章匹配滤波处理后对应的距离像结果一致。一方面均匀间歇收发距离像由多个不同幅度的峰值叠加，峰值之间的距离由收发频率 f_s 决定，为 $\Delta R = cf_s/(2\mu)$。另一方面，收发控制信号仍需要满足第 2 章中的约束条件，重写为

$$\begin{cases} \tau \leqslant \dfrac{2R}{c} \\ \tau + \dfrac{2(R+L)}{c} \leqslant T_s < \dfrac{cT_p}{2BL} \end{cases} \quad (4.27)$$

总结而言：

（1）根据式（4.27），当带宽 B 较大时，T_s 要足够小以保证目标尺寸小于相邻峰的间距。若增大 T_s，则会使虚假峰与真实峰相重合，无法满足不等式右边，频域截取方法失效。

（2）结合 3.2 节理论与仿真结果，随机收发控制信号频谱的零频与均匀收发相同，所以目标真实峰的幅度和位置与均匀收发的相同。但是，收发频率的变化使得收发控制信号频谱不是对称的冲激脉冲，对 LFM 目标回波进行脉压时，距离像中虚假峰的位置不固定，不能形成累积，从而有利于提取目标真实峰。

4.3.1.2 基于压缩感知的距离像重构方法

压缩感知通过对信号时频域进行随机观测，得到欠采样数据，然后求解优化问题重构目标信息。间歇收发解决了微波暗室尺寸与脉冲信号时长之间的矛盾问题，也使得目标回波呈现分段采样特性。图 4.10 给出了压缩感知传统采样与伪随机间歇收发目标回波的对比图。由于间歇收发是将脉冲信号分为多个短脉冲进行收发的，每个短脉冲宽度在亚微秒量级，因此目标回波在时域是分段采样的。根据压缩感知原理，利用间歇收发回波构建压缩感知观测矩阵，通过求解最优化问题，能够有效重构目标高分辨距离像（High Resolution Range Profile，HRRP）。

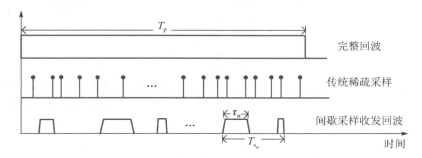

图 4.10　压缩感知传统采样与伪随机间歇收发目标回波的对比图

1. 压缩感知基本原理

根据压缩感知理论，假设原始信号 s 是 $N\times1$ 的列向量，观测矩阵 $\boldsymbol{\Phi}$ 为 $M\times N$，稀疏变换矩阵 $\boldsymbol{\Psi}$ 为 $N\times N$。s 在 $\boldsymbol{\Psi}$ 变换域的稀疏表示为 $\boldsymbol{\theta}$，该矢量为 $N\times1$ 的且为 K 稀疏的。对原始信号的观测 y 为 $M\times1$ 的矢量，则有

$$y = \boldsymbol{\Phi}s + \boldsymbol{\xi} = \boldsymbol{\Phi}\boldsymbol{\Psi}\boldsymbol{\theta} + \boldsymbol{\xi} \tag{4.28}$$

式中，$s = \boldsymbol{\Psi}\boldsymbol{\theta}$，$K < M \ll N$，且 $M \geqslant O(K \cdot \log(N/K))$，$\boldsymbol{\xi}$ 为 $M\times1$ 测量噪声矢量。

令 $A = \boldsymbol{\Phi}\boldsymbol{\Psi}$ 为 $M\times N$ 的感知矩阵，为实现信号的有效重构，A 需要满足有限等距性质（Restricted Isometry Property，RIP），即

$$(1-\epsilon) \leqslant \|A_T\boldsymbol{\theta}\|_2^2 / \|\boldsymbol{\theta}\|_2^2 \leqslant (1+\epsilon) \tag{4.29}$$

式中，$\epsilon \in (0,1)$，$\|\cdot\|_2$ 表示 L2 范数，$T \in \{1,2,\cdots,N\}$ 且 $|T| \leqslant K$，A_T 为根据索引 T 得到的 A 的子列构成的子矩阵。矩阵的 RIP 性质通常难以验证，但是相关研究指出，当矩阵 A 的 Gram 矩阵 $A_T^H A_T$ 的特征值足够趋近于 1 时，更易于满足 RIP 性质。

2. HRRP 重构方法

通常目标强散射点在整个距离范围内可以认为是稀疏的，压缩感知能够通过对回波的随机稀疏观测，求解优化问题重构目标距离像。在式（4.23）中，间歇收发本质是对原始回波 $s_r(t)$ 的时域分段采样。根据分段采样回波特性，利用间歇收发控制信号与 De-chirp 参考信号，构造式（4.28）中的观测矩阵 $\boldsymbol{\Phi}$，建立对原始回波 $s_r(t)$ 的分段观测模型，能够实现目标距离像的重构。

为建立间歇收发回波观测模型，需要对回波信号等参数进行矢量化。假设脉冲 T_p 内的总采样点数为 N，对于完整脉冲回波，式（4.21）的差频输出可矢量化为

$$s_f = S_{\text{ref}}^* s_r \tag{4.30}$$

式中，$s_r = [s_r(0), s_r(1), \cdots, s_r(N-1)]^T$ 为 $N\times1$ 的矢量，表示目标回波每个采样点的复数值；$S_{\text{ref}} = \text{diag}\{s_{\text{ref}}(0), s_{\text{ref}}(1), \cdots, s_{\text{ref}}(N-1)\}$ 为 $N\times N$ 的对角矩阵，表示 De-chirp 参考信号每个采样点的复数值；$s_f = [s_f(0), s_f(1), \cdots, s_f(N-1)]^T$ 为 $N\times1$ 的矢量，表示差频输出后每个采样点的复数值。

令 $\boldsymbol{\Psi}$ 表示 $N\times N$ 的傅里叶逆变换矩阵，完整脉冲回波距离像 $S_f = [S_f(0), S_f(1), \cdots, S_f(N-1)]^T$ 为 $N\times1$ 的矢量，表示回波距离像每个采样点对应的值。根据目标散射点个数，可以假设 S_f 为 K 稀疏的，那么式（4.22）可表示为

$$S_{\mathrm{f}} = \boldsymbol{\Psi}^{-1} \boldsymbol{S}_{\mathrm{ref}}^{*} \boldsymbol{s}_{\mathrm{r}} \tag{4.31}$$

从而，$\boldsymbol{s}_{\mathrm{r}}$ 可以表示为

$$\boldsymbol{s}_{\mathrm{r}} = \boldsymbol{S}_{\mathrm{ref}} \boldsymbol{\Psi} \boldsymbol{S}_{\mathrm{f}} \tag{4.32}$$

令 $\boldsymbol{P} = \mathrm{diag}\{p_1(0), p_1(1), \cdots, p_1(N-1)\}$ 为 $N \times N$ 的对角矩阵，由间歇收发控制信号采样点构成。假设 τ_n 和 T_{s_n} 时间内采样点数分别为 n_{s_n} 和 N_{s_n}，图 4.10 中 $p_2(t)$ 在发射时间段 τ_n 内为 1，所以当 $n_{s_n} < n \leqslant N_{s_n}$ 时，$\boldsymbol{P}$ 中第 n 行为 0。将式（4.23）中间歇收发回波矢量化为 $N \times 1$ 的 $\boldsymbol{s}_{r_2}$，为得到 $\boldsymbol{s}_{r_2}$ 中非零稀疏观测数据，需要去掉 $\boldsymbol{P}$ 中 $n_{s_n} < n \leqslant N_{s_n}$ 的行。图 4.11 所示为间歇收发矩阵 $\boldsymbol{P}_1$ 构造原理图。

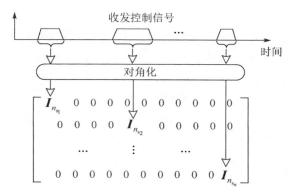

图 4.11　间歇收发矩阵 $\boldsymbol{P}_1$ 构造原理图

从而：

$$\boldsymbol{P}_1 = \begin{pmatrix} \boldsymbol{I}_{n_{s_1}} & 0 & \cdots & 0 & 0 & \cdots & 0 & 0 \\ 0 & 0 & \cdots & 0 & \boldsymbol{I}_{n_{s_2}} & \cdots & 0 & 0 \\ \vdots & \vdots & \cdots & \vdots & \vdots & \cdots & \vdots & \vdots \\ 0 & 0 & \cdots & 0 & 0 & \cdots & 0 & \boldsymbol{I}_{n_{s_n}} \end{pmatrix}_{M \times N} \tag{4.33}$$

式中，$\boldsymbol{I}_{n_{s_n}}$ 为 $n_{s_n} \times n_{s_n}$ 的单位矩阵，且有 $\sum_n n_{s_n} = M$ 和 $\sum_n N_{s_n} = N$。对于均匀间歇收发有 $n_{s_{n-1}} = n_{s_n}$。

那么，回波观测数据为

$$\boldsymbol{s}_{\mathrm{ITR}} = \boldsymbol{P}_1 \boldsymbol{s}_{\mathrm{r}} \tag{4.34}$$

式中，$\boldsymbol{s}_{\mathrm{ITR}}$ 为 $M \times 1$ 的矢量，表示间歇收发回波中非零观测值。

将式（4.32）代入式（4.34），得到：

$$\boldsymbol{s}_{\mathrm{ITR}} = \boldsymbol{P}_1 \boldsymbol{S}_{\mathrm{ref}} \boldsymbol{\Psi} \boldsymbol{S}_{\mathrm{f}} \tag{4.35}$$

令观测矩阵 $\boldsymbol{\Phi} = \boldsymbol{P}_1 \boldsymbol{S}_{\mathrm{ref}}$，其表示形式为

$$\boldsymbol{\Phi} = \begin{pmatrix} \varphi(1, n_{s_1}) & 0 & \cdots & 0 & 0 & \cdots & 0 & 0 \\ 0 & 0 & \cdots & 0 & \varphi(2, n_{s_2}) & \cdots & 0 & 0 \\ \vdots & \vdots & \cdots & \vdots & \vdots & \cdots & \vdots & \vdots \\ 0 & 0 & \cdots & 0 & 0 & \cdots & 0 & \varphi(n, n_{s_n}) \end{pmatrix} \tag{4.36}$$

式中,

$$\varphi(n, n_{s_n}) = \text{diag}\left\{ s_{\text{ref}}\left(\sum_{q=1}^{n-1} N_{s_q} \right), s_{\text{ref}}\left(1 + \sum_{q=1}^{n-1} N_{s_q} \right), \cdots, s_{\text{ref}}\left(n_{s_n} - 1 + \sum_{q=1}^{n-1} N_{s_q} \right) \right\} \quad (4.37)$$

该矩阵为 $n_{s_n} \times n_{s_n}$ 的对角矩阵, 且有 $\sum_{k=1}^{n} n_{s_k} = M$。

考虑噪声存在的情况, 式 (4.35) 中对间歇收发回波的稀疏观测可以表示为

$$s_{\text{spInter}} = s_{\text{ITR}} + \xi$$
$$= \boldsymbol{\Phi}\boldsymbol{\Psi}S_f + \xi \quad (4.38)$$

式中, s_{spInter} 相当于式 (4.28) 中的观测结果 y, 表示含有噪声的间歇收发回波非零观测值。

通过求解优化问题, 即可实现目标高分辨距离像的有效重构:

$$\min_{\overline{S}_f} \| \overline{S}_f \|_1 \quad \text{s.t.} \| s_{\text{spInter}} - \boldsymbol{\Phi}\boldsymbol{\Psi}\overline{S}_f \|_2 \leqslant \varepsilon \quad (4.39)$$

式中, $\| \cdot \|_1$ 表示 L_1 范数, $\overline{S}_f$ 表示重构所得距离像。正交匹配追踪算法 (Orthogonal Matched Pursuit, OMP) 作为一种快速有效的贪婪算法, 可以用于求解该式。

综上所述, 对于随机与均匀间歇收发有:

(1) 当均匀间歇收发 T_s 较大时, 虚假峰与真实峰相重合, 加窗截取目标真实峰值的方法失效。采用伪随机间歇收发, 利用压缩感知稀疏重构可以重构得到目标距离像。

(2) 根据图 4.10, 当均匀间歇收发占空比 D 不变时, τ 随 T_s 增加而变大。观测数据集中于 τ 内, 随机性较差。伪随机间歇收发增强了分段观测的随机性, 数据覆盖范围增大, 利于改善重构性能。同时, 伪随机间歇收发尽量避免较大的收发周期, 可以进一步降低虚假峰的幅度, 提高距离像重构性能。

(3) 感知矩阵 $A = \boldsymbol{\Phi}\boldsymbol{\Psi}$ 的 RIP 约束条件由观测矩阵 $\boldsymbol{\Phi}$ 决定, 并受间歇收发方式的影响。因此, 伪随机间歇收发可以改变 $\boldsymbol{\Phi}$, 使 A 更易于满足式 (4.29) 中的 RIP 约束, 从而提高重构性能。通过计算矩阵 A 的 Gram 矩阵, 可以对 A 的 RIP 性质进行分析验证。

3. 距离像重构流程

根据伪随机间歇收发与距离像重构方法, 下面给出脉冲信号伪随机间歇收发与距离像重构流程, 如图 4.12 所示。

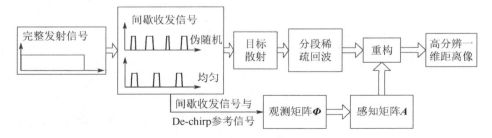

图 4.12　间歇收发与距离像重构流程

根据图 4.12 中的流程, 首先对脉冲雷达信号设定相应的间歇收发周期, 通过收发通断, 获取目标分段稀疏回波。根据间歇收发控制信号, 利用式 (4.36) 构建观测矩阵, 进一步得到

感知矩阵，然后通过求解凸优化问题，得到目标高分辨一维距离像。对重构得到的距离像进行傅里叶逆变换，即可得到重构的目标回波。

4.3.1.3　仿真试验及结果分析

1. 收发遮挡效应分析

在收发分时条件下，部分目标回波不能被接收。假设信号脉宽 $T_p = 20\mu s$，波长为 $0.03m$，LFM 信号带宽 $B = 500MHz$，目标与雷达距离 $R = 45m$，目标强散射点 $K = 5$，在距离向上相距 $2m$ 依次分开，α_k 依次为 0.7、0.5、1、0.6、0.55，仿真结果如图 4.13 所示。

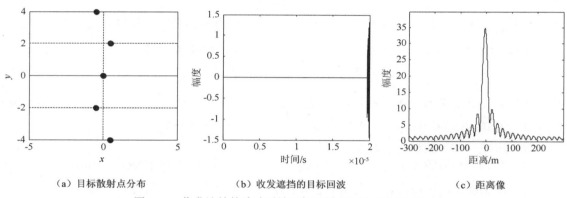

（a）目标散射点分布　　　（b）收发遮挡的目标回波　　　（c）距离像

图 4.13　收发遮挡的脉冲雷达目标回波与距离像仿真结果

图 4.13（a）所示为目标散射点分布。在收发分时方式下，由于微波暗室空间有限，目标回波在返回雷达天线时，脉冲信号未被完全辐射。当信号被完全辐射后，仅能接收到 $2R/C = 0.3\mu s$ 时长的回波，如图 4.13（b）所示。用该回波进行 De-chirp 处理，所得距离像如图 4.13（c）所示。显然，回波数据的缺失导致距离像不能反映目标散射点实际分布。因此，需要采用间歇收发的方法得到目标回波。

2. 均匀间歇收发距离像重构仿真结果

当 $T_s = 0.5\mu s$，$\tau = 0.125\mu s$ 时，仿真结果如图 4.14 所示。

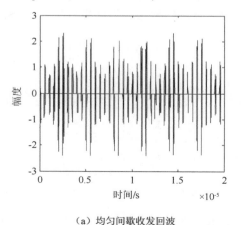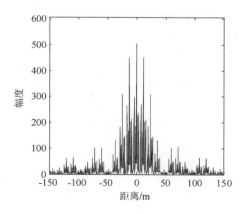

（a）均匀间歇收发回波　　　　　　　　　（b）间歇收发距离像

图 4.14　间歇收发回波与距离像重构仿真结果（$T_s=0.5\mu s$）

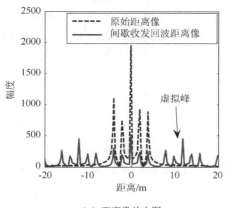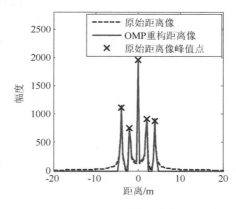

（c）距离像放大图　　　　　　　　　　　　（d）OMP 重构距离像

图 4.14　间歇收发回波与距离像重构仿真结果（$T_s = 0.5\mu s$）（续）

图 4.14（a）所示为均匀间歇收发回波。根据式（4.26），间歇收发回波所得目标一维距离像将会出现多个虚假峰，如图 4.14（b）所示。图 4.14（c）中间歇收发回波距离像幅度低于原始距离像，真实峰（$n=0$）处的幅度为原始距离像的 τ / T_s。同时，图 4.14（c）中真实峰与两侧虚假峰的位置间隔为 12m，与式（4.26）的计算结果 $\Delta R = 12m$ 相符。此时，目标真实峰与两侧虚假峰能够分开，通过截取的方法能够获取目标真实距离像。

利用 OMP 求解式（4.39），得到距离像重构结果如图 4.14（d）所示。通过求解优化问题，虚假峰被有效消除且目标真实位置处的峰值幅度也在重构过程中得到良好补偿。对重构得到的距离像进行傅里叶逆变换，即可得到重构的目标回波。

当间歇收发周期增加时，将会出现距离像中散射点峰值重合的情况。例如，$T_s = 1.1\mu s$，为满足式（4.27）与收发占空比 $D = 0.25$，有 $\tau = 0.275\mu s$。此时 $\Delta R = 5.45m$，由于目标散射点分布范围为 $-4m \sim 4m$，间歇收发回波距离像中相邻虚假峰与目标真实峰发生重合，如图 4.15 所示。

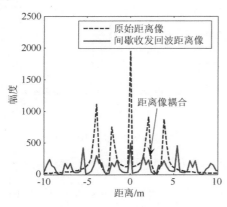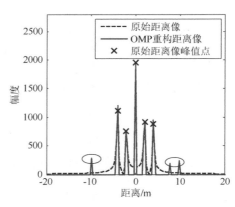

（a）间歇收发与原始距离像对比结果　　　　　　　　（b）OMP 重构距离像

图 4.15　间歇收发距离像重构仿真结果对比（$T_s = 1.1\mu s$）

图 4.15（a）所示为间歇收发与原始距离像对比结果。此时，目标的真实峰与两侧虚假峰重合，频域截取的方法难以获得目标真实距离像。T_s 进一步增加，还将导致重合程度变大。

图 4.15（b）中，OMP 算法能够重构得到目标所有散射点峰值位置。但是，重构峰值幅度与实际峰值幅度相比，偏差变大。重构结果中还存在部分幅度较高的虚假峰，如图 4.15（b）中圈出来的位置。这是当收发占空比 D 不变时，T_s 增加使得每个发射短脉宽增大，间歇收发的时域分段采样集中于该短脉宽 τ 内。虽然总采样数据没有改变，但当 T_s 较大时，采样数据的分布更加集中，降低了数据的分布范围与随机性，导致重构性能变差。

3. 伪随机间歇收发距离像重构仿真结果

调整收发周期可以改变感知矩阵 A，并影响重构性能。令 $T_{s_n} \in [0.5\mu s, 0.8\mu s]$，间隔为 $0.1\mu s$，τ_n 对应为 $0.125\mu s$，$0.15\mu s$，$0.175\mu s$，$0.2\mu s$，得到仿真结果如图 4.16 所示。

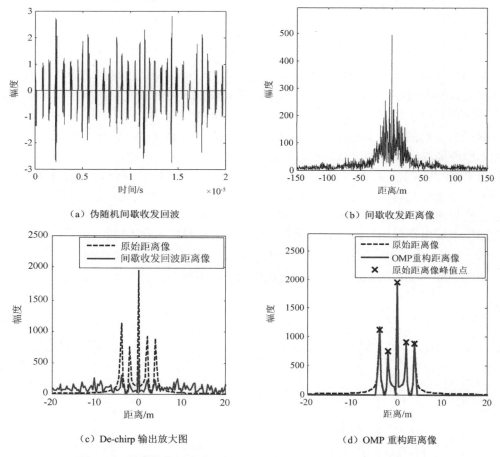

（a）伪随机间歇收发回波

（b）间歇收发距离像

（c）De-chirp 输出放大图

（d）OMP 重构距离像

图 4.16　间歇收发距离像重构仿真结果对比（$T_{s_n} \in [0.5\mu s, 0.8\mu s]$）

可以发现，由于 T_{s_n} 是随机的，图 4.16（a）的时域波形不同于图 4.14（c）中均匀的收发波形。在式（4.26）中，当 T_{s_n} 随机变化时，De-chirp 输出目标真实峰的位置和幅度均不受影响，但两侧虚假峰由于 T_{s_n} 不固定而不能形成累积，从而降低了其幅度，有利于改善重构性能。因此，在图 4.16（b）与图 4.16（c）中，随机收发之后，目标周期延拓的虚假距离像并不显著，目标实际峰值位置附近出现了杂乱的峰值点，与理论分析一致。此外，由于 T_{s_n} 在 $[0.5\mu s, 0.8\mu s]$ 内变动，距离像中散射点峰值重合并不严重，仍可在图 4.16（c）中观察到目标散射点峰值。

T_{s_n} 随机变化还能增加时域分段采样的随机性，改善了感知矩阵 A 的性能和重构效果。利用 OMP 得到重构距离像如图 4.16（d）所示，目标所有散射点均被有效重构。与实际目标距离像相比，重构结果较为精确。

为说明伪随机间歇收发的优势，对 $T_{s_n} \in [0.5\mu s, 1.1\mu s]$ 时进行仿真，如图 4.17 所示。

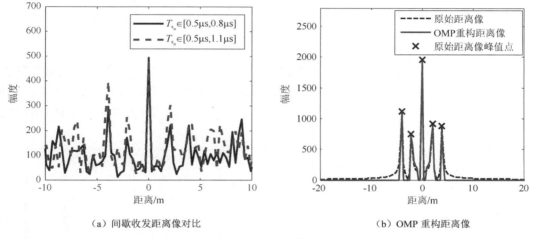

　　（a）间歇收发距离像对比　　　　　　　　　　（b）OMP 重构距离像

图 4.17　间歇收发距离像重构仿真结果对比（$T_{s_n} \in [0.5\mu s, 1.1\mu s]$）

图 4.17（a）为 $T_{s_n} \in [0.5\mu s, 1.1\mu s]$ 与 $T_{s_n} \in [0.5\mu s, 0.8\mu s]$ 的间歇收发 De-chirp 波形对比。可以发现，当 T_s 的随机变化范围改变后，目标真实峰值点与相邻虚假峰的重合更加严重。

然而，由于间歇收发的时域采样随机性增强，保证了感知矩阵 A 中的列不相关性。相比收发周期为 1.1μs，伪随机间歇收发更好地满足了 RIP 条件，重构效果得到改善。图 4.17（b）与图 4.15（b）对比可以发现，间歇收发周期随机变化时，重构距离像并未出现多余峰值，因此重构效果更好。

进一步，当 $T_{s_n} \in [0.8\mu s, 1.1\mu s]$ 时，得到仿真结果如图 4.18 所示。

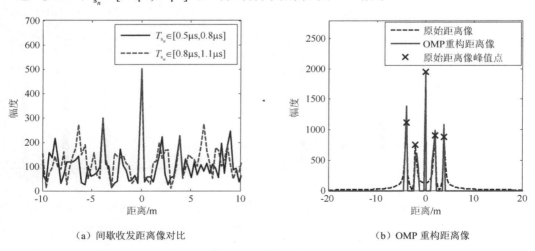

　　（a）间歇收发距离像对比　　　　　　　　　　（b）OMP 重构距离像

图 4.18　间歇收发距离像重构仿真结果对比（$T_{s_n} \in [0.8\mu s, 1.1\mu s]$）

根据仿真结果，与 $T_{s_n} \in [0.5\mu s, 0.8\mu s]$ 所得距离像相比，图 4.18（a）中峰值重合程度进一步增加，波形起伏也更为剧烈。此外，由于收发周期增大，与图 4.17（b）相比，图 4.18（b）的 OMP 重构距离像中部分峰值点的幅度与真实峰值点的幅度偏差增大。但是，伪随机间歇收发使感知矩阵 A 较好地满足了 RIP 条件，距离像中所有目标峰值点均能被有效重构，从而验证了伪随机间歇收发方法的优势。

4. 重构性能分析

1）感知矩阵 RIP 条件分析

感知矩阵 A 是否满足 RIP 条件的计算比较困难，但是通过对比感知矩阵 A 与高斯随机矩阵的 Gram 矩阵特征值，可以分析伪随机间歇收发感知矩阵 A 的 RIP 性质。为提高仿真效率，对于高斯矩阵与感知矩阵 A，令 $M = 32$，$N = 80$，然后对不同的稀疏度 K，计算 Gram 矩阵特征值，如图 4.19 所示。

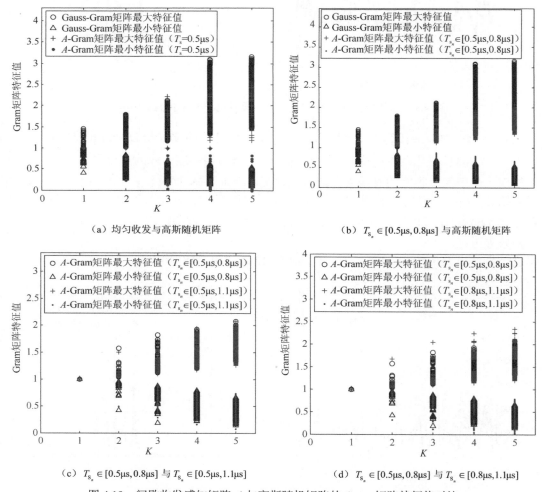

（a）均匀收发与高斯随机矩阵　　　　　　　　（b）$T_{s_n} \in [0.5\mu s, 0.8\mu s]$ 与高斯随机矩阵

（c）$T_{s_n} \in [0.5\mu s, 0.8\mu s]$ 与 $T_{s_n} \in [0.5\mu s, 1.1\mu s]$　　　（d）$T_{s_n} \in [0.5\mu s, 0.8\mu s]$ 与 $T_{s_n} \in [0.8\mu s, 1.1\mu s]$

图 4.19　间歇收发感知矩阵 A 与高斯随机矩阵的 Gram 矩阵特征值对比

图 4.19（a）和图 4.19（b）分别为均匀收发和 $T_{s_n} \in [0.5\mu s, 0.8\mu s]$ 的随机收发感知矩阵 A 与高斯随机矩阵的 Gram 矩阵特征值计算结果。由图 4.19（a）可以发现，随着稀疏度 K 增加，

两种矩阵最大特征值和最小特征值逐渐偏离 1。但是，均匀收发观测的随机性较差，当 $K \geqslant 3$ 时，部分特征值偏离 1 的程度大于高斯随机矩阵。在图 4.19（b）中，当 $T_{s_n} \in [0.5\mu s, 0.8\mu s]$ 时，所得感知矩阵的 Gram 矩阵特征值偏离 1 的程度均小于高斯随机矩阵。由于高斯随机矩阵满足 RIP 性质，可以认为此时随机收发感知矩阵 A 也满足 RIP 性质。此外，相比均匀收发，随机收发的 RIP 性质更好。

图 4.19（c）和图 4.19（d）为不同随机收发的 Gram 特征值对比结果。在图 4.19（c）中，$T_{s_n} \in [0.5\mu s, 1.1\mu s]$ 与 $T_{s_n} \in [0.5\mu s, 0.8\mu s]$ 的随机收发 Gram 矩阵特征值偏差基本一致，因此两者重构性能相差不大。在图 4.19（d）中，当 $K \geqslant 2$ 时，$T_{s_n} \in [0.8\mu s, 1.1\mu s]$ 所得 Gram 矩阵特征值的偏差大于 $T_{s_n} \in [0.5\mu s, 0.8\mu s]$ 所得 Gram 矩阵特征值的偏差。因此，$T_{s_n} \in [0.8\mu s, 1.1\mu s]$ 对应的伪随机间歇收发重构性能略差。

2）收发参数选择方法

根据图 4.19（c）和图 4.19（d）所示，$A_T^H A_T$ 特征值与 1 的偏差随收发周期增加而变大，表明 A 的 RIP 条件无法满足，造成 HRRP 重构性能变差。为获得较好的重构性能，下面给出伪随机间歇收发周期 T_{s_n} 的选择方法。

（1）T_{s_n} 要大于 $\tau + 2(R_0 + L)/c$ 以保证回波能被有效接收。

（2）T_{s_n} 的最大值需要通过验证矩阵 A 的 RIP 条件得到，根据 A 的 Gram 矩阵特征值仿真结果，在上述仿真条件下，$T_{s_n} \in [0.8\mu s, 1.1\mu s]$ 时，RIP 条件不能被很好满足，因此，最大 T_{s_n} 为 $1.1\mu s$。

（3）当 $T_{s_n} \in \left[\tau + 2(R_0 + L)/c, \, cT_p/(2BL) \right]$ 时，伪随机间歇收发的感知矩阵 A 能够很好地保证 RIP 条件，因此，较小的 T_{s_n} 能够有效提高 HRRP 重构效果。

此外，最小观测数据可以在感知矩阵 A 满足 RIP 条件时获得，此时 A 的 Gram 矩阵特征值与高斯矩阵的 Gram 矩阵特征值相近。通常，长度为 N 的稀疏度 K 可压缩信号可以从 M 个随机高斯观测中重构，且 M 满足：

$$M \geqslant K \ln(N) \tag{4.40}$$

假设 $\tau_{\min}$ 为每个子脉冲的最小持续时间，其对应的采样点数为 $n_{s_{n\min}}$，则有

$$\tau_{\min} = \frac{T_p n_{s_{n\min}}}{N} \tag{4.41}$$

当 $T_{s_n} \in \left[T_{s_{\min}}, T_{s_{\max}} \right]$ 时，在 T_p 时长内，子脉冲最多为 $T_p / T_{s_{\min}}$，最少为 $T_p / T_{s_{\max}}$。由于 T_{s_n} 是均匀分布的，那么脉冲时长内的平均子脉冲个数为

$$\hat{N}_p = \text{round}\left[\left(T_p/T_{s_{\min}} + T_p/T_{s_{\max}} \right)/2 \right] \tag{4.42}$$

式中，round(·) 表示四舍五入运算。

假如间歇收发每个子脉冲持续时间都是最少的，可知总的观测数据为

$$M = \hat{N}_p n_{s_{n\min}} \tag{4.43}$$

根据式（4.40）与式（4.41），$\tau_{\min}$ 需要满足：

$$\tau_{\min} \geqslant \frac{K \ln(N)}{N \hat{N}_p} T_p \tag{4.44}$$

可以发现，最小子脉冲时长由收发周期 T_{s_n} 决定，为获得更好的 HRRP 重构性能，在式（4.27）与式（4.44）的约束条件下，需要选择尽可能长的 τ。

　　3）距离像重构概率分析

　　假设目标模型中 $-4m \sim 4m$ 的散射点依次为 $1 \sim 5$，简便起见，分析在不同信噪比（SNR）下，散射点 1 与 3 的重构概率。对于宽带脉冲雷达，定义输出 SNR 为目标一维距离像峰值幅度与噪声均值之比：

$$\text{SNR} = \frac{\max\left(|A_{\text{sw}}|^2\right)}{\overline{|A_n|^2}} \qquad (4.45)$$

式中，A_{sw} 为目标所处距离单元的信号幅度，$\overline{|A_n|^2}$ 为对噪声幅度平方取均值，由测量噪声 ξ 决定。

　　通常当重构信息与原始信息残差小于一定值时，可以认为重构成功。在距离像重构中，当重构峰值位置 $P_{\text{os}}(\text{peaks})$ 小于距离分辨单元，且归一化幅度偏差 $A_{\text{dev}}(\text{peaks})$ 均满足一定条件时，重构距离像与原始距离像残差满足重构条件，可以认为重构成功。

$$\begin{cases} P_{\text{os}}(\text{peaks}) \leqslant R_{\text{r}} \\ A_{\text{dev}}(\text{peaks}) \leqslant \gamma \end{cases} \qquad (4.46)$$

式中，R_{r} 表示距离分辨率，根据仿真参数有 $R_{\text{r}} = 0.3\text{m}$，$\gamma$ 表示幅度偏差门限，仿真中取 0.5。根据式（4.46）仿真得到不同收发方法的重构概率，如图 4.20 所示。

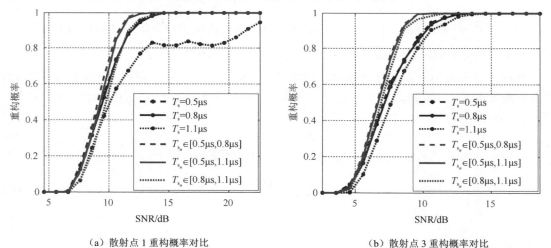

　　（a）散射点 1 重构概率对比　　　　　　　　　（b）散射点 3 重构概率对比

图 4.20　不同散射点重构概率对比

　　图 4.20（a）所示为散射点 1 重构概率对比。对于均匀间歇收发，在相同 SNR 条件下，重构概率随 T_s 的增加而降低。$T_s = 0.8\mu s$ 得到的间歇收发回波，仍然较好地保证了稀疏采样的时域分布特性，因此重构性能与 $T_s = 0.5\mu s$ 基本一致。对于伪随机间歇收发，$T_{s_n} \in [0.5\mu s, 0.8\mu s]$ 的重构性能明显优于 $T_s = 0.5\mu s$ 与 $T_s = 0.8\mu s$ 的均匀间歇收发，这是伪随机间歇收发提高回波时域采样的随机性带来的优势。当 $T_{s_n} \in [0.5\mu s, 1.1\mu s]$ 时，重构性能略低于 $T_{s_n} \in [0.5\mu s, 0.8\mu s]$ 的随机收发方法，这与图 4.19（c）中 Gram 矩阵特征值的分析结论相符。同时在该收发参数下，

重构性能远优于 $T_s = 1.1\mu s$ 的均匀间歇收发方法。此外，当 $T_{s_n} \in [0.8\mu s, 1.1\mu s]$ 时，由于收发周期的增加，重构性能降低，与 $T_s = 0.5\mu s$ 和 $T_s = 0.8\mu s$ 基本一致，但优于 $T_s = 1.1\mu s$ 的均匀收发重构性能。

图 4.20（b）所示为散射点 3 重构概率对比。由于散射点 1 的 RCS 最大，在相同 SNR 条件下，图 4.20（b）中散射点 3 的重构概率高于图 4.20（a）中散射点 1 的重构概率。同时，当均匀间歇收发时，$T_s = 1.1\mu s$ 的重构概率最低。此外，三种随机收发方法的重构概率基本一致，且优于均匀间歇收发方法。这是由于伪随机间歇收发能更好地实现回波的随机采样，重构成功率得到提升。

总体而言，虽然不同间歇收发所得稀疏采样数据量基本一致，但在均匀间歇收发时，T_s 增加将使得回波稀疏采样主要集中在 τ 内，时域采样的随机性不如伪随机间歇收发，使得重构性能下降。

由于目标包含多个散射点，当所有散射点的距离像峰值均被有效重构时，可以认为距离像重构成功。根据式（4.46），统计距离像重构概率，如图 4.21 所示。

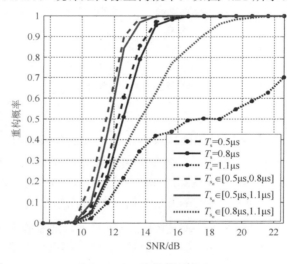

图 4.21　距离像重构概率

在图 4.21 中，$T_s = 1.1\mu s$ 的均匀间歇收发在高 SNR 条件下重构概率仍不能达到 100%，这是由于目标部分散射点的 RCS 较小，当收发周期较大时，伪随机间歇收发难以满足感知矩阵 RIP 特性。同时，对于伪随机间歇收发，$T_{s_n} \in [0.5\mu s, 0.8\mu s]$ 和 $T_{s_n} \in [0.5\mu s, 1.1\mu s]$ 的距离像重构概率均优于 $T_s = 0.5\mu s$ 和 $T_s = 0.8\mu s$ 的均匀间歇收发方法。当收发周期增加至 $T_{s_n} \in [0.8\mu s, 1.1\mu s]$ 时，重构概率有所下降，但仍然优于 $T_s = 1.1\mu s$ 的均匀间歇收发方法。因此，选择较小的随机收发周期，能够改善距离像重构性能。

综合仿真结果可得如下结论：

（1）伪随机间歇收发稀疏观测能有效解决微波暗室内脉冲雷达信号收发遮挡问题。

（2）结合间歇收发控制信号与参考信号构建观测模型，利用压缩感知能够实现目标距离像的良好重构。同时，伪随机间歇收发稀疏观测的方法能有效降低距离像中虚假峰的幅度，改善距离像重构性能，重构结果优于均匀间歇收发。

（3）均匀间歇收发周期的增加会导致距离像真假峰的重合。在伪随机间歇收发中，应尽量避免较大的收发周期，在降低虚假峰幅度的基础上，减小真假峰的重合程度，同时增加观察数据的随机性，从而改善重构性能。

  5. 目标信息重构一致性分析

  观测矩阵 $\boldsymbol{\Phi}$ 是由间歇收发控制信号与 De-chirp 参考信号构成的，利用该复数矩阵，在一定的收发参数条件下，通过重构算法能够得到距离像的实部和虚部，从而得到距离像的峰值幅度、位置和相位信息。前面通过距离像对比和重构概率分析，已经验证了峰值幅度和位置与完整脉冲回波距离像的一致性。下面主要对重构 HRRP 的相位一致性进行分析。

  假设信号脉宽仍为 $T_\mathrm{p}=20\mu s$，波长为 0.03m，LFM 信号带宽 $B=500\mathrm{MHz}$，目标与雷达距离为 $R=45\mathrm{m}$。目标强散射点位置分布和强度分布与图 4.13（a）相同，分别对均匀、伪随机间歇收发得到的目标回波进行 HRRP 重构，得到相位对比结果，如表 4.1 所示，其中峰值点-4m～4m 依次为 1～5。

表 4.1　距离像峰值点相位对比

收 发 方 式	峰值点 1/rad	峰值点 2/rad	峰值点 3/rad	峰值点 4/rad	峰值点 5/rad
完整脉冲	1.2769	−1.5593	0.0590	−0.8011	2.7188
$T_\mathrm{s}=0.5\mu s$	1.2825	−1.5667	0.0741	−0.8002	2.7141
$T_\mathrm{s}=1.1\mu s$	1.3987	−1.6194	0.0111	−0.7132	2.5672
$T_{\mathrm{s}_n}\in[0.5\mu s,0.8\mu s]$	1.2877	−1.5579	0.0641	−0.8186	2.7102
$T_{\mathrm{s}_n}\in[0.5\mu s,1.1\mu s]$	1.2818	−1.5775	0.0718	−0.8252	2.7515
$T_{\mathrm{s}_n}\in[0.8\mu s,1.1\mu s]$	1.2178	−1.4192	0.0637	−0.9810	2.6916

  根据表 4.1 的仿真结果，对于均匀间歇收发，当收发周期较小时（如 $T_\mathrm{s}=0.5\mu s$ 时）重构距离像峰值点相位与实际相位相差很小，能够较好地保留相位信息。随着收发周期增大，重构距离像峰值点与完整脉冲距离像峰值点的相位偏差变大，如在 $T_\mathrm{s}=1.1\mu s$ 时。

  对于伪随机间歇收发，当 $T_{\mathrm{s}_n}\in[0.5\mu s,0.8\mu s]$ 时，峰值点相位与均匀间歇收发 $T_\mathrm{s}=0.5\mu s$ 基本一致，与完整脉冲所得距离像峰值点的相位差也非常小。随着收发周期变大，相位偏差略有增加，但均小于 $T_\mathrm{s}=1.1\mu s$ 的结果。因此，随机收发方法的重构性能更好，且通过重构能够精确得到距离像峰值点相位，从而说明了重构距离像与完整脉冲距离像的一致性。

4.3.2　基于压缩感知的 PCM 信号回波与信息重构

  在选择稀疏变换基时，应遵循使信号在该稀疏基下的稀疏系数尽可能少，这样有利于获得较好的重构性能。目前较为常用的稀疏基主要有正余弦基、快速傅里叶变换基、小波基等，它们都是基于正交线性变换的稀疏基，通常适用于某些特定类型的信号，具有一定的局限性。

  随后，有学者提出构造一个超完备的冗余字典作为信号的稀疏变换基，字典里的每个原子为一个基函数，它们具备广泛的时频特性，因此可以从字典里找到最佳线性组合的 K 个原子来表示信号。常见的超完备冗余字典有 Gabor 字典和匹配字典。因此，在对雷达回波进行稀疏表示时，可结合雷达信号自身特性灵活选择稀疏变换基，使回波在该变换基下尽可能稀疏。下面以 PCM 信号为例，分别讨论间歇收发回波在匹配滤波变换域和波形时延字典下信号的稀疏表示及回波重构方法。

4.3.2.1　基于匹配滤波变换基的回波与信息重构

1. 匹配滤波变换基的构造

由于雷达信号在频域中并不是稀疏的，如 PCM 信号，但其经过匹配滤波处理后的距离像通常具有良好的稀疏性，因此，可将回波在匹配滤波变换域下进行稀疏分解。假设完整 PCM 回波信号为 $x_r(t)$，参考信号为 $x_{ref}(t)$，且有 $x_{ref}(t) = x(t)$，$x(t)$ 为发射信号。设 $x_m(t)$ 为匹配滤波输出结果，则有

$$
\begin{aligned}
x_m(t) &= x_r(t) * x^*(-t) \\
&= x_r(t) * x_{ref}^*(-t)
\end{aligned}
\tag{4.47}
$$

式中，"$*$"表示卷积运算，$x_{ref}^*(-t)$ 表示取 $x_{ref}(-t)$ 的共轭运算。

对式（4.47）进行傅里叶变换为

$$
X_m(f) = X_{ref}^*(f) X_r(f)
\tag{4.48}
$$

式中，$X_m(f)$ 为 $x_m(t)$ 的频谱，$X_{ref}^*(f)$ 为 $x_{ref}^*(t)$ 的频谱，$X_r(f)$ 为 $x_r(t)$ 的频谱。

对式（4.48）中的信号进行离散采样，令 $\boldsymbol{X}_{ref}' = \mathrm{diag}\left\{ X_{ref}^*(0)^{-1}, X_{ref}^*(1)^{-1}, \cdots, X_{ref}^*(N-1)^{-1} \right\}$ 为 $N \times N$ 的对角矩阵，$\boldsymbol{X}_m = [X_m(0), X_m(0), \cdots, X_m(N-1)]^T$ 为 $N \times 1$ 的矩阵，表示回波匹配滤波后的频谱，$\boldsymbol{X}_r = [X_r(0), X_r(1), \cdots, X_r(N-1)]^T$ 为 $N \times 1$ 的矩阵，表示回波的频谱。从而得到：

$$
\boldsymbol{X}_{ref}' \boldsymbol{X}_m = \boldsymbol{X}_r
\tag{4.49}
$$

若 $\boldsymbol{F}$ 表示傅里叶变换矩阵，$\boldsymbol{F}^{-1}$ 表示傅里叶逆变换矩阵，对（4.49）两边同时乘以 $\boldsymbol{F}^{-1}$ 得到：

$$
\begin{aligned}
\boldsymbol{F}^{-1} \boldsymbol{X}_{ref}' \boldsymbol{X}_m &= \boldsymbol{F}^{-1} \boldsymbol{X}_r \\
&= \boldsymbol{x}_r
\end{aligned}
\tag{4.50}
$$

根据式（4.33），令 $\boldsymbol{\Phi} = \boldsymbol{P}_1$ 作为观测矩阵，则有

$$
\boldsymbol{y}_{ITR} = \boldsymbol{\Phi} \boldsymbol{x}_r
\tag{4.51}
$$

式中，$\boldsymbol{y}_{ITR}$ 为回波 $\boldsymbol{x}_r$ 经过 $\boldsymbol{\Phi}$ 观测得到的结果。

把式（4.50）代入式（4.51）中可以得到：

$$
\begin{aligned}
\boldsymbol{y}_{ITR} &= \boldsymbol{\Phi} \boldsymbol{F}^{-1} \boldsymbol{X}_{ref}' \boldsymbol{X}_m \\
&= \boldsymbol{\Phi} \boldsymbol{F}^{-1} \boldsymbol{X}_{ref}' \boldsymbol{F} \boldsymbol{x}_m
\end{aligned}
\tag{4.52}
$$

式中，$\boldsymbol{X}_m = \boldsymbol{F} \boldsymbol{x}_m$。令 $\boldsymbol{\Psi} = \boldsymbol{F}^{-1} \boldsymbol{X}_{ref}' \boldsymbol{F}$ 为匹配滤波变换基，则式（4.52）可以写为

$$
\boldsymbol{y}_{ITR} = \boldsymbol{\Phi} \boldsymbol{\Psi} \boldsymbol{x}_m = \boldsymbol{A} \boldsymbol{x}_m
\tag{4.53}
$$

通过选择合适的算法求解下式可以实现回波重构：

$$
\min_{\boldsymbol{x}_m} \left\| \boldsymbol{x}_m \right\|_1 \quad \text{s.t.} \quad \boldsymbol{y}_{ITR} = \boldsymbol{A} \boldsymbol{x}_m
\tag{4.54}
$$

2. 重构流程

综合上文，基于匹配滤波变换基的重构流程如图 4.22 所示，实现信号重构的三个核心步骤如下。

（1）对 PCM 信号进行间歇收发得到目标回波，同时根据收发参数构造出观测矩阵。

（2）利用匹配滤波变换基对信号进行稀疏分解，并与间歇收发观测矩阵相乘得到传感矩阵。

（3）选择合适的重构算法从观测值中求解回波。

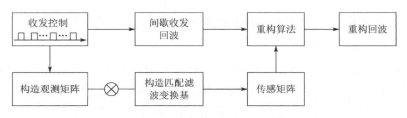

图 4.22　基于匹配滤波变换基的重构流程

4.3.2.2　基于波形时延字典的回波与信息重构

1. 波形时延字典的构造

匹配字典里的原子可以自适应地根据信号本身的特点灵活选取，其基函数是根据信号的不同特点，按照与信号最匹配的原则来选取的。当采用这种方法时，可以极大地降低原子的数量，提高运行效率，但是采用该字典的缺点在于必须知道信号的确切模型。

在暗室仿真中进行目标测量时，雷达的发射信号是已知的，而不同回波之间的差异在于不同的时延，如果将任意时延的回波信号 $x(t-t_i)$ 看成匹配字典中的一个原子，其中，$t_i = 2R_i / c$ 为第 i 个回波时延，R_i 为该时延下目标到天线之间的距离，构造发射信号的回波时延匹配字典为

$$\boldsymbol{\Psi} = \left\{ x(t-2\times\frac{R_0}{c}), x(t-2\times\frac{R_0+\Delta R}{c}), \cdots, x(t-2\times\frac{R_0+i\Delta R}{c}), \cdots, x(t-2\times\frac{R_1}{c}) \right\}_{N\times N} \quad (4.55)$$

式中，对应脉宽为 T_p 的信号，其距离测量范围是 $\left[0, cT_p/2\right]$，因此，最多对应有 N 个回波，每个回波采样点数为 N，从而有 $\boldsymbol{\Psi}$ 为 $N\times N$ 的矩阵。可见该匹配字典相对于回波信号是完备的，字典中的原子具有与发射信号相同的波形，并且每个原子是发射信号的不同延迟。实际暗室中的目标测量范围如果为 $[R_0, R_1]$，ΔR 为雷达信号距离分辨率，则有 $I = (R_1 - R_0) / \Delta R$ 个回波，此时 $\boldsymbol{\Psi}$ 为 $N\times I$ 的矩阵。

雷达回波在该匹配字典下的稀疏表示为

$$y_r = \boldsymbol{\Psi}\boldsymbol{\alpha} \quad (4.56)$$

式中，$\boldsymbol{\alpha}$ 为 $N\times1$ 的矢量，对应目标 K 个散射点位置处的值非零，因此，$\boldsymbol{\alpha}$ 可以视为目标距离像。

令观测矩阵 $\boldsymbol{\Phi} = \boldsymbol{P}_1$，得到间歇收发后的非零回波数据为

$$y_{ITR} = \boldsymbol{\Phi}\boldsymbol{\Psi}\boldsymbol{\alpha} = \boldsymbol{A}\boldsymbol{\alpha} \quad (4.57)$$

通过求解下述优化问题，能够重构得到目标回波及目标距离像 $\boldsymbol{\alpha}$：

$$\min_{\boldsymbol{\alpha}} \|\boldsymbol{\alpha}\|_1 \quad \text{s.t.} \quad y_{ITR} = \boldsymbol{A}\boldsymbol{\alpha} \quad (4.58)$$

常用的求解上述优化问题的算法主要有贪婪迭代算法、凸优化算法和基于贝叶斯框架的重构算法等。这里采用贪婪迭代算法中经典的正交匹配追踪（OMP）算法。以波形时延字典为变换矩阵，算法 1 给出了基于 OMP 算法的目标回波重构流程。

算法 1

输入：

感知矩阵 $\boldsymbol{A}$，$\boldsymbol{A} = \boldsymbol{\Phi}\boldsymbol{\Psi}$

非零间歇收发回波 y

输出：

重构距离像 $\hat{a}$

1: 初始化：残差为 $r_0 = y$，迭代次数为 $L = 2K$，迭代初始值为 $l = 0$，根据感知矩阵列下标得到索引矩阵 $\Lambda_0 = \varnothing$；

2: $l = l + 1$；

3: 计算内积 $C_j = \,<A_j, r_{l-1}>$，A_j 是矩阵 A 的第 j 列；

4: 更新索引矩阵 $\Lambda_l = \Lambda_{l-1} \cup \{j\}$，其中 $j = \arg\max\{C_j\}$；

5: $\alpha_l = (A_{\Lambda_l}^{\mathrm{T}} A_{\Lambda_l})^{-1} A_{\Lambda_l}^{\mathrm{T}} y$，$A_{\Lambda_l}$ 是根据索引矩阵 Λ_l 由感知矩阵 A 的列构成的矩阵；

6: 更新残差 $r_l = s_{\mathrm{ITR}} - A_{\Lambda_l} \alpha_l$；

7: 如果 $l = L$，则迭代终止且有 $\hat{a} = \alpha_l$，否则返回至步骤 2

2. 重构流程

对雷达信号进行间歇收发的处理不变，图 4.23 给出了基于波形时延字典的间歇收发回波重构流程。该重构流程需要根据雷达信号构建波形时延字典，利用收发控制信号得到观测矩阵，进而得到压缩感知重构模型。通过求解优化问题，能够得到重构的目标距离像及回波。

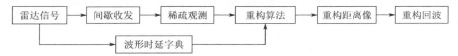

图 4.23　基于波形时延字典的间歇收发回波重构流程

4.3.2.3　仿真试验及结果分析

1. 基于匹配滤波变换基的重构结果

以匹配滤波变换基对 PCM 信号回波及目标信息重构进行仿真。PCM 信号的码元宽度为 $0.03\mu s$，采用 511 位二项编码，从而信号脉宽为 $15.33\mu s$。雷达发射电磁波波长为 0.3m，室内场发射功率为 1W，天线收发增益为 30dB，信噪比为 20dB，雷达与目标距离为 30m，目标三个散射点之间的距离为 30m、38m、46m，相应的散射系数为 0.5、1、0.9。收发周期满足 $T_s = 1\mu s$，收发脉宽 $\tau = 0.2\mu s$，得到仿真结果，如图 4.24 所示。

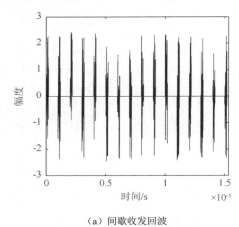

（a）间歇收发回波

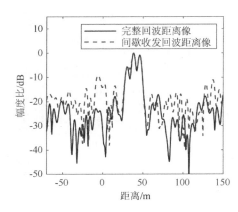

（b）回波距离像对比

图 4.24　收发周期为 T_s=1μs 时单散射点匹配滤波变换基重构回波及目标距离像

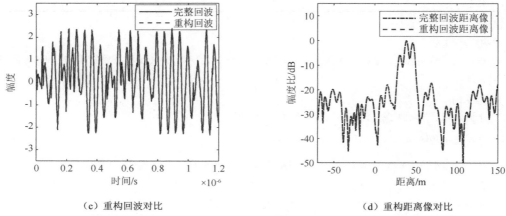

（c）重构回波对比

（d）重构距离像对比

图 4.24　收发周期为 $T_s=1\mu s$ 时单散射点匹配滤波变换基重构回波及目标距离像（续）

图 4.24（a）所示为间歇收发回波，利用该回波得到的距离像如图 4.24（b）所示，可以发现距离像具有较高的旁瓣。利用匹配滤波变换基得到的重构回波和距离像如图 4.24（c）和图 4.24（d）所示，其中重构的回波和距离像与原始回波和距离像基本吻合。

当收发周期在[0.6μs, 1.0μs]随机变化时，得到仿真结果，如图 4.25 所示。

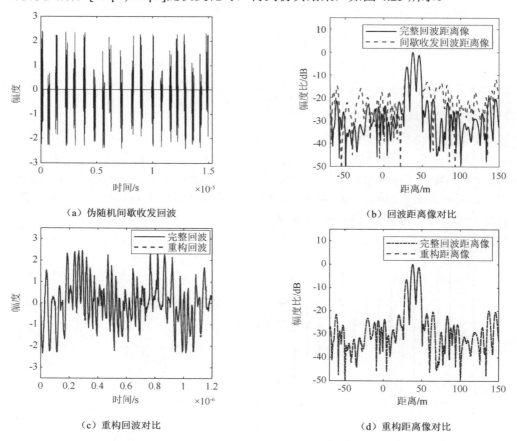

（a）伪随机间歇收发回波

（b）回波距离像对比

（c）重构回波对比

（d）重构距离像对比

图 4.25　收发周期为 $T_{s_n}\in[0.6\mu s,1.0\mu s]$ 时匹配滤波变换基回波及距离像重构结果

　　图 4.25（a）所示为伪随机间歇收发回波，利用该回波得到的距离像如图 4.25（b）所示，同样出现了较高的旁瓣。结合匹配滤波变换基进行回波和距离像重构，得到重构回波和距离像如图 4.25（c）和图 4.25（d）所示。可以发现，重构的回波和距离像与完整回波和目标真实距离像是吻合的，从而说明利用匹配滤波变换基进行回波和目标信息重构是有效的。

　　2. 基于波形时延字典的重构结果

　　设置 PCM 信号的码元宽度为 $0.03\mu s$，对于 511 位二项编码，信号脉宽为 $15.33\mu s$。当仿真参数考虑目标只有一个强散射点时，得到仿真结果，如图 4.26 所示。

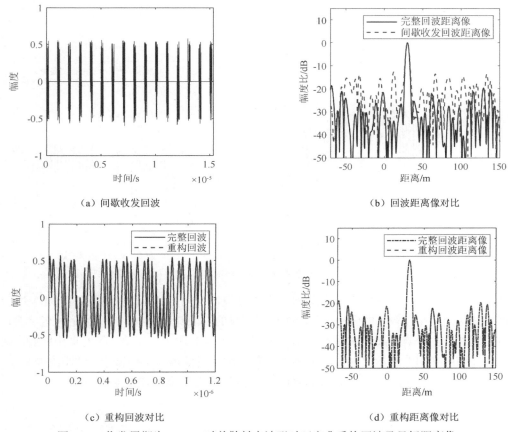

（a）间歇收发回波　　　　　　　　　　　　　（b）回波距离像对比

（c）重构回波对比　　　　　　　　　　　　　（d）重构距离像对比

图 4.26　收发周期为 $T_s=1\mu s$ 时单散射点波形时延字典重构回波及目标距离像

　　图 4.26（a）所示为间歇收发回波，利用该回波进行匹配滤波，得到的距离像如图 4.26（b）所示。可以发现，间歇收发后的回波有部分缺失，导致距离像旁瓣较高。利用波形时延字典，进行回波重构得到图 4.26（c）。基于该重构回波，能够得到距离像对比结果，如图 4.26（d）所示。可以发现，重构回波与完整的原始回波基本一致，因而得到的目标距离像也与完整回波距离像基本一致，使得图 4.26（b）中的旁瓣被有效抑制。

　　考虑多散射点目标模型，三个散射点之间的距离为 30m、38m、46m，相应的散射系数为 0.5、1、0.9。根据收发约束条件，得到收发参数需要满足 $T_s>0.507\mu s$ 和 $\tau\leqslant 0.2\mu s$，取收发周期 T_s 为 1μs，τ 为 0.2μs，得到仿真结果，如图 4.27 所示。

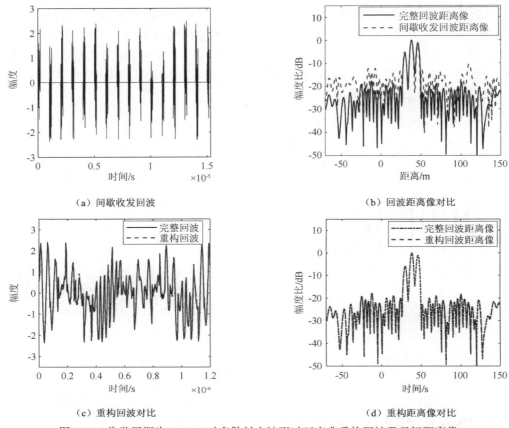

（a）间歇收发回波　　　　　　　　　　　　　（b）回波距离像对比

（c）重构回波对比　　　　　　　　　　　　　（d）重构距离像对比

图 4.27　收发周期为 $T_s=1\mu s$ 时多散射点波形时延字典重构回波及目标距离像

图 4.27（a）所示为间歇收发回波，经过匹配滤波，可以得到距离像如图 4.27（b）所示，图中所得距离像同样存在较高的旁瓣，从而对目标信息的获取造成影响。利用波形时延字典，重构得到目标回波及高分辨距离像如图 4.27（c）和图 4.27（d）所示。显然，经过重构以后，回波时域波形与完整脉冲回波波形相吻合，同时，得到的回波距离像也与完整脉冲回波距离像基本一致。

当收发周期在[0.6μs, 1.0μs]伪随机变化时，得到仿真结果，如图 4.28 所示。

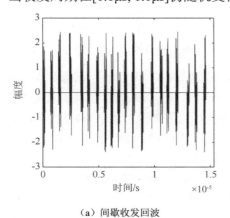
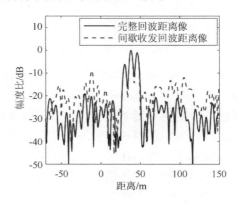

（a）间歇收发回波　　　　　　　　　　　　　（b）回波距离像对比

图 4.28　收发周期为 $T_{s_n} \in \left[0.6\mu s, 1.0\mu s\right]$ 时回波及距离像重构结果

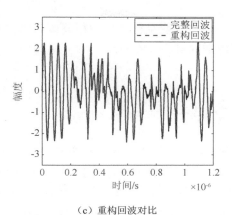

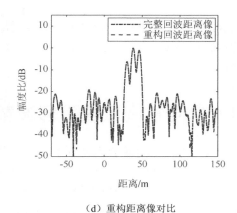

（c）重构回波对比　　　　　　　　　　　　（d）重构距离像对比

图 4.28　收发周期为 $T_{s_n} \in [0.6\mu s, 1.0\mu s]$ 时回波及距离像重构结果（续）

间歇收发回波如图 4.28（a）所示，得到的距离像仍然存在较高的旁瓣[见图 4.28（b）]。根据波形时延字典进行回波重构，得到图 4.28（c）和图 4.28（d）。可以发现，当收发周期随机变化时，重构的回波和目标距离像与完整脉冲回波基本一致，从而说明了波形时延字典的有效性。

为进一步分析不同收发周期的重构性能，同样采用相关系数对重构距离像进行评估：

$$r_{\text{similar}} = \frac{\text{Cov}[y_r(t), y(t)]}{\sqrt{\text{Var}[y_r(t)]\text{Var}[y(t)]}} \tag{4.59}$$

式中，$y(t)$ 为完整脉冲回波得到的目标距离像，$y_r(t)$ 为重构得到的距离像。

对不同收发周期，分别给出不同信噪比条件下的相关系数，如图 4.29 所示。

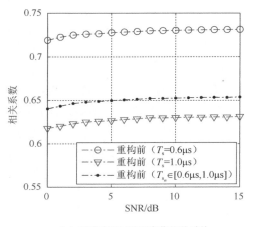

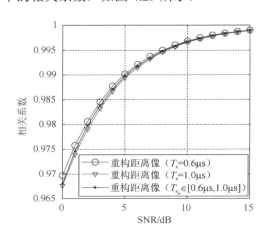

（a）间歇收发回波距离像相关系数　　　　　　　（b）重构距离像相关系数

图 4.29　不同信噪比条件下的距离像相关系数

图 4.29（a）所示为间歇收发回波距离像相关系数。可以发现，随着信噪比的增加，相关系数不断变大，说明信噪比的增加使得间歇收发回波的距离像与完整回波距离像更加接近。另外，对于收发周期较小的时候，如 $T_s = 0.6\mu s$，对应的相关系数大于收发周期增加后的相关系数，从而说明较小的收发周期有利于获得更好的相关性。图 4.29（b）所示为重构距离像相

关系数，可以发现重构之后的相关系数更加接近于 1，从而说明重构之后的距离像与完整脉冲回波距离像基本一致。此外，信噪比的增加和收发周期的减小，都有利于增大相关性，从而提高重构性能。

4.4　伪随机间歇收发回波重构优化设计

伪随机间歇收发周期决定了感知矩阵的 RIP 性质，并最终影响距离像的重构性能，因此，对收发周期序列的优化，可以进一步改善距离像重构性能。在整个脉冲时长内，多个收发周期 T_{s_n} 组成了完整的间歇收发回波，所以对感知矩阵的优化可以转变为一个多变量优化问题。遗传算法（Genetic Algorithm，GA）是模拟生物在自然环境中的遗传和进化过程，形成的一种自适应全局化概率搜索算法，在解决多变量组合优化问题中有明显的优越性。本节提出一种基于遗传算法的收发周期序列优化方法，使间歇收发感知矩阵各列互相关系数最小，从而改善矩阵的 RIP 性质，提高伪随机间歇收发的距离像重构性能。

4.4.1　遗传算法基本原理

遗传算法通过对多个变量解空间的不同区域进行多点搜索，保留最优解，淘汰最差解，得到较好的种群。进一步利用交叉与变异算法，保证种群的多样性。最后，通过多次迭代以最大概率得到全局最优解。遗传算法的基本运算过程如图 4.30 所示。

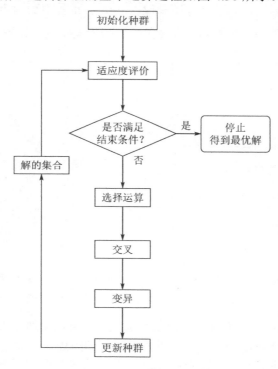

图 4.30　遗传算法基本运算过程

4.4.2　基于遗传算法的伪随机间歇收发优化方法

根据图 4.30 可知，首先要对伪随机间歇收发周期进行编码，得到初始化种群。假设雷达与目标距离 $R = 45\text{m}$。根据间歇收发周期约束条件式（4.27），在随机收发方法下，令 T_{s_n} 在 $[0.5\mu\text{s}, 0.8\mu\text{s}]$ 均匀分布，间隔为 $0.1\mu\text{s}$，那么 T_{s_n} 可取的值为 $0.5\mu\text{s}$、$0.6\mu\text{s}$、$0.7\mu\text{s}$、$0.8\mu\text{s}$。利用两位二进制对四种周期进行编码，分别为 00、01、10、11。例如，当雷达脉冲宽度为 $5\mu\text{s}$ 时，若伪随机间歇收发周期为

$$0.8\mu\text{s}, 0.6\mu\text{s}, 0.5\mu\text{s}, 0.6\mu\text{s}, 0.7\mu\text{s}, 0.7\mu\text{s}, 0.6\mu\text{s}, 0.6\mu\text{s} \tag{4.60}$$

则可以得到对应的二进制编码为

$$11\ 01\ 00\ 01\ 10\ 10\ 01\ 01 \tag{4.61}$$

此外，当雷达脉冲宽度增加时，所得二进制编码序列将会变长。

编码之后，需要产生初始种群，并对初始种群进行适应度评价。在伪随机间歇收发中，通过改变收发序列能够提高感知矩阵的 RIP 性质。当感知矩阵的 Gram 矩阵特征值越接近 1 时，其 RIP 性质能够得到较好的满足。然而，Gram 矩阵的计算复杂度太高，且难以构造适应度评价函数。由于感知矩阵的 RIP 性质与其 Gram 矩阵特征值、列的互相关系数等价，因此，可以采用矩阵列的最小互相关系数作为适应度函数的评价标准。

令 $\{a_i\}$ 为间歇收发感知矩阵 A 的各列，其中 $0 \leqslant i < N$。定义各列的互相关系数为归一化内积的绝对值，选取最大的互相关系数：

$$\rho(A) = \max_{0 \leqslant k, j < N, k \neq j} \frac{\left| a_k^\text{H} a_j \right|}{\left\| a_k^\text{H} \right\|_2 \left\| a_j \right\|_2} \tag{4.62}$$

式中，j、k 分别表示感知矩阵 A 的第 j、k 列，分别用 a_j 和 a_k 表示，a_k^H 表示 a_k 的共轭转置。

当矩阵 A 各列的最大互相关系数达到最小时，可使得 RIP 性质最优，从而有

$$f_\text{opt}(T_{s_n}) = \min\left[\rho(A) \right], \quad T_{s_n} \in P \tag{4.63}$$

式中，P 为收发周期 T_{s_n} 的随机变化范围，可以根据式（4.27）进行设置。

在遗传算法中，适应度评价一般选取最大值函数。因此，对于不同间歇收发周期构成的 A，当最大互相关系数 $\rho(A)$ 最小时，有如下适应度函数：

$$F(T_{s_n}) = \max \frac{1}{\rho(A)}, \quad T_{s_n} \in P \tag{4.64}$$

对种群进行适应度评价之后，需要选择较优的种群进行下一步操作，这里采用轮盘赌方法进行选择运算。交叉运算是对种群中每个个体的编码序列进行交换的，通过双点交叉方法随机挑选两个个体，通过随机产生的交叉点和交叉概率进行交叉运算。然后，利用交叉运算所得的种群，采用单点变异执行变异运算。更新种群，并得到相应的适应度值。最后，判断是否满足结束条件，若不满足，则进行下一轮迭代。下面给出具体算法步骤。

步骤 1：初始化种群。根据式（4.60）和式（4.61），结合收发周期 T_{s_n} 取值范围确定二进制编码序列的长度。根据脉冲长度 T_p，得到所有间歇收发周期组成的编码序列，作为初始种

群的单个个体。产生 M 组间歇收发周期序列，通过编码得到初始种群。

步骤 2：对种群中每个个体的适应度进行计算。利用种群中的序列，通过解码、感知矩阵构建和互相关系数的计算，结合式（4.64）得到该个体的适应度。

步骤 3：对每个个体适应度进行评价决定是否进行下一步迭代。若适应度值满足结束条件，则得到优化结果。否则，进行下一步迭代。

步骤 4：根据步骤 3 得到的适应度，进行选择运算。采用轮盘赌的方法进行个体选择，同时，根据精英保留策略，保留该种群中的最优个体 $\left\{T_{s_n}\right\}_k$ ，其中 $1 \leqslant k \leqslant M$ 。

步骤 5：对步骤 4 所得种群进行交叉运算。采用双点交叉的方法，随机选择交叉位置和交叉个体，得到新的种群，交叉概率为 P_c 。

步骤 6：对步骤 5 所得种群进行变异运算，得到新的种群。采用单点变异的方法，随机选择变异个体和变异位置进行变异运算，变异概率为 P_m 。

步骤 7：根据精英保留策略，更新步骤 6 所得种群。若步骤 4 中所得个体 $\left\{T_{s_n}\right\}_k$ 比步骤 6 所得种群中最差个体的适应度高，则将最差个体替换为 $\left\{T_{s_n}\right\}_k$ ，更新得到新的种群。然后对种群进行解码得到解的集合，循环执行步骤 2 到步骤 7 操作。

4.4.3　仿真试验与结果分析

4.4.3.1　感知矩阵互相关系数优化结果

根据优化步骤，分别对 T_{s_n} 在 $[0.5\mu s, 0.8\mu s]$ 、 $[0.5\mu s, 1.2\mu s]$ 和 $[0.8\mu s, 1.1\mu s]$ 均匀分布，间隔为 $0.1\mu s$ 时的收发序列进行优化。当 T_{s_n} 在 $[0.5\mu s, 0.8\mu s]$ 和 $[0.8\mu s, 1.1\mu s]$ 均匀分布时，收发周期有 4 种取值情况，采用两位二进制编码即可。当 T_{s_n} 在 $[0.5\mu s, 1.2\mu s]$ 均匀分布时，收发周期有 8 种取值情况，需要采用三位二进制编码。遗传算法中交叉概率 P_c 为 0.57，变异概率为 $P_m = 0.002$ ，初始化种群数 $M = 75$ 。

脉冲雷达信号周期 T_p 为 $20\mu s$ ，带宽 $B = 500MHz$ 。由于不同的间歇收发周期对应的序列长度不同，因此，在初始化种群时，选择了冗余的收发周期序列完成优化算法。进行适应度评价时，选取前 $20\mu s$ 的收发周期长度进行计算，最终得到初始化种群中的间歇收发随机序列与优化序列，如表 4.2～表 4.4 所示。

表 4.2　间歇收发序列优化前后结果（ $T_{s_n} \in [0.5\mu s, 0.8\mu s]$ ）

	0.8	0.8	0.8	0.5	0.7	0.7	0.8	0.7	0.6	0.7	0.8
优 化 前	0.7	0.5	0.8	0.5	0.7	0.5	0.6	0.8	0.5	0.8	0.7
	0.6	0.5	0.6	0.8	0.5	0.7	0.7	0.7			
	0.7	0.8	0.5	0.5	0.8	0.8	0.8	0.5	0.5	0.8	0.7
优 化 后	0.7	0.8	0.5	0.8	0.5	0.8	0.6	0.8	0.5	0.5	0.5
	0.5	0.8	0.5	0.5	0.5	0.5	0.8	0.7	0.5	0.5	0.8

表4.3　间歇收发序列优化前后结果（$T_{s_n} \in [0.5\mu s, 1.2\mu s]$）

优 化 前	0.9	1.2	1.0	0.7	1.0	1.0	1.2	1.1	0.9
	0.9	1.2	1.0	0.5	0.7	0.8	0.6	1.1	1.1
	0.5	0.6	0.6	0.8	0.9				
优 化 后	0.5	0.7	0.6	1.1	0.6	1.0	0.8	0.5	0.8
	1.2	1.2	1.2	0.5	0.8	0.5	0.8	0.5	0.9
	1.0	1.1	1.0	0.5	0.8	0.7	1.0	0.9	

表4.4　间歇收发序列优化前后结果（$T_{s_n} \in [0.8\mu s, 1.1\mu s]$）

优 化 前	0.9	0.9	1.0	1.0	0.9	0.9	1.1	1.0
	0.8	0.9	1.0	1.0	1.1	1.0	0.9	1.0
	1.0	1.0	1.1	0.9	0.9	0.8		
优 化 后	0.8	0.8	0.8	0.8	0.8	1.1	0.8	0.8
	1.1	0.8	0.9	1.0	0.8	0.9	0.9	1.0
	1.1	1.1	1.1	1.1	1.1	0.9		

在遗传算法计算过程中，得到适应度的变化曲线，如图4.31所示。

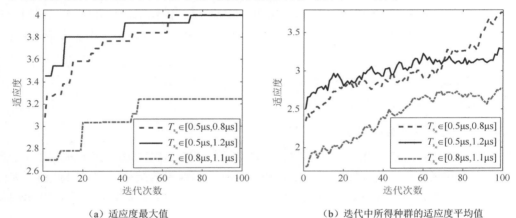

（a）适应度最大值　　　　　　　　　（b）迭代中所得种群的适应度平均值

图4.31　遗传算法适应度与迭代次数的关系

图4.31（a）是迭代过程中适应度最大值随迭代次数的变化情况。在迭代次数较少的时候，T_{s_n} 在[0.5μs, 1.2μs]均匀分布的适应度略大于 T_{s_n} 在[0.5μs, 0.8μs]均匀分布的适应度。随着迭代次数的增加，$T_{s_n} \in [0.5\mu s, 0.8\mu s]$ 的适应度逐渐变大，最终优于 $T_{s_n} \in [0.5\mu s, 1.2\mu s]$ 的适应度。当 $T_{s_n} \in [0.8\mu s, 1.1\mu s]$ 时，随着迭代次数的增加，适应度变大，但仍小于前两种收发周期的适应度。此外，适应度的倒数对应感知矩阵的列相关系数，因此，$T_{s_n} \in [0.5\mu s, 0.8\mu s]$ 对应的列相关系数最终达到最小。

图4.31（b）所示为迭代中所得种群的适应度平均值。可以发现，在三种收发方式下，适应度平均值分布与图4.31（a）中适应度最大值的分布基本一致，且都随迭代次数的增加而变大，这是适应度较差的收发周期序列被淘汰导致的结果。同样地，当 $T_{s_n} \in [0.5\mu s, 0.8\mu s]$ 时，随迭代次数的增加，其适应度均值最终超越了 $T_{s_n} \in [0.5\mu s, 1.2\mu s]$，而 $T_{s_n} \in [0.8\mu s, 1.1\mu s]$ 的适应度均值仍是最小的。

为说明优化之后，感知矩阵的列相关系数得到降低，将初始种群对应的感知矩阵列相关系数求平均值，与优化后的感知矩阵相关系数进行对比，如表 4.5 所示。

表 4.5　优化前后感知矩阵相关系数对比

感知矩阵 A 列相关系数		
	$T_{s_n} \in [0.5\mu s, 0.8\mu s]$	$T_{s_n} \in [0.5\mu s, 1.2\mu s]$	$T_{s_n} \in [0.8\mu s, 1.1\mu s]$
优化前（种群均值）	0.4131	0.4085	0.5869
优化后（最优解）	0.2498	0.2500	0.3083

表 4.5 中优化之后的最优解是根据式（4.63）得到的。可以发现，当 $T_{s_n} \in [0.5\mu s, 0.8\mu s]$ 时，初始种群对应的感知矩阵列相关系数平均值为 0.4131，与 $T_{s_n} \in [0.5\mu s, 1.2\mu s]$ 基本一致，这是因为 $T_{s_n} \in [0.5\mu s, 1.2\mu s]$ 包含了 $[0.5\mu s, 0.8\mu s]$ 的收发周期，确保了回波的随机性，使得感知矩阵相关系数基本一致。该结果与图 4.31 中迭代次数较少时的适应度的计算结果一致。当 $T_{s_n} \in [0.8\mu s, 1.1\mu s]$ 时，收发周期增加，时域观测更加集中于子脉冲内，观测的随机性下降，感知矩阵相关系数最大。

另外，经过遗传算法优化，得到优化序列的感知矩阵列相关系数分别为 0.2498、0.2500 和 0.3083。其中，当 $T_{s_n} \in [0.5\mu s, 0.8\mu s]$ 和 $T_{s_n} \in [0.5\mu s, 1.2\mu s]$ 时，优化之后感知矩阵的列相关系数非常接近，且在 $T_{s_n} \in [0.5\mu s, 0.8\mu s]$ 均匀分布时，相关系数最小。这是由于当 $T_{s_n} \in [0.5\mu s, 1.2\mu s]$ 时，包含了小的收发周期，能够提高时域分段回波的随机性，因此感知矩阵相关系数与 $T_{s_n} \in [0.5\mu s, 0.8\mu s]$ 基本一致。此外，经过优化，当 $T_{s_n} \in [0.8\mu s, 1.1\mu s]$ 时，感知矩阵的列相关系数有较大下降，从而改善了重构性能。

4.4.3.2　优化前后重构性能对比

通常，当感知矩阵的列相关性较小时，往往对应较好的 RIP 性质，因此重构性能也将得到提升。下面对优化前后的间歇收发回波，仿真得到距离像重构结果。假设目标包含 $K=5$ 个强散射点，散射点位置分布和强度分布与图 4.13（a）相同。给出收发周期 $T_{s_n} \in [0.5\mu s, 1.2\mu s]$ 时，优化前后的重构距离像，如图 4.32 所示。

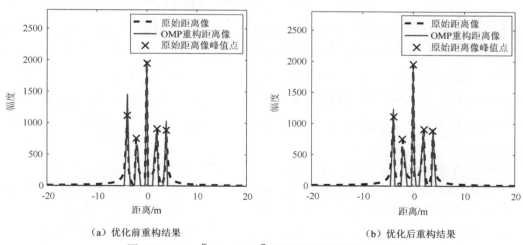

（a）优化前重构结果　　　　　　　　　（b）优化后重构结果

图 4.32　$T_{s_n} \in [0.5\mu s, 1.2\mu s]$ 时优化前后重构结果对比

可以发现，与图 4.32（a）相比，经过遗传算法优化，图 4.32（b）中距离像的幅度与完整脉冲所得距离像幅度之间的偏差减小。例如，重构之后，图 4.32（a）中两侧散射点的幅度偏离真实距离像峰值点较大，而利用遗传算法所得收发周期经过重构之后，两侧散射点幅度偏差均有减小，从而验证了遗传算法的有效性。

为量化分析重构性能，定义重构距离像与真实距离像之间的归一化误差如下：

$$\text{Error} = \left\| \bm{S}_{\text{f}} - \overline{\bm{S}_{\text{f}}} \right\|_2 / \left\| \bm{S}_{\text{f}} \right\|_2 \tag{4.65}$$

式中，$\bm{S}_{\text{f}}$ 为真实目标距离像，$\overline{\bm{S}_{\text{f}}}$ 为重构所得距离像。

对于三种收发周期，计算优化前后重构距离像与真实距离像的误差，如表 4.6 所示。

表 4.6　优化前后重构距离像与真实距离像误差值

	$T_{\text{s}_n} \in [0.5\mu\text{s}, 0.8\mu\text{s}]$	$T_{\text{s}_n} \in [0.5\mu\text{s}, 1.2\mu\text{s}]$	$T_{\text{s}_n} \in [0.8\mu\text{s}, 1.1\mu\text{s}]$
优 化 前	0.2719	0.3425	0.4463
优 化 后	0.2562	0.2833	0.3130

表 4.6 中序列优化前，重构距离像误差随收发周期变大而增加。经过优化，重构距离像的误差得到大幅降低。其中，当 $T_{\text{s}_n} \in [0.5\mu\text{s}, 0.8\mu\text{s}]$ 时，重构距离像重构误差最小，当 $T_{\text{s}_n} \in [0.5\mu\text{s}, 1.2\mu\text{s}]$ 时，重构误差与 $T_{\text{s}_n} \in [0.5\mu\text{s}, 0.8\mu\text{s}]$ 的误差基本一致，这与感知矩阵的相关系数计算结果相符。此外，$T_{\text{s}_n} \in [0.8\mu\text{s}, 1.1\mu\text{s}]$ 的重构距离像误差也得到大幅下降，从而验证了优化方法的有效性。

4.4.3.3　距离像重构性能统计分析

根据式（4.46）对距离像重构成功与否进行判定，假设目标模型[见图 4.13（a）]中 -4m～4m 的散射点依次为 1～5。简便起见，根据式（4.46）进行仿真，得到不同 SNR 条件下，散射点 1 与散射点 2 的重构概率，如图 4.33 所示。

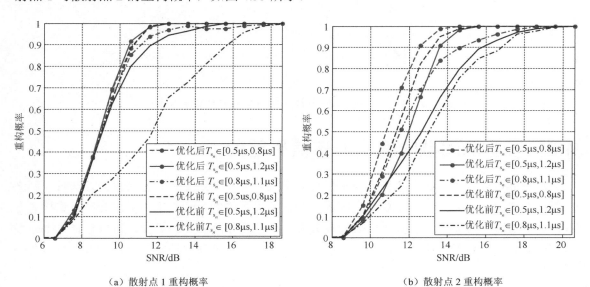

（a）散射点 1 重构概率　　　　　　　　　（b）散射点 2 重构概率

图 4.33　遗传算法优化前后散射点与距离像重构概率对比结果

图 4.33 给出了遗传算法优化前后散射点与距离像重构概率对比结果。其中图 4.33（a）与图 4.33（b）分别为散射点 1 和散射点 2 的重构概率。由于散射点 1 的散射系数较高，图 4.33（a）的重构概率高于图 4.33（b）的重构概率。此外，在图 4.33（a）中，在高 SNR条件下，经过优化，$T_{s_n} \in [0.8\mu s, 1.1\mu s]$ 的重构概率得到大幅改善。这与表 4.6 中重构距离像误差的计算结果一致。在图 4.33（b）中，优化后 $T_{s_n} \in [0.5\mu s, 0.8\mu s]$ 的重构性能最好。在低 SNR条件下，优化后的 $T_{s_n} \in [0.8\mu s, 1.1\mu s]$ 的重构性能略高于 $T_{s_n} \in [0.5\mu s, 1.2\mu s]$ 的重构性能。随着SNR 增加，$T_{s_n} \in [0.5\mu s, 1.2\mu s]$ 的重构性能高于 $T_{s_n} \in [0.8\mu s, 1.1\mu s]$ 的重构性能，这与在高 SNR条件下，表 4.6 中优化后 $T_{s_n} \in [0.5\mu s, 1.2\mu s]$ 的重构距离像误差低于 $T_{s_n} \in [0.8\mu s, 1.1\mu s]$ 的重构距离像误差基本一致。

根据式（4.46），当距离像中所有散射点重构成功，认为距离像重构成功，得到图 4.34。可以发现，优化之后不同收发序列的重构性能均好于优化前的重构性能，从而验证了优化算法的有效性。

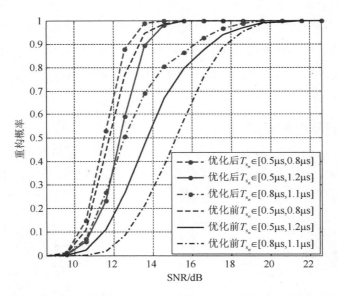

图 4.34　遗传算法优化前后散射点与距离像重构概率对比结果

4.5　多脉冲间歇收发回波与信息重构

对于间歇收发回波进行重构，当采用距离像截取再反变换得到时域回波的方法时，回波的重构精确度与收发参数密切相关，因此受到试验场景的约束。当采用稀疏观测及重构的方法时，计算复杂度较高，且重构精度与收发参数及变换矩阵相关。为此，可以设计多个收发控制序列，对雷达脉冲进行多次收发控制，再通过相应的处理方法实现目标回波与信息的精确重构。

4.5.1　多脉冲间歇收发控制信号设计

4.5.1.1　波形幅度为 $-\lambda \sim 1-\lambda$ 的信号特性

当收发控制信号幅度为 $0 \sim 1$ 时，用 $p_0(t)$ 表示式（2.1）中的均匀收发控制信号：

$$p_0(t) = \text{rect}(t/\tau) * \sum_{n=-\infty}^{+\infty} \delta(t - nT_s) \tag{4.66}$$

对应的傅里叶变换为

$$P_0(f) = D \sum_{n=-\infty}^{n=+\infty} \text{sinc}(nD)\delta(f - nf_s) \tag{4.67}$$

式中，$D = \tau/T_s$。

若将均匀收发控制信号的幅度平移 λ，则可以得到幅度为 $-\lambda \sim 1-\lambda$ 的波形，如图 4.35 所示。

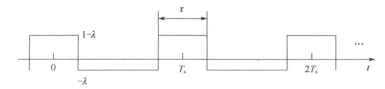

图 4.35　幅度为 $-\lambda \sim 1-\lambda$ 的波形示意图

根据图 4.35 及式（4.66），幅度为 $-\lambda \sim 1-\lambda$ 的波形可以表示为

$$p_1'(t) = \text{rect}(t/\tau) * \sum_{n=-\infty}^{+\infty} \delta(t - nT_s) - \lambda \tag{4.68}$$

经过傅里叶变换，得到式（4.68）的频谱可以表示为

$$P_1'(f) = D \sum_{n=-\infty}^{n=+\infty} \text{sinc}(nD)\delta(f - nf_s) - \lambda\delta(f) \tag{4.69}$$

当 $\lambda = D$ 时，式（4.69）满足：

$$P_1'(f) = \begin{cases} 0, & n = 0 \\ P_0(f), & \text{其他} \end{cases} \tag{4.70}$$

因此，当 $n \neq 0$ 时，用 $P_0(f)$ 减去 $P_1'(f)$，可以消除对应的频谱峰值。利用该特性，能够将间歇收发回波中的距离像虚假峰消除。

但是，间歇收发需要确保接收信号时没有信号辐射，因此收发控制信号应包含幅度为 0 的部分以确保目标回波的接收。图 4.35 中的波形没有幅度为 0 的部分，因此需要对该波形进行设计，从而用于间歇收发。

4.5.1.2　多脉冲间歇收发控制信号组合设计

结合均匀收发控制信号及图 4.35 中的信号特性，幅度为 $-\lambda \sim 1-\lambda$ 的波形可以由 $0 \sim 1-\lambda$ 和 $-\lambda \sim 0$ 两部分组成，从而确保收发控制信号中包含 0 的部分，如图 4.36 所示。

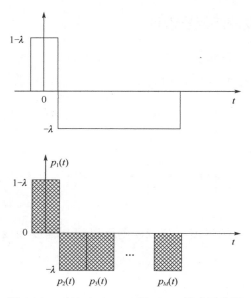

图 4.36　$p_1'(t)$ 由 0～1-λ 及-λ～0 组成示意图

图 4.36 中，$M = \lceil 1/D \rceil$ 是间歇收发控制信号个数，$\lceil \cdot \rceil$ 表示向上取整。若 $1/D$ 不为整数，则 $p_M(t)$ 的占空比小于 D，且 $p_2(t)$ 到 $p_M(t)$ 组成了-λ～0 的波形部分。

因此，$p_1'(t)$ 可以重新写为

$$p_1'(t) = p_1(t) + p_2(t) + \cdots + p_m(t) + \cdots + p_M(t) \tag{4.71}$$

式中，$m = 1, 2, \cdots, M$，$p_1(t) = (1 - \lambda)p_0(t)$ 且 $p_m(t) = -\lambda p_0(t - m\tau)$。且有

$$p_M(t) = -\lambda \mathrm{rect}\left(\frac{t - (M - 1.5)\tau}{\tau'}\right) * \sum_{n=-\infty}^{+\infty} \delta(t - nT_s) \tag{4.72}$$

式中，$\tau' = [1 - D(M - 1)]T_s$。

以占空比 $D = 1/3$ 为例，幅度为-λ～1-λ 的波形可以由间歇收发控制信号组合为图 4.37 中的形式。

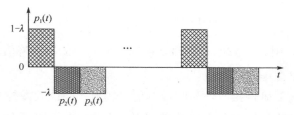

图 4.37　占空比为 1/3 时 $p_1'(t)$ 的组成示意图

可以发现图 4.37 中 $p_2(t)$ 与 $p_3(t)$ 组成了-λ～0 的部分，同时 $p_1'(t)$ 可以写为

$$p_1'(t) = p_1(t) + p_2(t) + p_3(t) \tag{4.73}$$

式中，$p_2(t)$ 与 $p_3(t)$ 的占空比与 $p_1(t)$ 相同，但时延和幅度与之不同。

因此，得到对多个脉冲进行间歇收发的组合设计，如图 4.38 所示。

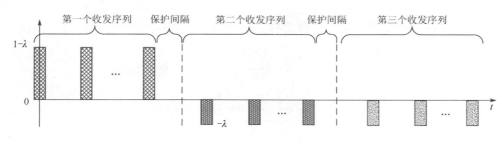

图 4.38 多脉冲间歇收发序列组合设计

4.5.2 多脉冲间歇收发回波处理及目标信息重构

4.5.2.1 多脉冲间歇收发回波特性及信息重构

根据第 3 章均匀间歇收发控制信号可知，对于在雷达发射 LFM 信号时，可以得到收发控制信号 $p_0(t)$，得到的目标回波为

$$
\begin{aligned}
y_1(t) &= p_0(t - \Delta t) \cdot A s_0(t - \Delta t) \exp(-\mathrm{j}2\pi f_\mathrm{c} t) \\
&= A p_0(t - \Delta t) u(t - \Delta t) \exp(-\mathrm{j}2\pi f_\mathrm{c} \Delta t)
\end{aligned}
\tag{4.74}
$$

式中，$u(t) = \mathrm{rect}\left(t/T_\mathrm{p}\right)\exp(\mathrm{j}\pi\mu t^2)$ 为 LFM 信号的复包络，A 为回波幅度，Δt 为回波时延。

经过匹配滤波处理得到的距离像为

$$
\begin{aligned}
y_1'(t) = A\tau f_\mathrm{s} \sum_{n=-\infty}^{n=+\infty} &\Big\{\big(B - |nf_\mathrm{s}|\big)\mathrm{sinc}(nf_\mathrm{s}\tau) \cdot \\
&\mathrm{sinc}\Big[\big(B - |nf_\mathrm{s}|\big)\big(t + nf_\mathrm{s}/\mu - \Delta t\big)\Big]\exp\big\{\mathrm{j}\pi\big[nf_\mathrm{s}(t - \Delta t) - 2f_\mathrm{c}\Delta t\big]\big\}\Big\}
\end{aligned}
\tag{4.75}
$$

根据图 4.37 可知，用幅度为 $-\lambda \sim 1-\lambda$ 的波形对 LFM 信号进行调制，得到回波为

$$
\begin{aligned}
y_2(t) &= p_1'(t - \Delta t) \cdot A s_0(t - \Delta t) \exp(-\mathrm{j}2\pi f_\mathrm{c} t) \\
&= A p_1'(t - \Delta t) u(t - \Delta t) \exp(-\mathrm{j}2\pi f_\mathrm{c} \Delta t)
\end{aligned}
\tag{4.76}
$$

对式（4.76）进行傅里叶变换，得到频谱：

$$
\begin{aligned}
Y_2(f) &= P_1'(f) * \Big[AU(f)\exp\big[-\mathrm{j}2\pi(f + f_\mathrm{c})\Delta t\big]\Big] \\
&= \big[P_1(f) - \lambda\delta(f)\big] * \Big[AU(f)\exp\big[-\mathrm{j}2\pi(f + f_\mathrm{c})\Delta t\big]\Big] \\
&= Y_1(f) - \lambda AU(f)\exp\big[-\mathrm{j}2\pi(f + f_\mathrm{c})\Delta t\big]
\end{aligned}
\tag{4.77}
$$

式中，$U(f)$ 为 $u(t)$ 的频谱，$Y_1(f)$ 为式（4.74）的频谱。

对式（4.76）进行匹配滤波，可以得到距离像为

$$
\begin{aligned}
y_2'(t) &= F^{-1}\Big[Y_1(f)H(f) - \lambda AU(f)\exp\big[-\mathrm{j}2\pi(f + f_\mathrm{c})\Delta t\big]H(f)\Big] \\
&= y_1'(t) - \lambda AB\,\mathrm{sinc}\big[B(t - \Delta t)\big] \cdot \exp(-\mathrm{j}2\pi f_\mathrm{c}\Delta t)
\end{aligned}
\tag{4.78}
$$

令 $\lambda = D$，可以发现，当 $n = 0$ 时，式（4.78）中的距离像幅度为 0。当 $n \neq 0$ 时，式（4.78）中的距离像幅度与式（4.75）相等，因此，通过距离像对消的方法，可以消除间歇收发回波距离像中的虚假峰：

$$
\begin{aligned}
y'(t) &= y_2'(t) - y_1'(t) \\
&= \lambda AB\,\mathrm{sinc}\big[B(t - \Delta t)\big] \cdot \exp(-\mathrm{j}2\pi f_\mathrm{c}\Delta t)
\end{aligned}
\tag{4.79}
$$

4.5.2.2 多脉冲间歇收发回波处理流程

多脉冲收发回波距离像重构流程如图 4.39 所示。

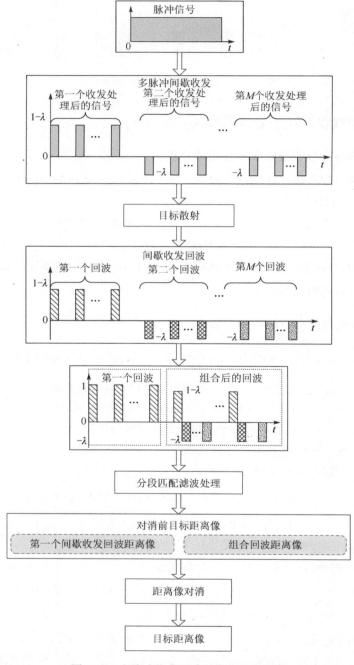

图 4.39 多脉冲收发回波距离像重构流程

首先，根据收发占空比 D 及图 4.36 设计收发控制信号，收发控制信号个数为 $M = \lceil 1/D \rceil$。其中，第一个收发控制信号满足幅度 $0 \sim 1-\lambda$，占空比为 D。第二个至第 $M-1$ 个收发控制信号满足幅度-λ~0，占空比为 D。第 M 个收发控制信号满足幅度-λ~0，占空比为 $1-D(M-1)$。

其次，经过目标散射可以得到间歇收发回波。第一个间歇收发回波幅度应由 0~1-λ 变为 0~1，从而能够得到式（4.75）中的距离像。利用 0~1-λ 幅度的间歇收发控制信号得到的回波进行组合，得到组合后的回波。然后，对第一个间歇收发回波和组合后的回波进行匹配滤波，得到两个距离像。

最后，通过距离像对消，消除间歇收发回波距离像中的虚假峰，从而获得精确的目标高分辨距离像。对于伪随机间歇收发，固定收发占空比，可以根据式（4.71）和式（4.72）进行设计，得到多个伪随机收发控制序列，经过距离像对消处理，同样可以获得精确的目标距离像。

4.5.3　仿真试验与结果分析

4.5.3.1　均匀收发重构结果

假设室内场中雷达与目标的距离 $R = 45\text{m}$，因而最大子脉冲宽度为 $0.3\mu s$。LFM 信号的脉宽 $T_p = 20\mu s$，带宽 $B = 500\text{MHz}$，目标散射点之间的相对距离为-4.2m、-2.1m、0m、2.7m、5.1m，对应的散射系数为 0.35、0.6、1、0.15、0.8。设置收发周期 $T_s = 0.5\mu s$，收发占空比 $D = 0.4$，从而收发脉宽为 $0.2\mu s$，多个脉冲之间的保护间隔为 $0.5\mu s$，得到仿真结果，如图 4.40 所示。

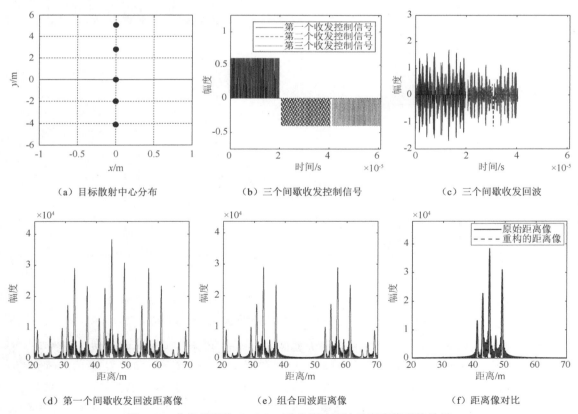

（a）目标散射中心分布　　　　（b）三个间歇收发控制信号　　　　（c）三个间歇收发回波

（d）第一个间歇收发回波距离像　　　（e）组合回波距离像　　　（f）距离像对比

图 4.40　收发周期为 $T_s=0.5\mu s$ 时多脉冲回波及距离像重构结果

　　图4.40（a）所示为目标散射中心分布。根据收发序列设计，可以得到三个收发序列，其中，第一个收发控制信号幅度为0～0.6，第二个和第三个收发控制信号幅度为-0.4～0，且第三个收发控制信号占空比为0.2，如图4.40（b）所示。得到的目标回波如图4.40（c）所示，对于第一个回波，根据图4.39将其回波幅度乘以$1/(1-\lambda)$，然后经过匹配滤波得到目标距离像如图4.40（d）所示。组合回波距离像如图4.40（e）所示。进行距离像对消之后，得到重构的目标距离像如图4.40（f）所示，可以发现，间歇收发产生的距离像虚假峰被有效消除，从而重构得到的目标距离像与完整脉冲所得距离像基本一致。

　　当收发周期为$T_s = 0.7\mu s$时，根据收发占空比，得到收发脉宽为$0.28\mu s$。根据均匀收发处理，此时间歇收发回波距离像中虚假峰之间的间隔$\Delta R = 8.571m$，利用多脉冲对消的方法得到仿真结果，如图4.41所示。

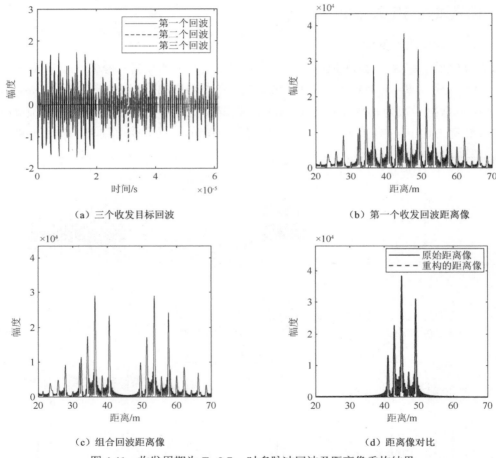

（a）三个收发目标回波　　　　　　　　　　（b）第一个收发回波距离像

（c）组合回波距离像　　　　　　　　　　（d）距离像对比

图4.41　收发周期为T_s=0.7μs时多脉冲回波及距离像重构结果

　　经过多脉冲间歇收发，得到的目标回波如图4.41（a）所示。经过匹配滤波，得到第一个收发回波和组合回波的距离像分别如图4.41（b）和图4.41（c）所示。可以发现，由于收发周期的增加，图4.41（b）中距离像虚假峰与目标真实峰耦合，无法得到精确的目标距离像信息。经过距离像对消处理，得到的目标距离像如图4.41（d）所示，重构的目标距离像与原始距离像之间基本一致，从而说明本方法的有效性。

4.5.3.2　伪随机收发重构结果

当收发周期伪随机变化时，该方法仍然有效。假设伪随机收发周期设置在 $0.5\mu s\sim 0.7\mu s$ 随机变化，变化间隔为 $0.1\mu s$，收发占空比仍然设置为 $D=0.4$，如图 4.42 所示。

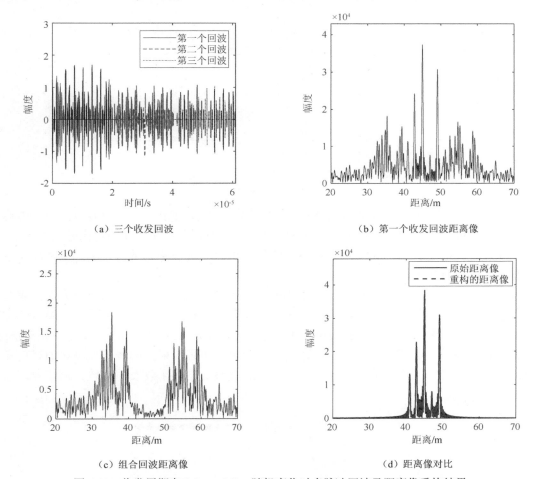

（a）三个收发回波　　　　　　　　　　　　　（b）第一个收发回波距离像

（c）组合回波距离像　　　　　　　　　　　　（d）距离像对比

图 4.42　收发周期在 $0.5\mu s\sim 0.7\mu s$ 随机变化时多脉冲回波及距离像重构结果

三个收发回波如图 4.42（a）所示。相应地，可以得到第一个收发回波和组合回波距离像，如图 4.42（b）和图 4.42（c）所示。可以发现，图 4.42（c）中的距离像峰值分布情况与图 4.42（b）中实际目标两侧的旁瓣峰值相同，因此，经过距离像对消，能够消除这些高旁瓣，从而得到目标的距离像，如图 4.42（d）所示。

4.5.3.3　重构距离像性能分析

为分析多脉冲间歇收发回波重构方法的有效性，根据式（4.59），对重构得到的距离像与完整脉冲得到的距离像分别计算相关系数。令收发周期为 $0.7\mu s\sim 1.0\mu s$，间隔 $0.05\mu s$ 进行仿真，得到不同收发周期和不同信噪比条件下的相关系数，并与 4.3.1 节中基于压缩感知的 LFM 信号回波重构方法进行对比，如图 4.43 和图 4.44 所示。

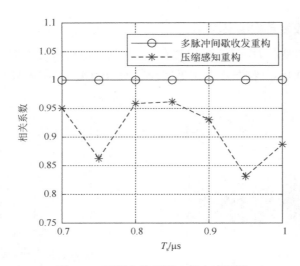

图 4.43　　不同收发周期 T_s 的相关系数

图 4.43 给出了不同收发周期 T_s 的相关系数。可以发现，多脉冲间歇收发方法得到的距离像与原始距离像之间的相关系数最高，基本达到了 1。而基于压缩感知的重构方法则小于 1，且在某些收发周期条件下的相关系数较小。此外，相比于压缩感知重构方法，多脉冲间歇收发具有更高的计算效率。

从图 4.44 中可以发现，当信噪比高于 3dB 时，本节采用的多脉冲间歇收发方法具有更高的相关系数。而当信噪比低于 3dB 时，仅有收发周期为 0.8μs 时的相关系数略高，原因在于多脉冲间歇收发时，不同脉冲之间的噪声不相关，在进行距离像对消时，噪声无法被完全消除，从而影响相关系数。而压缩感知重构方法是得到距离像中强散射点的峰值，噪声的峰值在重构时被忽略。此外，当收发周期较小时，对应的相关系数均高于收发周期较大的情况，这与前面的分析一致。

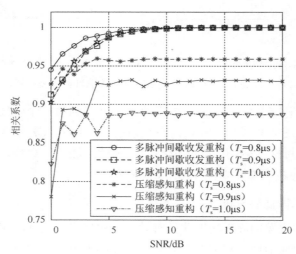

图 4.44　　不同信噪比下的相关系数

总体而言，多脉冲间歇收发处理方法具有计算复杂度低，重构效果好等优势，对于 LFM、PCM、脉内四载频等不同的雷达脉冲信号均适用。

第5章 雷达辐射式仿真信号处理试验验证

5.1 概述

雷达通过发射脉冲信号获取目标一维距离像，从而得到目标在距离维度的散射特性。进一步得到目标二维图像，可以分析目标在方位向上的散射特性。对于弹道目标，通过分析二维图像还能得到目标的微动信息。同时，在雷达电子对抗中，脉冲信号还被广泛用于目标探测、跟踪等任务。随着空间目标日益呈现出绝对速度更快、机动能力更强、姿态更加多变、分布更加密集、电磁特性更加复杂等特点，在辐射式仿真中，利用间歇收发方法开展脉冲雷达目标成像、微动特征提取和电子对抗等效仿真等试验研究，对于分析目标动态特性具有重要意义。

本章首先介绍雷达辐射式仿真试验场景和试验模式，其次构建室内场脉冲雷达目标探测试验系统，开展目标探测、目标微动特性测量等试验。通过阐述试验系统的组成、试验流程及试验数据处理，分析不同间歇收发处理方式的回波处理方法性能，说明间歇收发处理的工程应用意义。

5.2 雷达辐射式仿真试验模式

在辐射式仿真中，采用主动探测方式开展雷达试验，具体试验场景及试验模式如下。

5.2.1 试验场景

主动探测试验场景示意图如图 5.1 所示。

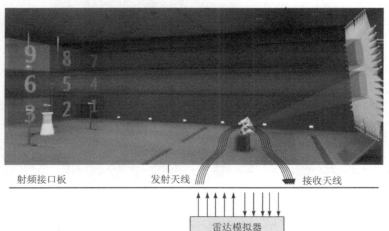

图 5.1　主动探测试验场景示意图

由雷达模拟器产生信号至发射天线，天线主动辐射信号至准直仪反射器，由反射器将信号反射为平行波并对静区处的目标进行探测。静区处的目标回波返回接收天线，被雷达系统接收并进行处理，从而实现对目标的主动探测。

5.2.2　试验模式

本章讨论的辐射式仿真试验模式主要分为静态目标测量、动态目标测量等模式。当静态目标测量时，主要将待测目标或目标模型置于转台上，通过天线辐射信号至准直仪反射器，并接收回波，完成静态目标测量。常用的待测目标或目标模型包括角反射器、飞机目标缩比模型等，如图 5.2 所示。

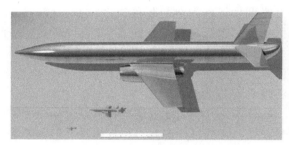

（a）角反射器　　　　　　　　　　　　（b）飞机目标缩比模型

图 5.2　静态目标测量模型

当进行动态目标测量时，通常采用目标模拟系统实现目标运动姿态的精确模拟，将目标模拟系统置于静区内，通过天线辐射信号至准直仪，接收回波，完成动态目标测量。例如，图 5.3 所示为动态目标测量模型。

图 5.3　动态目标测量模型

此外，在辐射式仿真中，为逼真复现雷达对抗的实际场景，可以将干扰信号通过辐射或注入的方式，实现雷达对抗的精确模拟。

5.3　雷达目标探测——一维距离像试验验证

5.3.1　间歇收发试验系统设计

为验证间歇收发处理方法的有效性与实用性，本节构建了脉冲雷达间歇收发处理试验系统。利用三面角反射器模拟目标中的强散射点，通过间歇收发控制实现脉冲雷达信号的收发，然后对所得回波进行脉冲压缩，得到目标一维距离像，最后对试验结果进行分析验证。

5.3.1.1　试验系统与环境配置

间歇收发试验系统与雷达天线如图 5.4 所示。

（a）间歇收发处理系统　　　　　（b）雷达收发天线　　　　　（c）微波暗室内的准直仪反射面

图 5.4　间歇收发试验系统与雷达天线

图 5.4（a）中的间歇收发处理系统是试验系统的关键组成部分。图 5.4（b）所示为雷达收发天线。图 5.4（c）所示为微波暗室内的准直仪反射面，支持 0.1GHz～40GHz 的频率范围。将收发天线置于准直仪反射面的焦点上，可使发射信号经过准直仪反射面形成平行波。

间歇收发处理系统组成模块如图 5.5 所示。主要包括任意波形发生器、矢量信号发生器、下变频模块、中频调理模块、中频数字采集模块。其中，任意波形发生器根据信号文件产生中频 LFM 信号，带宽覆盖范围为 0Hz～500MHz。试验中信号的 PRF 为 807Hz，根据具体试验场景，可以改变信号的 PRF。矢量信号发生器采用 E8267D，频率覆盖范围为 100kHz～40GHz。利用矢量信号发生器将中频信号上变频至 X 波段，并与发射天线连接。接收天线则与收发处理系统的下变频模块连接。对下变频之后的信号进行中频调理，输入至数字采集模块，完成回波采集。数字采集模块最大支持 1.6GHz 的采样率，可根据试验需要设定采样时长。

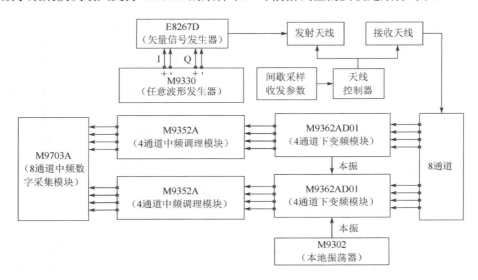

图 5.5　间歇收发处理系统组成模块

采用角反射器模拟点目标和多散射点目标，如图 5.6 所示。

（a）点目标模型

（b）多散射点目标模型

图 5.6　目标模型

试验系统工作于 X 波段，根据角反射器的尺寸，可以得到图 5.6（a）中角反射器的 RCS 约为 37.7m^2。在图 5.6（b）中，用 5 个均匀放置的角反射器模拟多散射点目标，各角反射器尺寸不同。

微波暗室配置示意图如图 5.7 所示。角反射器位于平台上，天线置于准直仪反射面的焦点上，两者通常不在一个水平面。在试验中，间歇收发控制系统根据一定的收发周期，通过程序控制实现发射与接收的切换。接收天线收到回波后，经过下变频、中频调理后，进行数据采集。数据处理部分由计算机实现，主要完成脉冲压缩、回波重构等处理过程，最终得到目标距离像等信息。

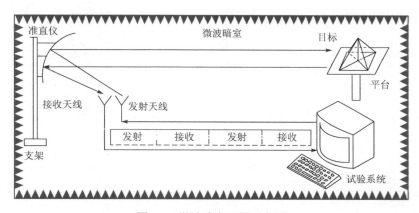

图 5.7　微波暗室配置示意图

5.3.1.2　试验流程

利用如图 5.4 所示的间歇收发试验系统，根据图 5.7 的微波暗室环境场景进行布置，分别对均匀与伪随机间歇收发方法开展目标测量试验，对试验结果进行分析。间歇收发试验处理流程如图 5.8 所示。

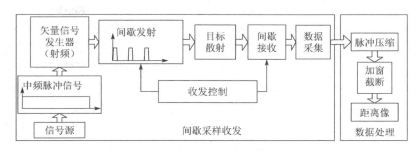

图 5.8　间歇收发试验处理流程

图 5.8 中的处理流程包括间歇采样收发与数据处理两个部分，其中间歇采样收发的试验设备如图 5.4（a）所示。信号源部分通过任意波形发生器产生中频 300MHz 的 LFM 信号，信号带宽根据具体试验内容进行调整。利用矢量信号发生器，将信号上变频至 9.3GHz。收发控制部分根据收发周期，完成脉冲信号的间歇收发。然后，利用数据采集模块完成回波数据的采集与存储。数据处理部分对采集得到的回波数据进行脉冲压缩，然后截取得到实际目标距离像。

5.3.2　均匀间歇收发目标探测试验

5.3.2.1　窄带 LFM 收发试验结果

在试验中，天线与目标的距离为 15m 左右，为保证信号被有效接收，收发短脉冲时长 $\tau = 0.08\mu s$。采用图 5.6（a）中单个角反射器作为点目标进行模拟，其余试验参数如表 5.1 所示。

表 5.1　窄带 LFM 间歇收发试验参数

频率 f_0	带宽 B	脉宽 T_p	距离 R	收发参数(T_s, τ)
9.3GHz	5MHz	40μs	15m	(0.6μs, 0.08μs)
				(2μs, 0.08μs)

针对第 3 章非理想间歇收发控制信号，利用试验系统进行试验验证。当收发参数 $T_s = 0.6\mu s$ 和 $\tau = 0.08\mu s$ 时，间歇收发之后产生的基带间歇信号，如图 5.9 所示。

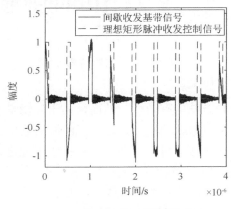
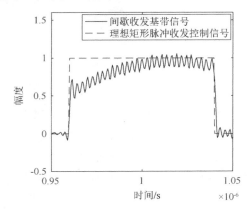

（a）基带发射信号与控制信号　　　　　　　　　（b）间歇收发子脉冲放大图

图 5.9　基带间歇信号（T_s=0.6μs）

图 5.9（a）所示为基带发射信号与控制信号，此时信号强度远大于系统噪声，可以明显观察到短脉冲之间的系统噪声起伏。经过放大，图 5.9（b）给出了单个短脉冲内的信号调制结果。由于硬件系统引入的误差，信号包络呈现起伏特征，但起伏趋势与原始 LFM 信号包络相同。同时，信号并非理想的矩形脉冲形式，存在一定的上升沿与下降沿。但根据前文分析，脉冲上升沿与下降沿对脉冲压缩之后得到的距离像形状没有影响。

由于信号带宽为 5MHz，收发周期 $T_s = 0.6\mu s$，得到 $f_s < B$，通过截取目标距离像，进行匹配滤波逆变换得到重构的回波，如图 5.10 所示。

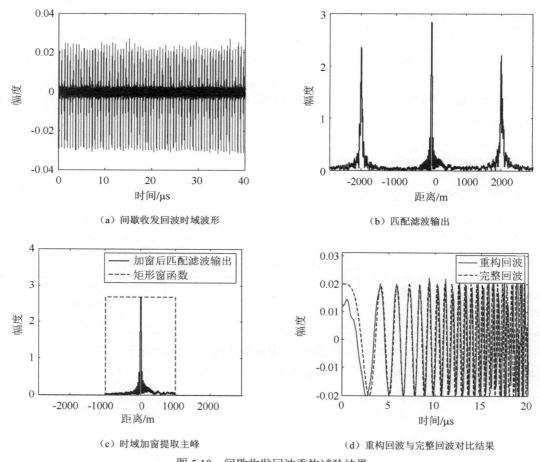

（a）间歇收发回波时域波形　　　　　　　　（b）匹配滤波输出

（c）时域加窗提取主峰　　　　　　　（d）重构回波与完整回波对比结果

图 5.10　间歇收发回波重构试验结果

图 5.10 中的试验结果验证了 LFM 信号回波重构方法的有效性。然而，由于环境噪声和系统误差的存在，接收到的间歇收发回波不是理想的矩形脉冲串，因此匹配滤波后输出的形式也不是理想辛克函数，如图 5.10（b）和图 5.10（c）所示。对加窗截取的目标距离像进行匹配滤波逆变换，并进行能量补偿，得到重构回波与完整回波对比结果如图 5.10（d）所示。可以发现，重构回波具有 LFM 信号的特性，与理想的 LFM 信号基本一致。

当收发参数 $T_s = 2\mu s$、$\tau = 0.08\mu s$ 时，试验结果如图 5.11 所示。

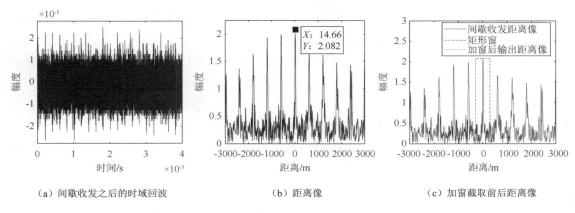

（a）间歇收发之后的时域回波　　　（b）距离像　　　（c）加窗截取前后距离像

图 5.11　间歇收发回波与脉压输出试验结果（$T_s=2\mu s$）

图 5.11（a）所示为间歇收发之后的时域回波。由于 T_s 变大，间歇收发之后相邻子脉冲的时间间隔增加。对于同样的时宽 τ，目标回波总能量变小。经过脉冲压缩，距离像的峰值幅度也变小。同样地，在该收发参数下有 $\Delta R=600m$。在图 5.11（b）中，相邻峰值的位置间距约为 600m，通过距离像截取的方法仍然能够有效提取脉冲压缩主峰得到目标信息，如图 5.11（c）所示。

5.3.2.2　宽带 LFM 间歇收发试验结果

采用如图 5.6（b）所示的多个角反射器，模拟多散射点目标模型。在试验中，各个角反射器均匀放置，间距约为 1.4m，其余试验参数如表 5.2 所示。

表 5.2　宽带 LFM 间歇收发试验参数

频率 f_0	带宽 B	脉宽 T_p	距离 R	收发参数（T_s, τ）
9.3GHz	500MHz	12μs	15.5m	（0.4μs, 0.1μs）
				（0.6μs, 0.1μs）
				（0.7μs, 0.1μs）

根据上述参数进行试验，得到结果如图 5.12 所示。

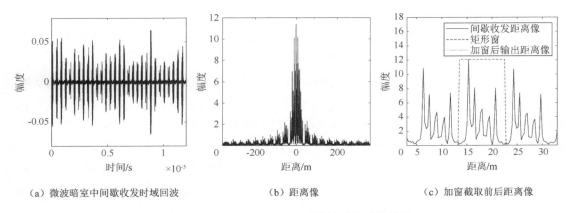

（a）微波暗室中间歇收发时域回波　　　（b）距离像　　　（c）加窗截取前后距离像

图 5.12　$T_s=0.4\mu s$、$\tau=0.1\mu s$ 时微波暗室试验结果

图 5.12（a）所示为微波暗室中间歇收发时域回波，图 5.12（b）所示为距离像。由于 $\Delta R > L$，通过截取的方法能够得到目标真实距离像，如图 5.12（c）中虚线框内所示。根据图 5.12（c），五个散射点距离间隔约为 1.4m，与实际场景相符。同时，图 5.12（c）中间歇收发距离像的相邻峰值间隔为 9m，与理论分析一致。因此，采用间歇收发方法获取目标高分辨距离像时，所得结果能够正确反映目标散射点位置。由于部分信号未被发射，所得分段回波能量小于完整脉冲回波，所以距离像的幅度较小，通过能量补偿可以解决该问题。

收发周期增大，将会导致 $\Delta R \leqslant L$，此时目标距离像中真实峰与虚假峰重合。当 $T_\mathrm{s} = 0.6\mu s$ 与 $T_\mathrm{s} = 0.7\mu s$ 时，试验结果如图 5.13 所示。

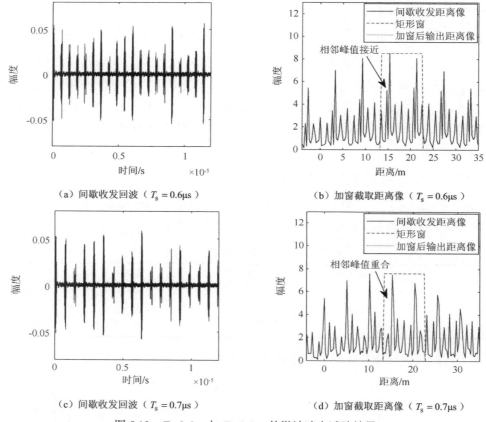

（a）间歇收发回波（$T_\mathrm{s} = 0.6\mu s$）　　　　　　（b）加窗截取距离像（$T_\mathrm{s} = 0.6\mu s$）

（c）间歇收发回波（$T_\mathrm{s} = 0.7\mu s$）　　　　　　（d）加窗截取距离像（$T_\mathrm{s} = 0.7\mu s$）

图 5.13　T_s=0.6μs 与 T_s=0.7μs 的微波暗室试验结果

图 5.13（a）所示为 $T_\mathrm{s} = 0.6\mu s$ 的间歇收发回波。由于 $\Delta R = 6m$，经过脉冲压缩，真实峰与相邻虚假峰非常接近，如图 5.13（b）中箭头所示。此时，采用加窗截取的方式较难获取真实目标距离像。当 $T_\mathrm{s} = 0.7\mu s$ 时，试验结果如图 5.13（c）和图 5.13（d）所示。此时 $\Delta R = 5.14m$，目标距离像中真实峰与虚假峰已经重合，加窗截取的方法失效。因此，在开展试验时，要根据收发约束条件，设置收发参数。此外，当 τ 不变时，间歇收发周期增加使得回波信号能量减少，脉冲压缩输出峰值幅度也会降低。在试验结果中，图 5.12（c）与图 5.13（b）和图 5.13（d）的脉冲压缩输出主峰幅度依次降低。

综合上述试验结果可知，间歇收发能解决微波暗室中脉冲雷达信号目标测量时，收发信号遮挡与互耦的问题，有效获取目标回波，得到目标距离像。对于宽带 LFM 信号，间歇收发周期要足够小，以保证 ΔR 足够大，从而利于提取脉冲压缩后真实目标距离像。

5.3.2.3　宽带 LFM 距离像稀疏重构

图 5.13 的试验结果表明，当收发周期 T_s 较大时，所得目标距离像中真实峰与虚假峰相互重合而难以提取目标真实距离像。但是利用目标散射点的稀疏特性，通过压缩感知可重构得到目标距离像，下面利用试验数据进行分析说明。

当 $T_s = 0.4\mu s$ 、 $\tau = 0.1\mu s$ 时， $\Delta R = 9m$ ，试验结果如图 5.14 所示。

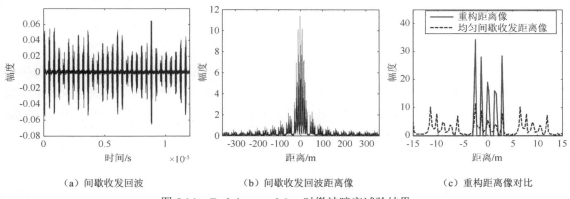

（a）间歇收发回波　　　　　　　（b）间歇收发回波距离像　　　　　　　（c）重构距离像对比

图 5.14　T_s=0.4μs、τ=0.1μs 时微波暗室试验结果

图 5.14（a）所示为间歇收发回波，图 5.14（b）所示为间歇收发回波距离像，图 5.14（c）所示为重构距离像对比。其中，五个散射点坐标值依次为-2.4m、-1.2m、0m、1.5m、3m，且图 5.14（c）中间歇收发相邻峰值间隔为 9m，与理论分析一致。由此可见，当间歇收发方法获取目标高分辨距离像时，所得结果能够正确反映目标散射点位置。但是，回波的分段采样也使得信号能量被减弱，所得距离像幅度大幅降低。经过重构所得距离像准确反映了目标散射点分布，幅度也得到很好的补偿，从而验证了间歇收发与重构方法的有效性。

为保证收发约束条件， τ 为 0.1μs ， T_s 增加至 0.8μs ，试验结果如图 5.15 所示。

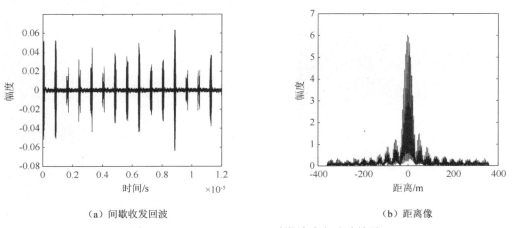

（a）间歇收发回波　　　　　　　　　　　（b）距离像

图 5.15　T_s=0.8μs、τ=0.1μs 时微波暗室试验结果

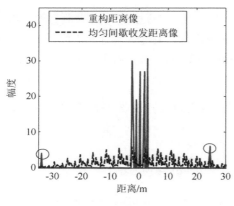 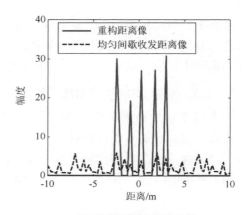

（c）重构距离像对比　　　　　　　　　　　（d）重构距离像对比放大图

图 5.15　T_s=0.8μs、τ=0.1μs 时微波暗室试验结果（续）

当 $T_s = 0.8\mu s$ 时，$\Delta R = 4.5m$，而目标分布范围约为 5.5m，使得 De-chirp 之后散射点峰值重合，如图 5.15（c）与图 5.15（d）所示。由于 T_s 增大而 τ 不变，所得回波有效数据相比图 5.12（a）变少，所以重构距离像中某些散射点的幅度不够精确，同时重构距离像在-33.9m和 24.6m 附近出现了少数多余峰值。

5.3.3　伪随机间歇收发目标探测试验

与均匀间歇收发相比，利用伪随机间歇收发回波进行匹配滤波，能够降低距离像中虚假峰的幅度。然后，通过相应的距离像重构方法，能够得到目标信息。本节利用试验系统，分别对窄带和宽带 LFM 信号伪随机间歇收发后的重构方法进行试验分析。

5.3.3.1　窄带 LFM 间歇收发试验结果

仍然采用单个角反射器模拟点目标，令收发周期在 0.6μs～1.0μs 随机变化，变化间隔为 0.1μs，τ 为 0.08μs 不变，如图 5.16 所示。

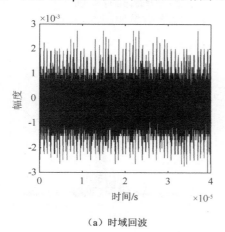 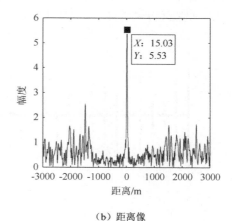

（a）时域回波　　　　　　　　　　　　　（b）距离像

图 5.16　伪随机间歇收发目标回波与距离像

图 5.16（a）中，间歇发射目标回波呈现非均匀的特性。在该收发参数下得到回波与脉冲

压缩输出距离像，如图 5.16（b）所示。可以发现，目标实际位置两侧，虚假峰的能量没有被累积，难以形成均匀间歇收发距离像中明显的虚假峰。同时，对目标位置处的峰值进行截取，即可准确获取目标信息。

5.3.3.2　宽带 LFM 间歇收发试验结果

对于宽带 LFM 信号，令 $T_{s_n} \in [0.4\mu s, 0.8\mu s]$ 和 $T_{s_n} \in [0.4\mu s, 1.0\mu s]$ 随机变化，τ_n 均为 $0.1\mu s$，试验结果如图 5.17 和图 5.18 所示。

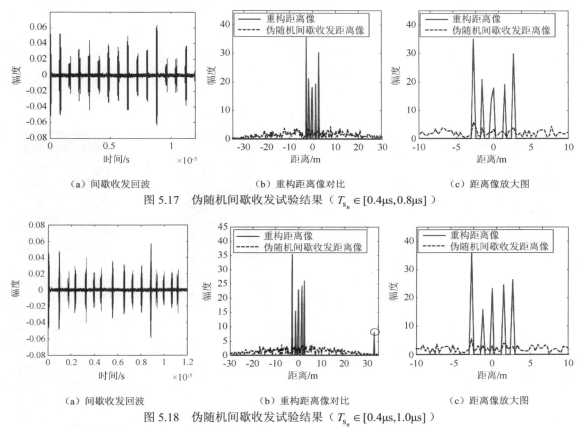

（a）间歇收发回波　　　　　　　（b）重构距离像对比　　　　　　　（c）距离像放大图

图 5.17　伪随机间歇收发试验结果（ $T_{s_n} \in [0.4\mu s, 0.8\mu s]$ ）

（a）间歇收发回波　　　　　　　（b）重构距离像对比　　　　　　　（c）距离像放大图

图 5.18　伪随机间歇收发试验结果（ $T_{s_n} \in [0.4\mu s, 1.0\mu s]$ ）

图 5.17（a）与图 5.18（a）所示为间歇收发回波，时域分段采样的随机性明显增强，有利于改善重构性能。收发周期增加使得距离像峰值点重合程度变大，在图 5.17（b）与图 5.18（b）的间歇收发回波所得距离像中难以观察到实际目标峰值。但是，重构所得距离像均能较好地反映实际目标散射点分布情况，如图 5.17（c）和图 5.18（c）所示。

当 $T_{s_n} \in [0.4\mu s, 0.8\mu s]$ 时，图 5.17（b）的重构结果优于图 5.15（c），当 $T_s = 0.8\mu s$ 时重构出现的多余峰值能被较好地消除。当 $T_{s_n} \in [0.4\mu s, 1.0\mu s]$ 时，在图 5.18（b）的重构距离像中，33.3m 附近再次出现多余峰值。对比图 5.17（a）和图 5.18（a）可知，由于某些 T_{s_n} 大于 $0.8\mu s$，在 τ_n 固定时图 5.18（a）中有效回波数据量小于图 5.17（a）中有效回波数据量，使得重构模型的观测量 M 变小，降低了重构性能，重构距离像中出现了多余峰值。但是，对实际目标位置处的距离像，重构算法得到了良好的结果。

综合试验结果可知，伪随机间歇收发稀疏观测的方法能有效降低距离像中虚假峰的幅度，改善了距离像重构性能，重构结果优于均匀间歇收发的重构结果；在伪随机间歇收发中，应尽量避免较大的收发周期，以增加观察数据的随机性，改善重构性能。

5.3.4　多脉冲间歇收发目标探测试验

对于 LFM 信号，在 4.2.1 节和 4.3.1 节中分别给出了通过距离像截取再反变换得到时域回波和稀疏重构得到目标信息的方法。通过距离像截取再反变换得到时域回波受到试验场景的约束，而稀疏重构得到目标信息的计算复杂度较高，且重构精度与收发参数和变换矩阵相关。为实现精确的目标回波及信息重构，通过设计多个收发序列对雷达脉冲进行多次收发控制，然后进行回波处理，能够得到良好的目标信息。

脉冲间歇收发目标探测及回波处理方法在第 4 章已经详细阐述，下面给出室内场微波暗室的试验结果。多脉冲间歇收发试验系统及目标模型如图 5.19 所示。

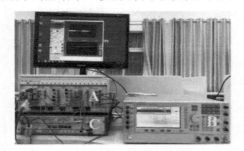
（a）试验系统

（b）试验采用的收发天线

（c）点目标模型

图 5.19　多脉冲间歇收发试验系统及目标模型

图 5.19（a）所示的试验系统与图 5.4 中的相同，分别包含任意波形发生器、上变频数据采集等模块。图 5.19（b）所示为试验采用的收发天线。图 5.19（c）仍然采用角反射器模拟多散射点目标。角反射器和雷达天线之间的距离为 15.5m、17.0m、18.6m、20.0m、21.6m。根据距离及收发约束条件可以设计收发参数 $\tau=0.1\mu s$、$T_s=0.3\mu s$，因此可以得到收发占空比 $D=1/3$，如图 5.20 所示。

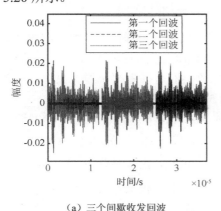
（a）三个间歇收发回波

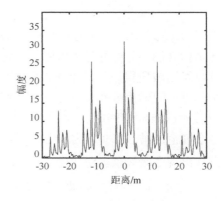
（b）第一个回波距离像

图 5.20　多脉冲间歇收发回波距离像及对消输出后的重构距离像（$T_s=0.3\mu s$）

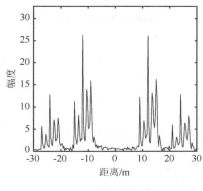

（c）组合回波距离像

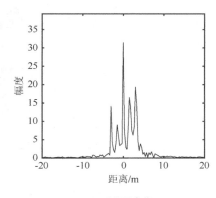

（d）重构距离像

图 5.20　多脉冲间歇收发回波距离像及对消输出后的重构距离像（T_s=0.3μs）（续）

图 5.20（a）为三个间歇收发后的目标回波。对第一个回波进行脉冲压缩，得到的距离像如图 5.20（b）所示，在目标真实距离像左右两侧出现了虚假距离像。对三个回波进行组合并得到距离像如图 5.20（c）所示，其中距离像与图 5.20（b）中的虚假距离像对应，经过对消，实现了虚假距离像的消除，得到重构距离像如图 5.20（d）所示。因此，通过室内场试验，验证了多脉冲间歇收发及回波重构处理方法的有效性。该方法不需要构建稀疏观测模型，其计算复杂度大大下降。同时，收发参数根据室内场约束条件设计后，能够根据占空比得到相应的收发次数，对宽带、窄带信号均有良好的适用性。

5.4　雷达目标探测——二维图像试验验证

脉冲雷达信号被广泛用于成像，在辐射式仿真中，采用脉冲雷达信号对真实目标进行 ISAR 成像，能够实现目标二维散射特性的获取。在本节中利用间歇收发，将脉冲雷达信号分段发射与接收，得到目标回波。进一步，利用分段回波的特点，重构得到目标 ISAR 图像，为辐射式仿真中分析目标多维散射特性提供有效方法。

5.4.1　目标回波信号特性分析

对目标进行 ISAR 成像时，要分析不同慢时间 t_m 对应的目标回波。假设雷达发射 LFM 信号，目标包含 k 个散射点，间歇收发回波可以表示为

$$s_{\text{r,Inter}}(t,t_m) = \sum_{k}^{K} \left[\text{rect}\left(\frac{t - 2R_k(t_m)/C}{\tau} \right) * \sum_{n \to -\infty}^{+\infty} \delta(t - nT_s) \right] s_{\text{r},k}(t,t_m) \tag{5.1}$$

式中，t 为快时间，$R_k(t_m)$ 为散射点 k 与雷达间的距离，$s_{\text{r},k}(t,t_m)$ 为散射点 k 的完整脉冲回波，可表示为

$$s_{\text{r},k}(t,t_m) = \alpha_k \text{rect}\left(\frac{t - 2R_k(t_m)/C}{T_p} \right) \cdot$$
$$\exp\left\{ j2\pi \left[f_c \left(t - \frac{2R_k(t_m)}{C} \right) + \frac{1}{2}\mu \left(t - \frac{2R_k(t_m)}{C} \right)^2 \right] \right\} \tag{5.2}$$

式中，α_k 为散射点后向散射系数。根据式（5.2），完整脉冲回波 $s_r(t,t_m)$ 为 k 个散射点回波 $s_{r,k}(t,t_m)$ 之和。

对式（5.1）进行 De-chirp 处理，可得差频输出为

$$
\begin{aligned}
s_{\text{f,Inter}}(t,t_m) &= s_{\text{r,Inter}}(t,t_m)s_{\text{ref}}^*(t,t_m) = \\
&\sum_{k}^{K}\Bigg\{\alpha_k\Bigg[\text{rect}\bigg(\frac{t-2R_k(t_m)/C}{\tau}\bigg)*\sum_{n\to-\infty}^{+\infty}\delta(t-nT_s)\Bigg]\text{rect}\bigg(\frac{t-2R_k(t_m)/C}{T_p}\bigg)\cdot \\
&\exp\bigg(-j\frac{4\pi}{C}f_c R_{k,\Delta}(t_m)\bigg)\exp\bigg[-j\frac{4\pi}{C}\mu\bigg(t-\frac{2R_{\text{ref}}}{C}\bigg)R_{k,\Delta}(t_m)\bigg]\cdot \\
&\exp\bigg(j\frac{4\pi\mu}{C^2}R_{k,\Delta}(t_m)^2\bigg)\Bigg\}
\end{aligned}
\tag{5.3}
$$

式中，$s_{\text{ref}}^*(t)$ 表示 $s_{\text{ref}}(t)$ 的共轭，$R_{k,\Delta}(t_m)=R_k(t_m)-R_{\text{ref}}$。

对式（5.3）进行快速傅里叶变换，得到间歇收发回波距离像为

$$
\begin{aligned}
S_{\text{f,Inter}}(f,t_m) &= \tau f_s T_p\sum_{k}^{K}\Bigg\{\alpha_k\exp\bigg(-j\frac{4\pi f_c}{C}\mu R_{k,\Delta}(t_m)\bigg)\cdot \\
&\sum_{n\to-\infty}^{+\infty}\text{sinc}(nf_s\tau)\text{sinc}\bigg[T_p\bigg(f-nf_s+2\frac{\mu}{C}R_{k,\Delta}(t_m)\bigg)\bigg]\exp\bigg(-j\frac{4\pi nf_s}{C}R_{\text{ref}}\bigg)\Bigg\}
\end{aligned}
\tag{5.4}
$$

可以发现，间歇收发得到的距离像将会在目标实际位置（$n=0$ 时）两侧出现虚假峰。

5.4.2　二维图像重构方法

间歇收发的本质是对某个慢时间 t_m 的完整脉冲回波 $s_r(t,t_m)$ 进行稀疏观测，因此，利用压缩感知可重构得到目标一维距离像。距离像重构方法不再赘述，下面根据间歇收发与距离多普勒（Range Doppler，RD）成像方法，给出辐射式仿真中利用间歇收发实现脉冲雷达 ISAR 成像的仿真流程，如图 5.21 所示。

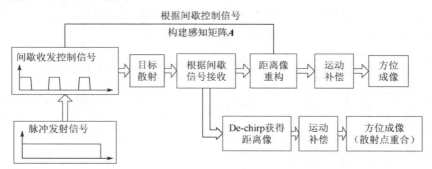

图 5.21　间歇收发 ISAR 成像仿真流程

根据图 5.21 可知，在微波暗室中首先通过间歇收发控制雷达收发天线，实现目标回波的有效接收。根据式（5.4），间歇收发回波得到的距离像会出现虚假峰，使得方位成像所得 ISAR

图像在距离像上产生虚假图像。因此，需要对每个慢时间 t_m 的距离像进行重构，然后进行方位成像得到目标 ISAR 图像，下面通过仿真与实测数据进行分析验证。

5.4.3　仿真试验与结果分析

5.4.3.1　间歇收发 ISAR 图像无重合的仿真结果

考虑目标与雷达在微波暗室中的距离 R=45m，脉冲信号脉宽 T_p=20μs，波长为 0.03m，带宽 B=500MHz，PRF 为 400Hz。目标共有 11 个强散射点，目标尺寸 L=8m 置于转台上，旋转角速度为 0.02rad/s。间歇收发信号周期 T_s=0.5μs，脉宽 τ=0.125μs。根据图 5.21 可知，利用间歇收发模拟 ISAR 成像过程得到仿真结果，如图 5.22 和图 5.23 所示。

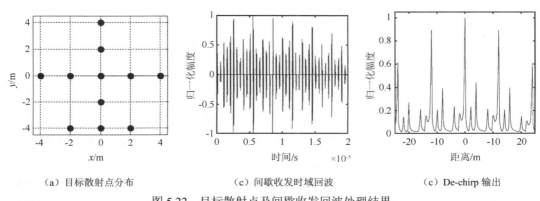

（a）目标散射点分布　　　　（c）间歇收发时域回波　　　　（c）De-chirp 输出

图 5.22　目标散射点及间歇收发回波处理结果

图 5.22（a）所示为目标散射点分布。图 5.22（b）所示为间歇收发时域回波，经过间歇收发控制，时域波形相当于将原始回波与间歇收发控制信号相乘，因此，间歇收发回波部分时间段幅值为零。图 5.22（c）所示为 De-chirp 输出，可以发现，经过间歇收发，目标实际距离像两边分别出现了幅度较低的虚假峰，且有 ΔR=12m，因此距离像中峰值没有重合。此时，经过方位成像，能获得完整的目标 ISAR 图像，如图 5.23 所示。

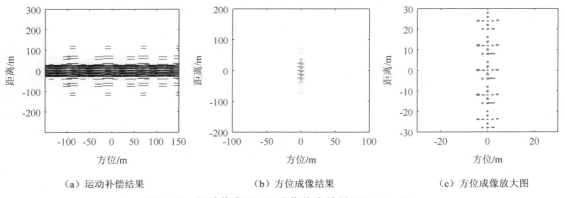

（a）运动补偿结果　　　　（b）方位成像结果　　　　（c）方位成像放大图

图 5.23　间歇收发 ISAR 成像仿真结果（T_s=0.5μs）

图 5.23（a）所示为经过运动补偿后的二维图像，由于间歇收发，距离像上出现虚假峰，因此，经过方位成像，在真实目标两侧出现了虚假的 ISAR 图像，如图 5.23（b）所示。由于较远的位置距离像峰值较低，虚假 ISAR 图像逐渐变弱。此外，由于 $\Delta R > L$，利用截取的方法能够提取真实的目标 ISAR 图像。

根据正交匹配追踪算法重构距离像，从而完成 ISAR 成像，结果如图 5.24 所示。

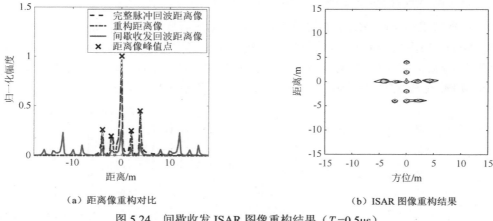

　（a）距离像重构对比　　　　　　　　　　　　　（b）ISAR 图像重构结果

图 5.24　间歇收发 ISAR 图像重构结果（$T_s=0.5\mu s$）

图 5.24（a）所示为单个脉冲间歇收发所得距离像与重构距离像对比结果。可以发现，经过重构，间歇收发导致的虚假峰被消除，能量损失也得到较好的补偿。重构距离像与完整脉冲回波所得距离像在峰值位置、幅度上基本一致。对多个脉冲进行距离像重构，用于 ISAR 成像，得到图 5.24（b）。与图 5.23（c）相比，重构 ISAR 图像较好地反映了目标实际散射点分布情况，间歇收发造成的虚假 ISAR 图像也被有效消除。

5.4.3.2　间歇收发 ISAR 图像重合的仿真结果

当间歇收发周期 T_s 增加、信号带宽 B 增大或者目标尺寸 L 变大时，距离像中目标真实峰与虚假峰重合，使得 ISAR 图像出现重合的情况，截取的方法不再适用。此时，通过压缩感知能够重构目标真实距离像，从而完成 ISAR 成像。当 $T_s=0.8\mu s$、$\tau=0.2\mu s$ 时，有 $\Delta R=7.5m$。由于目标尺寸 $L=8m$，间歇收发回波所得 ISAR 图像将会重合，结果如图 5.25 所示。

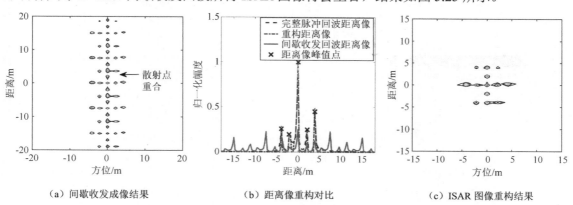

　（a）间歇收发成像结果　　　　　（b）距离像重构对比　　　　　（c）ISAR 图像重构结果

图 5.25　间歇收发 ISAR 成像与重构结果（$T_s=0.8\mu s$）

图 5.25（a）所示为间歇收发成像结果，目标散射点在距离像上出现了重合，此时利用矩形窗截取的方法已经难以获得真实的 ISAR 图像。然而，通过压缩感知重构，能够得到目标一维距离像，如图 5.25（b）所示。可以发现，重构距离像与完整脉冲所得距离像基本一致。将多个重构距离像进行运动补偿与方位成像，可恢复得到目标的真实 ISAR 图像，结果如图 5.25（c）所示。

当 T_s 为 1.1μs、脉宽 τ 为 0.275μs 时，ΔR 为 5.45m，此时 ISAR 成像与重构结果如图 5.26 所示。可以发现，图 5.26（a）所得间歇收发之后的 ISAR 图像中，目标散射点重合更加严重。同时，由于 T_s 增加，回波的稀疏观测数据集中于每个子脉冲 $\tau=0.275$μs 内。相比 T_s 为 0.5μs 时，观测数据更加集中，从而导致距离像重构性能降低。例如，在图 5.26（b）中-6m 附近，重构距离像中出现了虚假峰，部分距离像中的峰值幅度与完整脉冲所得距离像偏差增大。此外，由于多个慢时间对应的重构距离像虚假峰在方位成像时被累积，最终得到的 ISAR 图像中实际目标散射点附近出现较多弱散射点，ISAR 图像质量下降，如图 5.26（c）所示。

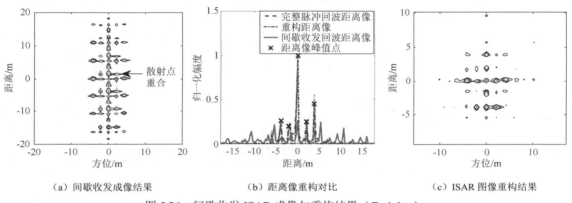

（a）间歇收发成像结果　　　（b）距离像重构对比　　　（c）ISAR 图像重构结果

图 5.26　间歇收发 ISAR 成像与重构结果（T_s=1.1μs）

5.4.3.3　间歇收发 ISAR 成像实测数据分析

为进一步验证间歇收发及压缩感知重构方法的有效性，采用实测数据进行分析。飞机模型与 ISAR 成像结果如图 5.27 所示，飞机长约 36.8m，翼展 34.9m。雷达与目标距离为 500km，信号为 X 波段，带宽 B 为 1.5GHz，脉宽 T_p 为 25.6μs，PRF 为 100Hz。

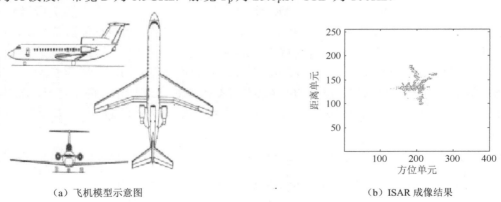

（a）飞机模型示意图　　　　　　　（b）ISAR 成像结果

图 5.27　飞机模型与 ISAR 成像结果

　　目标回波数据为外场所得，但是将回波信号进行间歇抽取，等效于将回波信号进行了间歇接收。利用间歇抽取的回波作为间歇收发回波，重构 ISAR 图像，能够验证仿真方法的有效性。取 400 次慢时间回波进行仿真，得到不同参数下的 ISAR 图像，如图 5.28 和图 5.29 所示。

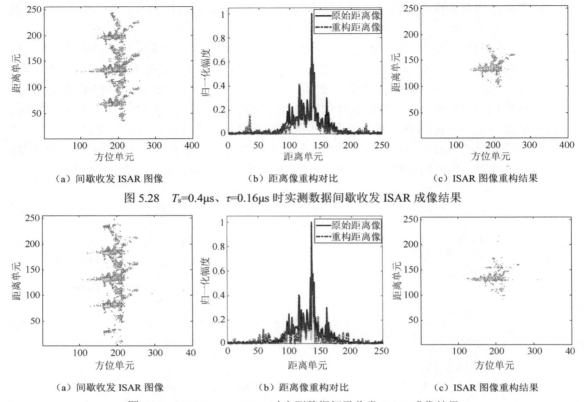

（a）间歇收发 ISAR 图像　　　　　（b）距离像重构对比　　　　　（c）ISAR 图像重构结果

图 5.28　T_s=0.4μs、τ=0.16μs 时实测数据间歇收发 ISAR 成像结果

（a）间歇收发 ISAR 图像　　　　　（b）距离像重构对比　　　　　（c）ISAR 图像重构结果

图 5.29　T_s=0.5μs、τ=0.2μs 时实测数据间歇收发 ISAR 成像结果

　　图 5.28（a）为 T_s=0.4μs 时，间歇收发所得实测数据的 ISAR 图像。由于 ISAR 图像中虚假像之间的间隔为 24m，目标实际尺寸为 36.8m，所以 ISAR 图像在距离像上重合。重构以后可得如图 5.28（b）所示的目标一维距离像，其中重构距离像与原始距离像基本一致。利用重构所得距离像，得到方位成像之后的 ISAR 图像如图 5.28（c）所示。可以发现，所得 ISAR 图像与图 5.27（b）中完整数据所得图像基本一致，且机头、机翼、机身均能清楚显示，反映了目标的基本特征，验证了间歇收发与重构方法的有效性。

　　由于在 T_s 增加至 0.5μs 时，ΔR=19.2m，图像之间的重合程度加深，如图 5.29（a）所示。对重构的距离像进行方位成像，得到的 ISAR 图像如图 5.29（c）所示。可以发现，ISAR 图像中飞机头部的部分散射点已不可见，只能观察到机翼与机身部分。这是由于 T_s 增加，回波数据更加集中，所以重构距离像失真，成像质量有所下降。

5.4.3.4　间歇收发 ISAR 成像性能分析

　　利用图像熵来衡量上述仿真方法所得 ISAR 图像的质量，定义如下：

$$E(\boldsymbol{I}) = -\sum_{n=1}^{N}\sum_{m=1}^{M}\boldsymbol{D}(n,m)\ln\left[\boldsymbol{D}(n,m)\right] \tag{5.5}$$

式中，$D(n,m)$ 是归一化后的图像，表达式为

$$D(n,m)=\left|I(n,m)\right|^2 \bigg/ \sum_{n=1}^{N}\sum_{m=1}^{M}\left|I(n,m)\right|^2 \qquad (5.6)$$

式中，$I(n,m)$ 表示原始图像像素强度。

对不同的收发周期分别计算仿真所得重构 ISAR 图像熵值，如表 5.3 所示。

表 5.3　间歇收发 ISAR 图像熵值

信 号 参 数	ISAR 图像熵值
完整脉冲	3.4408
T_s=0.5μs	3.4747
T_s=0.8μs	3.5479
T_s=1.1μs	4.2698

根据表 5.3 可知，当间歇收发周期为 0.5μs 时，距离像峰值未重合，重构图像熵值为 3.4747，与完整脉冲所得 ISAR 图像熵值接近。随着 T_s 的增加，图像熵值也随之增加。当 T_s 为 1.1μs 时，观测数据较为集中，重构效果变差，图像熵值也随之增加为 4.2698。尽管在收发周期增加时，ISAR 图像质量有所下降。但是，聚焦较好的图像往往对应较小的熵值，因此，当间歇收发周期较小时，重构效果更好，所得图像与完整脉冲回波所得 ISAR 图像也更加接近。

表 5.4 给出了实测数据重构 ISAR 图像熵值。

表 5.4　实测数据重构 ISAR 图像熵值

信 号 参 数	ISAR 图像熵值
完整脉冲	7.3886
T_s=0.4μs	7.4270
T_s=0.5μs	8.1335

根据表 5.4 可知，当 T_s 为 0.4μs 时，重构所得 ISAR 图像熵值与完整脉冲所得图像熵值基本一致。当 T_s 增加时，间歇收发回波数据进一步集中于每个子脉冲内，使得观测数据较为集中，造成重构性能下降。此时，重构图像的熵值也随之增加，ISAR 图像质量下降。

结合仿真与实测数据可以得到以下结论。

（1）在辐射式仿真中，间歇收发处理能够得到与完整脉冲相一致的目标 ISAR 图像。

（2）在保证脉冲回波被有效接收的前提下，采用较小的收发周期，重构所得目标 ISAR 图像的质量更好。

5.5　雷达目标微动特征提取试验验证

通过构建动态测量系统，可以采用扫频测量的方式开展目标散射特性的动态测量。但是，扫频测量需要对设定带宽内的所有频点扫描结束后才能进行下一方位角的测量，使得测量工作量较大。同时，测量系统的约束使得数据录取的频率较低，等效测量 PRF 较低，对具有高速旋转部件等微动特性的目标，难以完成测量任务。间歇收发采用的脉冲雷达信号可以达到较高的 PRF，因此可以实现具有高速旋转、机动等高动态特性的目标测量和分析任务。

5.5.1 旋转目标微动特征提取

随着目标结构日益复杂，不少目标本体包含旋转部件，如直升机机翼、汽车车轮等。在雷达视线上，旋转部件的强散射点与雷达之间的距离随时间周期性变化，形成微动特性。图 5.30 给出了典型目标旋转散射点运动情况示意图。

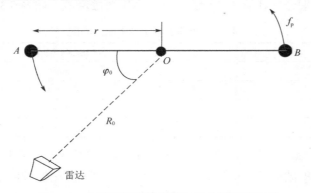

图 5.30　典型目标旋转散射点运动情况示意图

通常可以认为快时间内散射点的位置基本不变，对于慢时间 t_m，A 点在雷达视线上的距离为

$$R_A(t_m) = R_0 - r\cos(2\pi f_{\mathrm{p}} t_m + \varphi_0) \tag{5.7}$$

式中，R_0 为参考散射中心与雷达间的距离，r 为第 k 个散射点的旋转半径，f_{p} 为旋转频率，φ_0 为初始相位。

根据 De-chirp 原理，将式（5.7）代入目标回波距离像表达式中，得到：

$$\hat{S}_{\mathrm{f}}(f,t_m) = T_{\mathrm{p}} \sum_{k=1}^{K} \alpha_k \operatorname{sinc}\left[T_{\mathrm{p}}\left(f + \frac{2\mu}{c} R_{k,\Delta}(t_m) \right) \right] \exp\left(-\mathrm{j}\frac{4\pi f_{\mathrm{c}}}{c} R_{k,\Delta}(t_m) \right) \tag{5.8}$$

式中，$R_{k,\Delta}(t_m) = R_k(t_m) - R_{\mathrm{ref}}$，$2\mu R_{k,\Delta}(t_m)/c$ 表示散射点相对参考点的位置。

同样，包含微动信息的间歇收发回波距离像为

$$\begin{aligned}
\hat{S}_{\mathrm{f}_3}(f,t_m) = \tau f_{\mathrm{s}} T_{\mathrm{p}} \sum_{k=1}^{K} \Bigg\{ & \alpha_k \exp\left(-\mathrm{j}\frac{4\pi f_{\mathrm{c}}}{c} R_{k,\Delta}(t_m) \right) \cdot \\
& \sum_{n\to-\infty}^{+\infty} \operatorname{sinc}(nf_{\mathrm{s}}\tau)\operatorname{sinc}\left[T_{\mathrm{p}}\left(f - nf_{\mathrm{s}} + \frac{2\mu}{c} R_{k,\Delta}(t_m) \right) \right] \exp\left(-\mathrm{j}\frac{4\pi nf_{\mathrm{s}}}{c} R_{\mathrm{ref}} \right) \Bigg\}
\end{aligned} \tag{5.9}$$

令 $n=0$，得到式（5.9）中脉压输出的峰值点为

$$\hat{S}'_{\mathrm{f}_3}(f,t_m) = \tau f_{\mathrm{s}} T_{\mathrm{p}} \sum_{k=1}^{K} \alpha_k \exp\left(-\mathrm{j}\frac{4\pi f_{\mathrm{c}}}{c} R_{k,\Delta}(t_m) \right) \operatorname{sinc}\left[T_{\mathrm{p}}\left(f + \frac{2\mu}{c} R_{k,\Delta}(t_m) \right) \right] \tag{5.10}$$

取式（5.10）中的相位项，有

$$\phi_k(t_m) = -\frac{4\pi}{\lambda} R_{k,\Delta}(t_m) \tag{5.11}$$

式中，$\lambda = c / f_{\mathrm{c}}$ 为信号波长。

从而，A 点对应的多普勒频率为

$$f_{\text{micro},A} = \frac{1}{2\pi} \times \frac{\mathrm{d}\phi_A(t_m)}{\mathrm{d}t_m} = \frac{4\pi r f_{\mathrm{p}}}{\lambda} \sin(2\pi f_{\mathrm{p}} t_m + \varphi_0) \tag{5.12}$$

由于间歇收发回波距离像与完整回波距离像在幅度上相差 τf_{s}，在未补偿的情况下，通过对式（5.10）进行短时傅里叶变换，得到的微多普勒信息的幅度将小于完整脉冲所得结果。

5.5.2　进动目标微动特征提取

对于弹道导弹，为了使弹头有较好的飞行气动特性和再入性能，通常将弹头设计为锥体形状。从雷达目标特性研究方面，弹头主要分为平底锥弹头、球体锥弹头、平底锥柱体弹头和球体锥柱体弹头。

为保证弹头攻击的有效性，需要对弹头采取姿态稳定控制的方法，达到零攻角攻击的目的。常用的姿态稳定控制方法是自旋稳定，同时当弹头与母舱分离时，弹头受到冲击力的作用，使其在平衡位置进行圆锥运动，形成进动。

图 5.31 给出了弹头目标进动示意图。其中，雷达与目标质心 O 相距 R_0，弹头绕锥旋轴 OZ 进行锥旋运动，旋转频率为 f_{p}，绕自旋轴 OB 进行自旋运动，旋转频率为 f_{t}。OAB 为雷达视线与弹头的切面，弹头初始姿态角为 OA 与 OX 构成的夹角 ϕ_0。平均视线角 β 为由雷达视线 OR 与锥旋轴 OZ 的夹角，进动角 θ 为锥旋轴 OZ 与自旋轴 OB 的夹角，电波入射角 γ 为 OB 与 OR 的夹角。

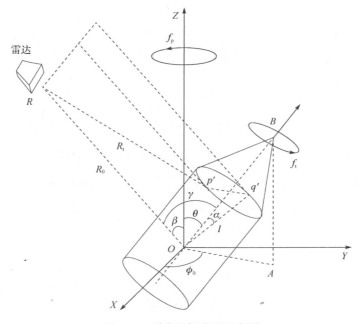

图 5.31　弹头目标进动示意图

根据图 5.31 可知，假设雷达视线 OR 与自旋轴 OB 构成的平面与锥柱结合面交于 p' 和 q' 两点。对于旋转对称目标，在进动过程中，散射中心 p' 和 q' 随 OB 在参考系中运动而在本体坐标系中变化，形成滑动现象，即滑动型散射中心。α 为 Oq' 与 OB 的夹角，l 为 q' 到质心 O 的距离。中部环状半径为 r，R_{t} 为雷达与 p' 的距离。

在目标本体坐标系下，在 t_m 时刻，目标上任意一点 $p(x,y,z)$ 的旋转矩阵为

$$M_{\text{rot}} = \begin{bmatrix} \cos 2\pi f_p t_m & -\sin 2\pi f_p t_m & 0 \\ \sin 2\pi f_p t_m & \cos 2\pi f_p t_m & 0 \\ 0 & 0 & 1 \end{bmatrix} \tag{5.13}$$

根据坐标变换，目标本体坐标系到参考坐标系 $OXYZ$ 的初始变换矩阵为

$$R_{\text{init}} = \begin{bmatrix} \cos\phi_0 & -\sin\phi_0 & 0 \\ \sin\phi_0 & \cos\phi_0 & 0 \\ 0 & 0 & 1 \end{bmatrix} \begin{bmatrix} \cos\theta & 0 & -\sin\theta \\ 0 & 1 & 0 \\ \sin\theta & 0 & \cos\theta \end{bmatrix} \tag{5.14}$$

从而，p 点在参考坐标系的坐标为

$$r_{Op} = M_{\text{rot}} R_{\text{init}} [x, y, z]^{\mathrm{T}} \tag{5.15}$$

根据矢量运算，得到该点与雷达间的距离为

$$\begin{aligned} R(t_m) &= \|r_{Rp}\| = \|r_{OR} - r_{Op}\| \\ &\approx R_0 - \cos\beta(z\cos\theta + y\sin\theta) - x\sin\beta\cos(2\pi f_p t_m + \phi_0) + \\ &\quad y\sin\beta\cos\theta\sin(2\pi f_p t_m + \phi_0) - z\sin\beta\sin\theta\sin(2\pi f_p t_m + \phi_0) \end{aligned} \tag{5.16}$$

对于鼻锥部分，其滑动距离较小，可以用 ΔR_{t_m} 表征。同时，鼻锥在本体坐标系下有 $x=y=0$，从而有

$$\begin{aligned} R(t_m) &= \|r_{Rp}\| = \|r_{OR} - r_{Op}\| \\ &\approx R_0 - z\cos\theta\cos\beta - z\sin\beta\sin\theta\sin(2\pi f_p t_m + \varphi) + \Delta R_{t_m} \end{aligned} \tag{5.17}$$

进一步，可以得到鼻锥的微多普勒表达式为

$$\begin{aligned} f_{\text{micro},B} &= \frac{1}{2\pi} \times \frac{4\pi}{\lambda} \times \frac{\mathrm{d}R(t_m)}{\mathrm{d}t_m} \\ &= -\frac{4\pi f_p}{\lambda} z\sin\beta\sin\theta\cos(2\pi f_p t_m + \phi_0) + \frac{2}{\lambda} \times \frac{\mathrm{d}\Delta R_{t_m}}{\mathrm{d}t_m} \end{aligned} \tag{5.18}$$

对于图 5.31 的圆环部分，由三角函数关系可得雷达到 p' 的距离为

$$R(t_m) = \|r_{Rp'}\| = \|r_{OR}\|^2 + \|r_{Op'}\|^2 - 2\|r_{OR}\|\|r_{Op'}\|\cos\angle ROp' \tag{5.19}$$

式中，$\|r_{OR}\| = R_0$，$\|r_{Op'}\| = l$，$\angle ROp' = \gamma - \alpha$。

γ 为 OR 与 OB 的夹角，根据矢量的坐标表达式可得：

$$\cos\gamma = \cos\theta\cos\beta + \sin\theta\sin\beta\cos(2\pi f_p t + \varphi) \tag{5.20}$$

代入式（5.19）可得：

$$R(t_m) = \sqrt{R_0^2 + l^2 - 2R_0 l\cos(\gamma - \alpha)} \tag{5.21}$$

通常情况下 $l \ll R_0$，因此式（5.21）可简化为

$$\begin{aligned} R(t_m) &\approx R_0 - l\cos(\gamma - \alpha) \\ &= R_0 - l\cos\alpha(\cos\theta\cos\beta + \sin\theta\sin\beta\cos(2\pi f_p t + \varphi)) - \\ &\quad l\sin\alpha\sqrt{1 - (\cos\theta\cos\beta + \sin\theta\sin\beta\cos(2\pi f_p t + \varphi))^2} \end{aligned} \tag{5.22}$$

同样地，可以得到散射点 q' 与雷达间的距离为

$$R(t_m) \approx R_0 - l\cos(\gamma + \alpha)$$
$$= R_0 - l\cos\alpha(\cos\theta\cos\beta + \sin\theta\sin\beta\cos(2\pi f_p t + \varphi)) + \quad (5.23)$$
$$l\sin\alpha\sqrt{1 - (\cos\theta\cos\beta + \sin\theta\sin\beta\cos(2\pi f_p t + \varphi))^2}$$

进而得到 p' 与 q' 微多普勒表达式分别为

$$f_{\text{micro},p'} = \frac{4\pi l f_p}{\lambda}\left[\cos\alpha\sin\beta\sin\theta\sin(2\pi f_p t + \varphi) - \right.$$

$$\left.\frac{\sin\alpha\sin\beta\sin\theta\sin(2\pi f_p t + \varphi)(\cos\beta\cos\theta + \sin\beta\sin\theta\cos(2\pi f_p t + \varphi))}{\sqrt{1 - (\cos\theta\cos\beta + \sin\theta\sin\beta\cos(2\pi f_p t + \varphi))^2}}\right] \quad (5.24)$$

$$f_{\text{micro},q'} = \frac{4\pi l f_p}{\lambda}\left[\cos\alpha\sin\beta\sin\theta\sin(2\pi f_p t + \varphi) + \right.$$

$$\left.\frac{\sin\alpha\sin\beta\sin\theta\sin(2\pi f_p t + \varphi)(\cos\beta\cos\theta + \sin\beta\sin\theta\cos(2\pi f_p t + \varphi))}{\sqrt{1 - (\cos\theta\cos\beta + \sin\theta\sin\beta\cos(2\pi f_p t + \varphi))^2}}\right] \quad (5.25)$$

根据式（5.24）与式（5.25）可知，散射点 p' 与 q' 的微多普勒偏离正弦表达式，是两个散射点的进动导致的结果。

对于弹头进动特性，散射点的运动导致其与雷达之间的距离 $R(t_m)$ 呈现周期性变化。根据式（5.10），间歇收发后，取距离像峰值对应的距离单元进行时频分析，即可得到散射点的微多普勒信息。下面给出间歇收发目标微动特征提取流程，如图 5.32 所示。

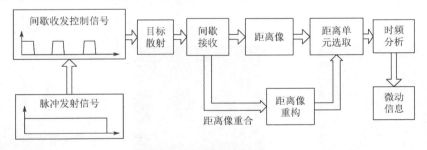

图 5.32　间歇收发目标微动特征提取流程

根据图 5.32 可知，经过间歇收发处理得到目标回波，然后经过 De-chirp 或脉冲压缩得到目标距离像之后，选取目标峰值位置的距离像对慢时间进行时频分析，得到散射点的微动信息。当收发参数导致一维距离像峰值点重合时，通过距离像重构，然后选取距离单元进行时频分析，仍可以精确获取目标微动信息。

5.5.3　仿真试验与结果分析

5.5.3.1　旋转目标微动特征提取仿真

首先针对旋转目标，采用间歇收发进行目标微动特征提取仿真试验。根据图 5.30 可知，假设目标旋转半径 $r=0.1$m，雷达与目标间的距离 $R=45$m。脉冲信号带宽 $B=500$MHz，载频

f_c=10GHz。信号脉宽 T_p=12μs，波长为 0.03m，脉冲信号 PRF 为 1.67kHz。间歇收发参数 T_s=0.6μs，τ 为 0.2μs。散射点 A、B 的旋转频率为 8Hz。

作为对比，参考当前扫频机制测量设备所能达到的最大等效 PRF 为 68Hz，设定扫频信号的频率间隔为 1MHz，每组信号包含 500 个脉冲，从而信号带宽为 500MHz，目标自旋频率为 1Hz。微多普勒时频分析提取结果如图 5.33 所示。

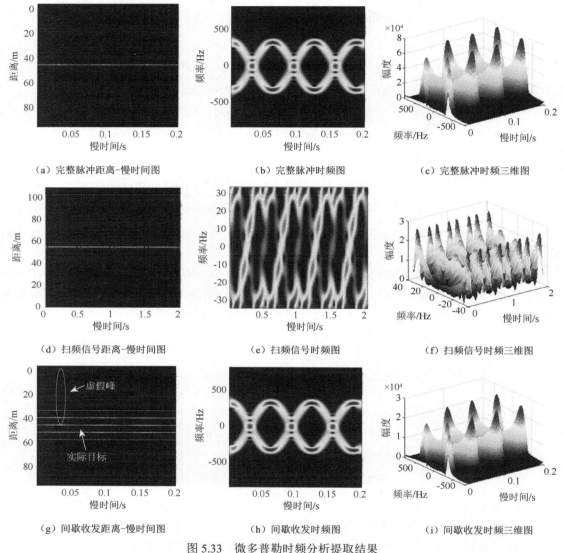

（a）完整脉冲距离-慢时间图　　（b）完整脉冲时频图　　（c）完整脉冲时频三维图

（d）扫频信号距离-慢时间图　　（e）扫频信号时频图　　（f）扫频信号时频三维图

（g）间歇收发距离-慢时间图　　（h）间歇收发时频图　　（i）间歇收发时频三维图

图 5.33　微多普勒时频分析提取结果

图 5.33（b）所示为完整脉冲时频图，得到了准确的微多普勒频率。图 5.33（e）所示为扫频信号时频图，由于信号 PRF 较低，提取的微多普勒频率发生了混叠。图 5.33（g）所示为间歇收发距离-慢时间图，由于收发周期较小，通过设定合适的截取窗能够得到真实目标距离像所处的距离单元，对该距离单元的慢时间回波进行时频分析，得到图 5.33（h）。可以发现，图 5.33（h）所得微多普勒信息与图 5.33（b）所得微多普勒信息基本一致。此外，在

图 5.33（i）的三维图中，微多普勒幅度小于图 5.33（c）中的微多普勒幅度，这是间歇收发处理后回波能量降低导致的，通过补偿能够消除该影响。

5.5.3.2　进动目标微动特征提取仿真

采用间歇收发对进动目标微动特征进行提取仿真试验，弹头目标尺寸示意图如图 5.34 所示。锥底半径为 0.3m，质心与锥底距离 0.4m，与锥柱结合面距离 0.8m，鼻锥与锥柱结合面距离 1.2m。

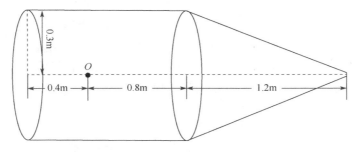

图 5.34　弹头目标尺寸示意图

根据图 5.31 可知，假设雷达在参考坐标系的坐标为（6,15,42），从而雷达与质心间的距离为 45m。弹头初始姿态角 $\phi_0 = 10°$，进动角 $\theta = 7.9°$。弹头自旋频率 $f_t = 3\mathrm{Hz}$，锥旋频率 $f_p = 1\mathrm{Hz}$。雷达脉冲 $T_p = 12.7\mathrm{\mu s}$，带宽 $B = 500\mathrm{MHz}$，信号 PRF 为 1kHz，观测总时长为 2.048s。设定 $T_s = 0.6\mathrm{\mu s}$，$\tau = 0.2\mathrm{\mu s}$，根据图 5.32 进行仿真，得到仿真结果，如图 5.35 所示。

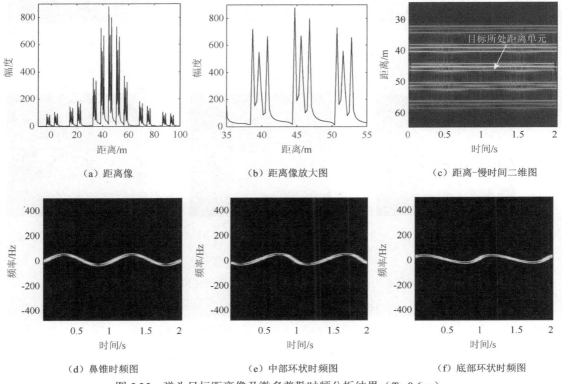

图 5.35　弹头目标距离像及微多普勒时频分析结果（T_s=0.6μs）

图 5.35（a）和图 5.35（b）给出了间歇收发所得目标回波距离像，其中图 5.35（b）显示了目标尺寸约为 2.1m，与仿真设定基本一致。同时，间歇收发所得距离像中虚假峰与真实峰距离为 $\Delta R = 6\text{m}$，因此，通过截取目标距离像所处距离单元的方法能够得到距离-慢时间二维图，如图 5.35（c）所示。对三个距离单元的慢时间回波序列分别进行时频分析，得到图 5.35（d）、图 5.35（e）和图 5.35（f）。

根据雷达参考系坐标与锥旋轴，得到雷达视线角为 21.04°，而弹头半锥角为 14.04°。由于雷达视线角大于弹头半锥角，弹头中部环状和底部环状分别仅能观测到一个等效散射中心。其中，鼻锥时频图如图 5.35（d）所示，其微多普勒频率变化为标准的正弦曲线。中部环状与底部环状的微多普勒频率变化不是标准的正弦曲线，如图 5.35（e）和图 5.35（f）所示，表现出滑动型散射中心的微动特征，与式（5.24）和式（5.25）计算结果一致。同时，三个部分的微多普勒频率均为 1Hz，与仿真设定的锥旋频率相同。

当间歇收发周期 $T_s = 1.5\mu\text{s}$、$\tau = 0.3\mu\text{s}$ 时，有 $\Delta R = 2.4\text{m}$。由于目标尺寸为 2.4m，目标距离像中真实峰与虚假峰会重合，从而影响微动信息的提取。根据图 5.32 可知，需要对距离像重构，然后对重构距离像进行时频分析，得到微动信息，仿真结果如图 5.36 所示。

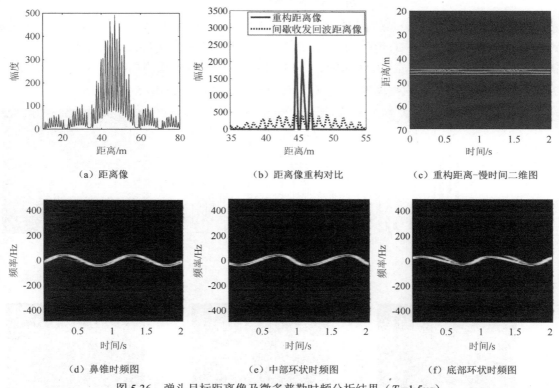

（a）距离像　　　　　　　　（b）距离像重构对比　　　　　　（c）重构距离-慢时间二维图

（d）鼻锥时频图　　　　　　（e）中部环状时频图　　　　　　（f）底部环状时频图

图 5.36　弹头目标距离像及微多普勒时频分析结果（T_s=1.5μs）

可以发现，间歇收发后，图 5.36（a）中距离像峰值重合，通过截取的方法难以得到散射点对应距离单元的距离像。但是利用重构的方法，可以得到目标距离像，如图 5.36（b）所示。进一步，可得图 5.36（c）中重构的距离-慢时间二维图。同样地，对三个距离单元的慢时间序列进行时频分析，得到时频图如图 5.36（d）、图 5.36（e）和图 5.36（f）。

对比图 5.36 与图 5.35 的时频图可以发现，利用重构距离像进行时频分析的结果与图 5.35 间歇收发回波时频图相同。因此，重构距离像较好地保留了目标散射点运动的相位信息，使得时频分析能够得到准确的微多普勒频率。

5.5.3.3　旋转目标微动特征提取微波暗室试验结果

微波暗室目标特性测量是获取目标电磁特征的主要手段。为实现对具有高速旋转特性的目标进行测量，传统的扫频方法需要采取降低目标旋转频率等措施实现。但是，间歇收发采用脉冲雷达信号，可以达到较高的 PRF，而不需要改变目标的运动特性，因此试验结果更能反映目标的实际特性。本节构建了微波暗室间歇收发目标微动特征测量试验系统，实现脉冲雷达对目标微动特征的有效提取，主要开展了旋转目标和弹头进动目标测量试验，通过对试验结果分析，验证试验方法和系统的有效性。试验系统与旋转目标实物图如图 5.37 所示。

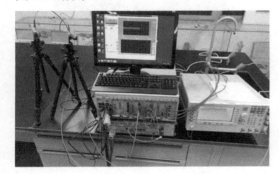

（a）试验系统实物图　　　　　　　　　　　　　（b）旋转目标实物图

图 5.37　试验系统与旋转目标实物图

根据图 5.37（a）可知，间歇收发试验系统的天线采用收发分置方式实现。在图 5.37（b）中，将角反射器置于横杆两端，通过电动机转动实现目标散射点的旋转运动。底部旋转电动机转速可调。由于旋转频率需要手动测试，存在一定的误差。

1.　均匀间歇收发旋转目标微多普勒频率提取

根据表 5.5 的参数开展试验，对间歇收发目标回波进行脉冲压缩得到距离像。选取目标所在距离单元进行时频分析，得到旋转角反射器的微多普勒频率。

表 5.5　旋转目标均匀收发周期参数设置

参　　数	取　　值	参　　数	取　　值	
脉宽 T_p	12μs	带宽 B	10MHz	
			300MHz	
PRF	1kHz	间歇收发周期 T_s	0.4μs	0.8μs
波长	0.03m（10GHz）	间歇收发脉宽 τ	0.1μs	0.1μs
目标距离	15.5m	旋转半径	0.38m	

当脉冲雷达信号带宽 B=10MHz、脉宽 T_p=12μs、τ=0.1μs 时，不同收发周期 T_s 的微多普勒频率提取结果如下。

（1）T_s=0.4μs，旋转周期约为 0.85s，如图 5.38 所示。

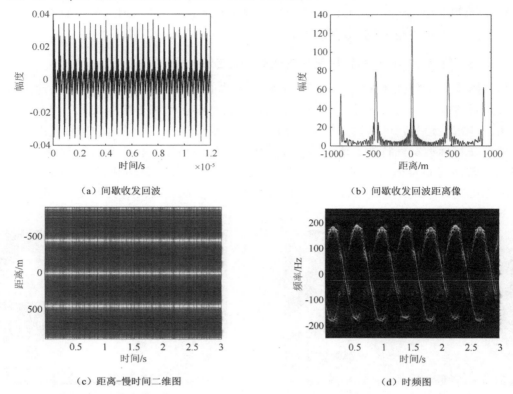

（a）间歇收发回波　　　　　　　　　　　　（b）间歇收发回波距离像

（c）距离-慢时间二维图　　　　　　　　　　　（d）时频图

图 5.38　间歇收发目标回波与微多普勒时频分析结果（B=10MHz，T_s=0.4μs）

间歇收发回波距离像如图 5.38（b）所示，然后得到距离-慢时间二维图如图 5.38（c）所示。对目标所在距离单元的慢时间进行时频分析，得到时频图如图 5.38（d）所示。可以发现，时频图中出现两个周期相同、相位相反的正弦曲线，即两个角反射器的微多普勒曲线。根据时频图可得微多普勒周期约为 0.86s，与试验中设定的旋转周期 0.85s 基本一致。同时，由 r=0.38m，λ=0.03m，f_p=1/0.85s=1.18Hz，结合式（5.12）可得角反射器的最大旋转频率为 187.26Hz。时频图中最大频率为 185.09Hz，与计算结果基本一致。

（2）T_s=0.8μs，旋转周期约为 0.9s，如图 5.39 所示。

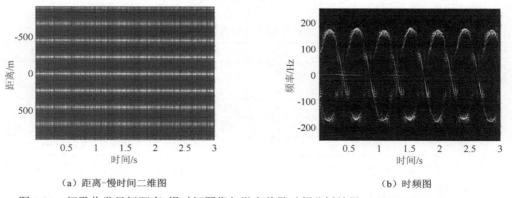

（a）距离-慢时间二维图　　　　　　　　　　　（b）时频图

图 5.39　间歇收发目标距离-慢时间图像与微多普勒时频分析结果（B=10MHz，T_s=0.8μs）

图 5.39（a）为 T_s=0.8μs 所得距离-慢时间二维图，选取目标所在距离单元进行时频分析，得到图 5.39（b）。根据时频图可得微多普勒周期约为 0.91s，与试验中设定的旋转周期 0.9s 基本一致。同时，时频图中最大频率为 174.92Hz，与计算结果 176.86Hz 基本相同。

当脉冲雷达信号带宽 B=300MHz、脉宽 T_p=12μs、τ=0.1μs 时，得到不同收发周期的微多普勒时频图提取结果。

（3）T_s=0.4μs，旋转周期约为 1.1s，如图 5.40 所示。

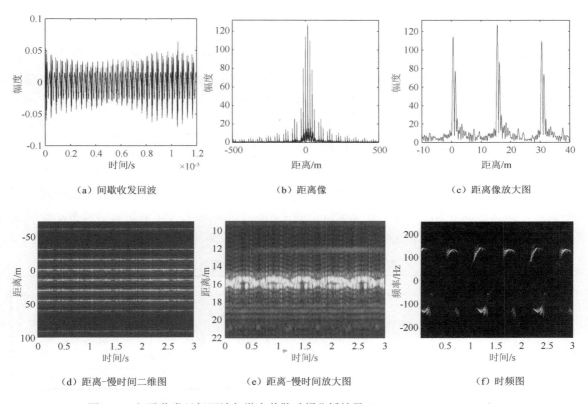

（a）间歇收发回波　　　　（b）距离像　　　　（c）距离像放大图

（d）距离-慢时间二维图　　　（e）距离-慢时间放大图　　　（f）时频图

图 5.40　间歇收发目标回波与微多普勒时频分析结果（B=300MHz，T_s=0.4μs）

由于信号带宽增加，目标距离分辨率增大，经过间歇收发得到目标距离-慢时间二维图如图 5.40（d）所示。图 5.40（e）可以较为清晰地观察到距离像的周期特性。当旋转目标两个散射点位于同一距离单元时，距离像无法分开。选取该距离单元进行时频分析，得到图 5.40（f）。可以发现当两个散射点位于同一距离单元时，对应的微多普勒频率最大，因此时频图与距离-慢时间二维图中，正弦曲线相差 90°。

此外，根据时频图和距离-慢时间二维图可以得到目标旋转周期约为 1.122s，最大频率为 141.87Hz。由于试验设定的旋转速度为 1.1s，根据式（5.12）计算得到最大微多普勒频率为 144.7Hz，与时频图结果基本一致。

（4）T_s=0.8μs，旋转周期约为 0.82s，如图 5.41 所示。

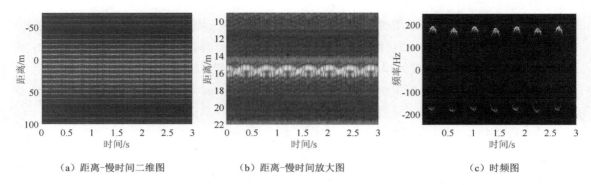

（a）距离-慢时间二维图　　　　（b）距离-慢时间放大图　　　　（c）时频图

图 5.41　间歇收发目标距离-慢时间图像与微多普勒时频分析结果（B=300MHz，T_s=0.8μs）

间歇收发得到的目标距离-慢时间二维图如图 5.41（b）所示，可以清晰地观察到距离像的周期特性。根据时频图和距离-慢时间二维图可以得到目标旋转周期约为 0.821s，最大频率为 193.87Hz。试验设定的旋转周期约为 0.82s，根据式（5.12）计算得到最大微多普勒频率为 194.11Hz，与时频图结果基本一致。

2. 伪随机间歇收发旋转目标微多普勒频率提取

采用伪随机间歇收发时，根据目标尺寸选择相应的收发周期，可以在降低距离像虚假峰的同时，得到目标位置处的实际距离像。下面采用伪随机间歇收发，对旋转目标微动特性进行测量试验，参数设置如表 5.6 所示。

表 5.6　旋转目标随机收发周期参数设置

参　数	取　值	参　数	取　值
脉宽 T_p	12μs	带宽 B	10MHz 300MHz
PRF	1kHz	间歇收发周期 T_s	0.4μs～0.8μs
波长	0.03m（10GHz）	间歇收发脉宽 τ	0.1μs
目标距离	15.5m	旋转半径	0.38m

（1）B=10MHz，旋转周期约为 0.9s，如图 5.42 所示。

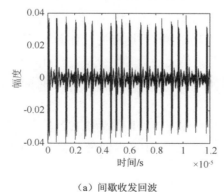

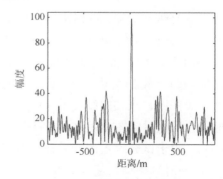

（a）间歇收发回波　　　　　　　　　　（b）伪随机间歇收发回波距离像

图 5.42　伪随机间歇收发目标回波与微多普勒时频分析结果（B=10MHz）

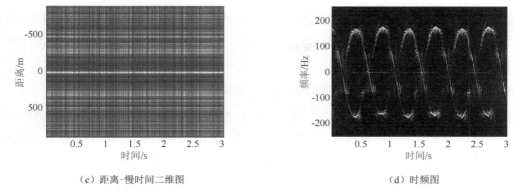

（c）距离-慢时间二维图　　　　　　　　　　　（d）时频图

图 5.42　伪随机间歇收发目标回波与微多普勒时频分析结果（B=10MHz）（续）

图 5.42（b）所示为伪随机间歇收发回波距离像，可以发现，由于伪随机间歇收发的非周期特性，脉冲压缩输出距离像中没有形成周期性的虚假峰。但是，目标真实峰仍可准确得到。对图 5.42（c）中距离-慢时间二维图中目标所处距离单元进行慢时间时频分析，得到图 5.42（d）。其中，旋转周期约为 0.91s，对应最大微多普勒频率为 174.92Hz。根据式（5.12）可计算得到理论微多普勒频率最大值为 176.86Hz，因此，伪随机间歇收发能够有效获取目标的微动信息。

（2）B=300MHz，旋转周期为 0.82s，如图 5.43 所示。

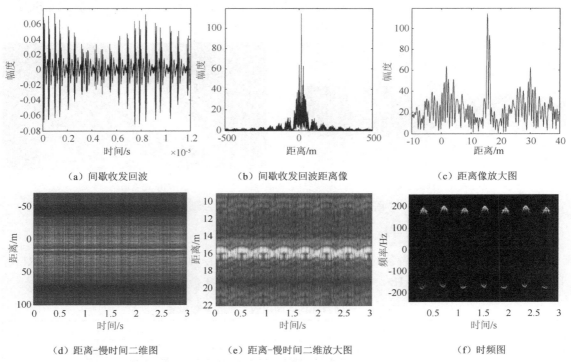

（a）间歇收发回波　　　　　　（b）间歇收发回波距离像　　　　　　（c）距离像放大图

（d）距离-慢时间二维图　　　　（e）距离-慢时间二维放大图　　　　　（f）时频图

图 5.43　伪随机间歇收发目标回波与微多普勒时频分析结果（B=300MHz）

与图 5.42（b）相同，伪随机间歇收发使得距离像中虚假峰幅度降低，如图 5.43（c）所示。由于信号带宽增加，当两个旋转角反射器连线与雷达视线平行时，距离像能够分辨出两个目标，从而得到距离-慢时间二维图，如图 5.43（d）和图 5.43（e）所示。其中，图 5.43（e）可以较好地观察到目标的微多普勒频率。选取距离像无法分辨的距离单元进行时频分析，得到图 5.43（f）。根据时频图，目标旋转周期为 0.821s，对应最大微多普勒频率为 193.88Hz，理论计算值为 194.11Hz。

5.5.3.4　进动目标微动特征提取微波暗室试验结果

弹头目标微多普勒特征较为复杂，通过间歇收发实现脉冲信号对弹头目标微动特征的测量，对分析和发现弹头目标的散射机理有重要意义。在试验中，弹头绕质心转动，质心位于目标对称轴距底部 0.2m 处。弹头尺寸示意图如图 5.44 所示，根据弹头尺寸可知，半锥角为 18.43°。进动目标试验系统与暗室场景如图 5.45 所示，主要由自旋电动机、锥旋电动机、弹头模型、进动控制器组成。

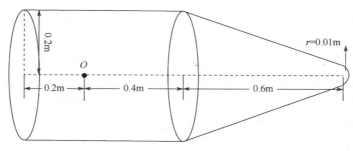

图 5.44　弹头尺寸示意图

（a）进动目标试验系统　　　　　　　　　　　　　　（b）暗室场景

图 5.45　进动目标试验系统与暗室场景

1. 均匀间歇收发进动目标微多普勒频率提取

由于扫频测量方法与设备的约束，目标锥旋频率在 1Hz 以下。但是，脉冲信号的 PRF 可以很高，设定其 PRF 为 1kHz，目标锥旋频率为 1.33Hz，其余参数设置如表 5.7 所示。

表 5.7　进动目标均匀间歇收发试验参数设置

参　数	取　值	参　数	取　值	
脉宽 T_p	12μs	带宽 B	500MHz	
PRF	1kHz	间歇收发周期 T_s	0.3μs	0.5μs
波长	0.03m（10GHz）	间歇收发脉宽 τ	0.1μs	0.1μs
目标距离	15.5m	旋转频率	自旋：2Hz	锥旋：1.33Hz
目标进动角	7.9°	雷达视线角	8.1° 和 24.2°	

（1）雷达视线角为 8.1°。

由于半锥角为 18.43°，当雷达视线角为 8.1° 时，能够分别观测到弹头目标中部环状和底部环状两个等效散射中心。当 T_s=0.3μs、τ=0.1μs 时，如图 5.46 所示。

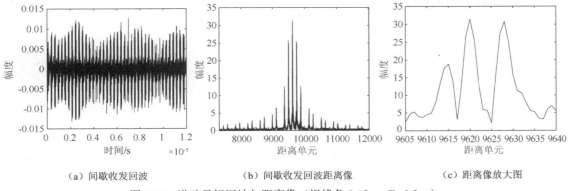

（a）间歇收发回波　　　　　　（b）间歇收发回波距离像　　　　　　（c）距离像放大图

图 5.46　进动目标回波与距离像（视线角 8.1°，T_s=0.3μs）

图 5.46（a）所示为间歇收发回波，图 5.46（b）所示为间歇收发回波距离像。结合弹头结构，目标距离像中 9615、9620 和 9628 距离单元分别对应弹头的鼻锥、中部环状和底部环状。距离像一共占据 13 个距离单元，每个距离单元为 0.0938m，从而目标尺寸为 0.0938×13=1.2194m，与实际目标尺寸相符。

对三个距离单元的慢时间分别进行时频分析，可以得到鼻锥、中部环状和底部环状结构的微多普勒频率。试验设定的 PRF 为 1kHz，采用平滑伪魏格纳分布进行时频分析时，可观测最大频率为±250Hz，为观测清晰的多普勒信息，将频率范围缩小至±125Hz，如图 5.47 所示。

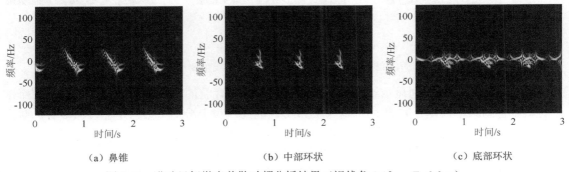

（a）鼻锥　　　　　　　　　　（b）中部环状　　　　　　　　　　（c）底部环状

图 5.47　进动目标微多普勒时频分析结果（视线角 8.1°，T_s=0.3μs）

经过时频分析，鼻锥部分的时频图可清晰地观察到周期性频率分布情况，旋转周期为 0.75s，从而旋转频率为 1.33Hz，与试验中的设定相符。由于中部环状和底部环状部分的目标特性随电波入射角变化很大，经过时频分析，时频图上出现了断续情况。对于底部环状部分，可较为清晰地观察到部分正弦曲线特性。两者的周期特性比较明显，周期约为 0.75s，与实际试验设定相符。同时，中部环状和底部环状的旋转半径小于鼻锥部分，因此时频图中鼻锥部分对应的旋转频率最大，底部环状则最小。

当间歇收发周期 T_s=0.5μs、脉宽为 0.1μs 时，如图 5.48 所示。

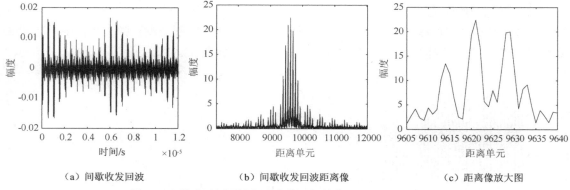

（a）间歇收发回波　　　　　　（b）间歇收发回波距离像　　　　　（c）距离像放大图

图 5.48　进动目标回波与距离像（视线角 8.1°，T_s=0.5μs）

当 T_s=0.5μs 时，间歇收发距离像中真实目标峰值与虚假峰值距离减小为 7.2m。由于该距离大于目标尺寸 1.2m，仍可以通过截取实际目标处的峰值得到距离像。此外，与 T_s=0.3μs 相同，在图 5.48（c）中，9615、9620 和 9628 分别对应弹头的鼻锥、中部环状和底部环状，对应目标尺寸为 1.2194m，与实际目标尺寸相符。

对三个距离单元的慢时间进行时频分析，如图 5.49 所示。

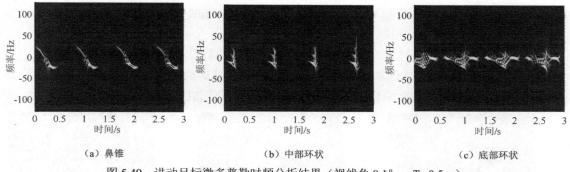

（a）鼻锥　　　　　　　　　　（b）中部环状　　　　　　　　　（c）底部环状

图 5.49　进动目标微多普勒时频分析结果（视线角 8.1°，T_s=0.5μs）

图 5.49 的时频图分别显示了鼻锥、中部环状和底部环状的微多普勒信息。其中，三个部分的微多普勒频率与图 5.47 相同，均为 1.33Hz。因此，对于滑动型散射中心，微多普勒频率由锥旋频率决定。同时，三个部分的微动特性与图 5.47 一致。

当雷达平均视线角为 10.4° 时，采用扫频方式得到弹头微动信息，如图 5.50 所示。

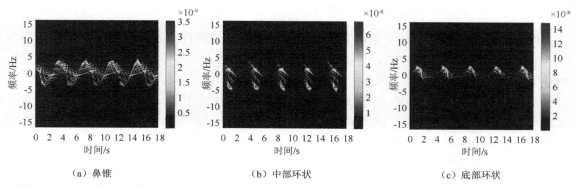

（a）鼻锥　　　　　　　　　　（b）中部环状　　　　　　　　　（c）底部环状

图 5.50　进动目标微多普勒时频分析结果（进动角为 7.9°，平均视线角为 10.4°，锥旋频率为 0.26Hz）

在间歇收发试验中，雷达视线角为 8.1°，图 5.50 对应雷达视线角为 10.4°，均不存在遮挡效应。因此，图 5.50 与图 5.49 所得弹头目标三个部分的微多普勒特性基本一致。但是，图 5.50 试验中设定的目标锥旋频率为 0.26Hz，所得微多普勒频率较小。采用脉冲雷达信号，PRF 可以达到很高，保证了目标的旋转频率可以根据实际情况设定较大的值。因此，利用间歇收发处理能够对具有高速旋转特性的目标进行特性测量。

（2）雷达视线角为 24.2°。

由于半锥角为 18.43°，当雷达视线角为 24.2° 时，弹头目标中部环状和底部环状只能分别观察到一个等效散射中心。令 $T_s=0.3\mu s$，$\tau=0.1\mu s$，如图 5.51 所示。

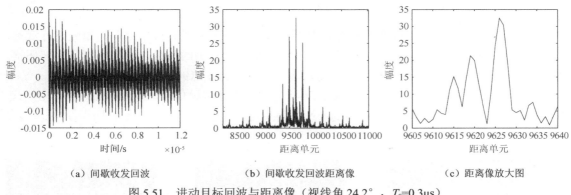

（a）间歇收发回波　　　　　（b）间歇收发回波距离像　　　　　（c）距离像放大图

图 5.51　进动目标回波与距离像（视线角 24.2°，$T_s=0.3\mu s$）

取间歇收发所得距离像中目标所处的距离单元观测，如图 5.51（c）所示。其中，9615、9620 和 9628 分别对应弹头的鼻锥、中部环状和底部环状，对应目标尺寸为 1.2194m。

对相应的距离单元进行时频分析得到时频图，图 5.52（a）鼻锥部分的微多普勒频率清晰可见，锥旋运动周期约为 0.75s。由于雷达视线角为 24.2°，鼻锥部分的运动半径增大，所以微多普勒最大频移变大，因此与视线角 8.1° 相比，鼻锥部分的最大微多普勒频率增加。同时，由于视线角大于弹头目标半锥角，产生了遮挡效应，因此中部环状和底部环状只能观测到一个散射中心的微多普勒频率。

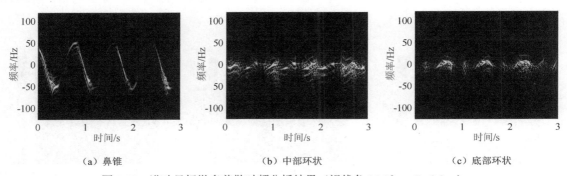

（a）鼻锥　　　　　　　　　　（b）中部环状　　　　　　　　　　（c）底部环状

图 5.52　进动目标微多普勒时频分析结果（视线角 24.2°，$T_s=0.3\mu s$）

当间歇收发周期 $T_s=0.5\mu s$、脉宽为 0.1μs 时，如图 5.53 所示。

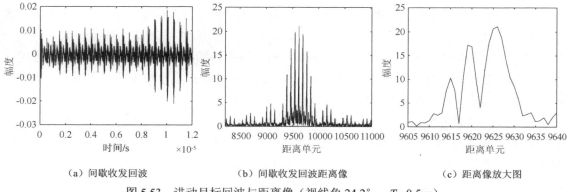

（a）间歇收发回波　　　　　　（b）间歇收发回波距离像　　　　　（c）距离像放大图

图 5.53　进动目标回波与距离像（视线角 24.2°，T_s=0.5μs）

当收发周期 T_s=0.5μs 时，间歇收发距离像峰值间距变小，对目标所处距离单元进行观测，得到图 5.53（c）。同样地，9615、9620 和 9628 分别对应弹头的鼻锥、中部环状和底部环状。每个距离单元为 0.0938m，13 个距离单元对应目标尺寸为 1.2194m，与弹头尺寸相符。

图 5.54 展示了鼻锥、中部环状与底部环状的弹头微多普勒信息。与图 5.52 相同，由于遮挡效应，中部环状和底部环状只观察到一个散射中心的微多普勒信息，其周期为 0.75s，与设定的自旋频率相符。

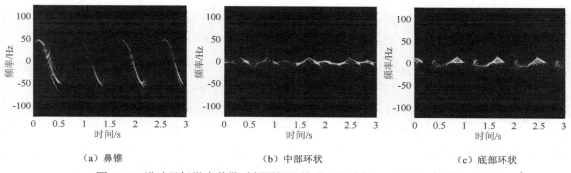

（a）鼻锥　　　　　　　　　　（b）中部环状　　　　　　　　　　（c）底部环状

图 5.54　进动目标微多普勒时频图提取结果（视线角 24.2°，T_s=0.5μs）

作为对比，图 5.55 给出了采用扫频方式且雷达平均视线角为 20.4° 时弹头的微多普勒时频分析结果。

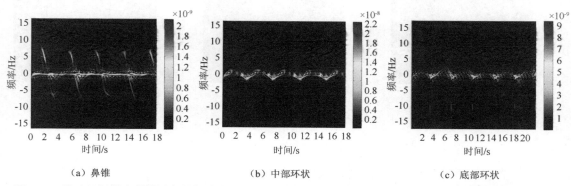

（a）鼻锥　　　　　　　　　　（b）中部环状　　　　　　　　　　（c）底部环状

图 5.55　进动目标微多普勒时频分析结果（进动角为 7.9°，平均视线角为 20.4°，锥旋频率为 0.26Hz）

由于半锥角为 18.43°，图 5.54 和图 5.55 对应的雷达视线角均大于半锥角，从而发生遮挡效应。因此，中部环状和底部环状只能观察到一个等效散射中心的微多普勒频率。通过对比图 5.54 和图 5.55 可以发现，两者的微动特性基本一致。

2．伪随机间歇收发进动目标微多普勒频率提取

对于伪随机间歇收发，参数设置如表 5.8 所示。

表 5.8　进动目标随机收发周期参数设置

参　数	取　值	参　数	取　值	
脉宽 T_p	12μs	带宽 B	500MHz	
PRF	1kHz	间歇收发周期 T_s	0.3μs～0.7μs	
波长	0.03m(10GHz)	间歇收发脉宽 τ	0.1μs	
目标距离	15.5m	旋转频率	自旋：2Hz	锥旋：1.33Hz
目标进动角	7.9°	雷达视线角	8.1° 和 24.2°	

1）视线角为 8.1°

由于采用了伪随机间歇收发，得到的距离像中目标两侧没有出现明显的虚假峰，如图 5.56（b）所示。但是，图 5.56（c）表明目标真实距离像占据了 9613～9626 的 13 个距离单元，对应距离像长度仍为 1.2194m。通过对相应距离单元慢时间回波进行时频分析，得到弹头相应的微多普勒频率，如图 5.57 所示。

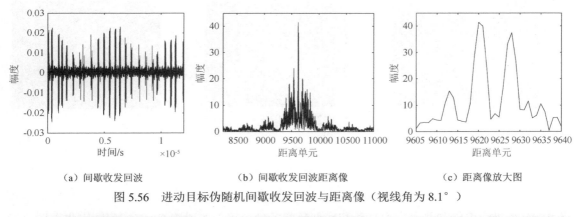

（a）间歇收发回波　　　　　（b）间歇收发回波距离像　　　　　（c）距离像放大图

图 5.56　进动目标伪随机间歇收发回波与距离像（视线角为 8.1°）

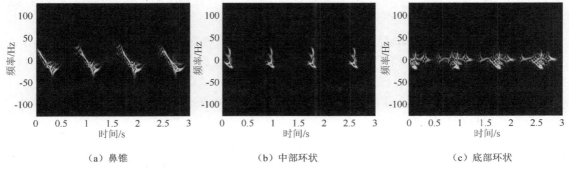

（a）鼻锥　　　　　　　　　（b）中部环状　　　　　　　　　（c）底部环状

图 5.57　进动目标微多普勒时频分析结果（视线角为 8.1°）

与均匀间歇收发相同，时频分析之后，图 5.57（a）鼻锥部分的时频图可清晰地观察到周期性频率，旋转周期为 0.75s，从而旋转频率为 1.33Hz。由于中部环状和底部环状部分目标特性随电波入射角变化很大，经过时频分析，时频图上出现了断续情况。对于底部环状部分，可观察到部分正弦曲线特性。两者的周期特性比较明显，周期约为 0.75s。

2）视线角为 24.2°

尽管雷达视线角增大，但经过伪随机间歇收发，依然能够得到良好的目标高分辨距离像，如图 5.58（b）和图 5.58（c）所示。根据目标所占据的距离单元数与距离单元长度，可得目标尺寸为 1.2194m。然后，得到弹头不同部分的微多普勒信息，如图 5.59 所示。

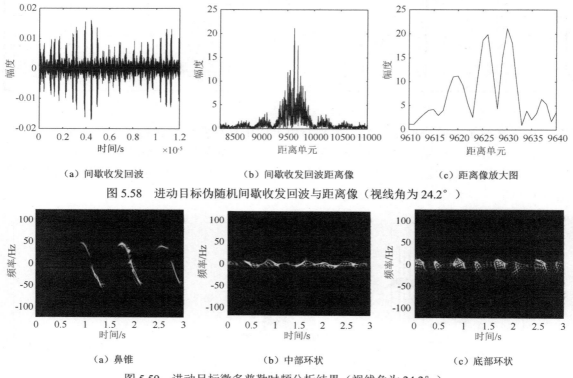

（a）间歇收发回波　　　　（b）间歇收发回波距离像　　　　（c）距离像放大图

图 5.58　进动目标伪随机间歇收发回波与距离像（视线角为 24.2°）

（a）鼻锥　　　　（b）中部环状　　　　（c）底部环状

图 5.59　进动目标微多普勒时频分析结果（视线角为 24.2°）

根据图 5.59（a）可知，鼻锥部分的微多普勒时频分析周期约为 0.75s。同时，当雷达视线角为 24.2° 时，仅能观测到中部环状和底部环状各一个等效散射中心，与均匀间歇收发图 5.52 和图 5.54 的结果相同。

通过对旋转目标和进动目标的微多普勒频率进行仿真和试验测量，可以得到以下结论。

（1）间歇收发方法可以利用脉冲雷达信号高 PRF 的优势，实现具有高速旋转特性的目标测量和分析。

（2）对于使得距离像峰值重合的间歇收发参数，可以通过重构的方法得到目标距离像，进一步得到目标微动信息。

（3）均匀间歇收发与伪随机间歇收发所得目标微动信息与完整脉冲一致，从而验证了间歇收发方法的有效性。

参考文献

[1] CHUNG B, CHUAH H, BREDOW J W. A microwave anechoic chamber for radar-cross section measurement[J]. IEEE Antennas and Propagation Magazine, 1997, 39（3）: 21-26.

[2] JACKSON R, VAMIVAKAS A, JACKSON R, et al. An overview of hardware-in-the-loop simulations for missiles[C]// AIAA Modeling and Simulation Technologies Conference. 1997.

[3] BOURASSA N R. Modeling and Simulation of Fleet Air Defense Systems Using EADSIM[D]. Monterey: Naval Postgraduate School, Thesis Collection, 1993.

[4] MARTIN W, MIKE P. Electronic Warfare Test and Evaluation[R]. U.S.: RTO, 2012.

[5] SHIELDS M W, FENN A J. A new compact range facility for antenna and radar target measurements[J]. Lincoln Laboratory Journal, 2007, 16（2）: 381-391.

[6] KIM H J, CORNELL M C. Hardware-in-the-loop projector system for light detection and ranging sensor testing[J]. Optical Engineering, 2012, 51（8）: 3609.

[7] EMERSON W, SEFTON H. An improved design for indoor ranges[J]. Proceedings of the IEEE, 1965, 53（8）: 1079-1081.

[8] PYWELL M, DAVIES M. Aircraft-sized anechoic chambers for electronic warfare, radar and other electromagnetic engineering evaluation[J]. The Aeronautical Journal, 2017, 121（1244）: 1393–1443.

[9] 易鸣镝, 王迪. 微波暗室设计研究[J]. 通信电源技术, 2012, 29（5）: 128-130.

[10] MUELLER D, SCHULZ H J, ZITOUNI G, et al. Europe's largest aero acoustic test facility for aero engine fans-the development and operation of the anecom aerotest anechoic chamber[C]// Proc. of the 11th AIAA/CEAS Aeroacoustics Conference, 2005: 1-26.

[11] SERNA J M, TERCERO F, FINN T, et al. The CDT ultra wide-band anechoic chamber[C]//. Proc. of the 5th European Conference on Antennas and Propagation (EUCAP), 2011: 1-5.

[12] 刘进, 王雪松, 马梁, 等. 空间进动目标动态散射特性的实验研究[J]. 航空学报, 2010, 31（5）: 1014-1023.

[13] PYWELL M, DAVIES M. Aircraft-sized anechoic chambers for electronic warfare, radar and other electromagnetic engineering evaluation[J]. The Aeronautical Journal, 2017, 121（1244）: 1393-1443.

[14] 鲍学博. 从美军贝尼菲尔德试验场看内场仿真场景[R]. 中国, 2021.

[15] 许伟骞. 全息结构在紧缩场测试中的应用[D]. 西安: 西安电子科技大学, 2018.

[16] 李华民. 暗室静区的仿真和测试[D]. 北京: 北京邮电大学, 2006.

[17] 胡青林. 微波暗室的分析设计[D]. 西安: 西安电子科技大学, 2017.

[18] 杨苏松. 复杂射频目标仿真中的矢量控制方法研究[D]. 四川: 电子科技大学, 2015.

[19] 陈振国. 射频仿真系统应用研究[D]. 西安: 西北工业大学, 2001.

[20] 陈训达. 战术导弹的射频仿真技术[J]. 中国航天, 1991,（10）: 7-10.

[21] 陈训达. 射频仿真中的双近场效应[J]. 系统仿真学报, 2001, 13（1）: 92-95.

[22] 樊红社, 罗广军, 赵军仓. 对射频仿真系统中目标精度的分析[J]. 微计算机应用, 2007, 28（11）: 1169-1172.

[23] 郝晓军, 陈永光, 何建国, 等. 三元组天线阵列控制方案研究[J]. 信号处理, 2008, 24（4）: 700-704.

[24] 宋涛. 射频仿真系统中目标阵列的误差分析[D]. 南京: 南京航空航天大学, 2008.

[25] 付璐. 复合阵列射频仿真系统的近场效应修正[D]. 上海: 华东师范大学, 2016.

[26] 唐波, 盛新庆, 金从军, 等. 耦合对半实物射频仿真的影响分析[J]. 系统工程与电子技术, 2018, 40（4）: 927-933.

[27] 陈晓洁. 电大目标雷达散射截面的研究[D]. 西安: 西安电子科技大学, 2006.

[28] 夏应清, 杨河林, 鲁述, 等. 超电大复杂目标 RCS 缩比模型预估方法[J]. 微波学报, 2003, 19（1）: 8-11.

[29] 李彩萍, 张永军. 典型目标 SAR 图像模拟[J]. 指挥技术学院学报, 1999, 10（2）: 60-64+70.

[30] 陈伯孝, 胡铁军, 朱伟, 等. VHF 频段隐身目标缩比模型的雷达散射截面测量[J]. 电波科学学报, 2011, 26（3）: 480-485.

[31] 高红友, 孔令峰, 赵泉. 射频仿真系统中三元组天线单元张角计算[J]. 舰船电子对抗, 2012, 35（06）: 77-79+120.

[32] WALTON E K, YOUNG J. The ohio state university compact radar cross-section measurement range[J]. IEEE Transactions on Antennas & Propagation, 1984, 32（11）: 1218-1223.

[33] OKADA H, TAJIMA Y, YAMADA Y, et al. RCS measurement of a scale model rocket[C]// Proc. of the 2008 International Workshop on Antenna Technology: Small Antennas and Novel Metamaterials, 2008: 558-561.

[34] PEIXOTO G G, DE PAULA A L, Andrade A L, et al. Electromagnetic signature on scale model of an aircraft[C]// Proc. of the SBMO/IEEE MTT-S International Conference on Microwave and Optoelectronics, 2005: 386-388.

[35] TUSĂ L, NICOLAESCU I, MONI M, et al. Time-Frequency domain radar cross section evaluation of an IAR 99 scaled model aircraft[C]// Proc. of the 2015 7th International Conference on Electronics, Computers and Artificial Intelligence (ECAI), 2015: 1-4.

[36] TANG Z, YU F, RAO W, et al. Electromagnetic field tests in the anechoic chamber based on the shared tower scale model[C]// Proc. of the 2022 IEEE 2nd International Conference on Power, Electronics and Computer Applications (ICPECA), 2022: 150-153.

[37] 葛亦斌, 金亚秋, 王海鹏. 一种实验室合成孔径雷达对目标散射的成像试验[J]. 电波科学学报, 2013, 28（3）: 430-437.

[38] 施龙飞, 李盾, 王雪松, 等. 弹道导弹动态全极化一维像仿真研究[J]. 宇航学报, 2005, 26（3）: 344-348+372.

[39] 刘晓斌, 赵锋, 艾小锋, 等. 雷达半实物仿真及其关键技术研究进展[J]. 系统工程与电子技术, 2020, 42（7）: 1471-1477.

[40] 史印良. 微波暗室设计评估与验证方法的研究[D]. 北京: 北京交通大学, 2017.

[41] STRYDOM J J, CILLIERS J E, GOUWS M, et al. Hardware in the loop radar environment simulation on wideband DRFM platforms[C]// Proc. of the IET International Conference on Radar Systems, IET, 2013: 1-5.

[42] STRYDOM J J, WITT J J, CILLIERS J E. High range resolution X-band urban radar clutter model for a DRFM-based hardware in the loop radar environment simulator[C]// Proc. of the International Radar Conference, 2014: 1-6.

[43] ISERMANN R, SCHAFFNIT J, SINSEL S. Hardware-in-the-loop simulation for the design and testing of engine-control systems[J]. Control Engineering Practice, 1997（5）：653.

[44] 吴磊. 射频仿真系统中的目标模拟[D]. 南京: 南京理工大学, 2009.

[45] 肖秋, 乔宏乐. 一种阵列式雷达对抗半实物仿真试验系统[J]. 火控雷达技术, 2018, 47（1）: 80-91.

[46] BAILEY B, MARTIN G. ESL Models and their application: electronic system level design and verification in practice[M]. Heidelberg, Springer Publishing Company, 2009: 89-91.

[47] GELING G, WILLIAMS C, GUIRGUIS M. D-Safire: a distributed simulation, Mathematical and Computational Modeling and Simulation[M]. Heidelberg, Springer Publishing Company, 2001: 1-48.

[48] HE Z H, HE F, DONG Z. et al. Real-time raw-signal simulation algorithm for InSAR hardware-in-the-loop simulation applications[J]. IEEE Geoscience and Remote Sensing Letters, 2012, 9（1）: 134-138.

[49] HUANG H, PAN M H, LU Z J, Hardware-in-the-loop simulation technology of wide-band radar targets based on scattering center model[J]. Chinese Journal of Aeronautics, 2015, 28（5）: 1476-1484.

[50] 梁志恒, 蒋庄德. 脉冲多普勒雷达注入式实时杂波模拟方法研究[J]. 计算机仿真, 2003, 20（7）: 26-28.

[51] ZHAO Q, FEI Y C, CHEN N, et al. A new modeling of radar target based on multi-scattering centers and implementation of radar target HWIL simulation system[C]// Proc. of the International Conference on Microwave and Millimeter Wave Technology, 2008: 212-215.

[52] SHU T, TANG B, YIN K J, et al. Development of multichannel real-time hardware-in-the-loop radar environment simulator for missile-borne synthetic aperture radar[C]// Proc. of the IEEE Radar Conference, Arlington, 2015: 368-373.

[53] 胡楚锋, 许家栋, 李南京, 等. 全极化 SAR 半实物仿真系统[J]. 系统工程与电子技术, 2010, 32（7）: 1537-1539.

[54] HE Z H, HE F, HUANG H F, et al. A hardware-in-loop simulation and evaluation approach for spaceborne distributed SAR[C]// Proc. of the IEEE International Geoscience and Remote Sensing Symposium, Vancouver, 2011: 886-889.

[55] 王雪松, 肖顺平, 冯德军. 现代雷达电子战系统建模与仿真[M]. 北京: 电子工业出版社, 2010.

[56] BUFORD J A. Advancements in hardware-in-the-loop simulations at the U.S. army aviation and missile command[D]. USA: Proceedings of SPIE - the International Society for Optical Engineering, 2000.

[57] 孙照强, 李宝柱, 鲁耀兵. 弹道中段进动目标的微多普勒研究[J]. 系统工程与电子技术, 2009, 31（3）: 538-540, 587.

[58] 叶桃杉, 黄沛霖, 束长勇, 等. 进动锥体目标散射特性仿真及实验分析[J]. 北京航空航天大学学报, 2016, 42（3）: 588-595.

[59] 赵京城, 洪韬, 梁沂. 基于扫频技术的散射测量微波暗室设计[J]. 宇航学报, 2009, 30（2）: 730-734.

[60] HASNAIN A, IMRAN M I, ROHAIZA Z S, et al. Preliminary development of mini anechoic chamber[C]// Proc. of the Asia-Pacific Conference on Applied Electromagnetics, 2007: 1-5.

[61] GARY E E. Antenna Measurement Techniques[M]. USA: Artech House, 1990.

[62] OLVER A D. Compact antenna test ranges[C]// Proc. of the Seventh International Conference on Antennas and Propagation(ICAP), 1991: 99-108.

[63] OLIN I D, QUEEN F D. Dynamic measurement of radar cross sections[J]. Proceedings of the IEEE, 1965, 53（8）: 954-961.

[64] SAILY J, ALA-LAURINAHO J, et al. Test results of 310 GHz hologram compact antenna test range[J]. Electronics Letters, 2000, 36（2）: 111-112.

[65] MENZEL W, HUDER B. Compact range for millimeter-wave frequencies using a dielectric-lens[J]. Electronics Letters, 1984（20）: 768.

[66] GOYETTE T M, DICKINSON J C, GILES R H, et al. Analysis of fully polarimetric W-band ISAR imagery on seven-scale model main battle tanks for use in target recognition[C]// Proc of the International Society for Optical Engineering, 2002（4727）: 17-26.

[67] HE W C, ZHANG L X, LI N J. A new method to improve precision of target position in RFS[C]// Proc. of the International Conference on Microwave and Millimeter Wave Technology, 2007: 1-3.

[68] COMBLET F. Radar cross section measurements in an anechoic chamber: Description of an experimental system and post processing[C]// Proc. of the Antenna Measurements & Applications, 2014: 1-4.

[69] ANDREW N O, JOSHUA L W, DOUGLAS M K, et al. Compressed sensing for radar signature analysis[J]. IEEE Trans. on Aerospace and Electronic Systems, 2013, 49（4）: 2631-2639.

[70] 高旭, 刘战合, 武哲. 缝隙目标电磁散射特性试验[J]. 航空学报, 2008, 29（6）: 1497-1501.

[71] 常文革, 梁甸农, 周智敏. 轨道超宽带 SAR 实验技术研究[J]. 电子学报, 2001, 29（9）: 1213-1216.

[72] O'DONNELL A N, WILSON J L, KOLTENUK D M, et al. "Compressed sensing for radar signature analysis"[C]. IEEE Transactions on Aerospace and Electionic Systems, 2013, 49（4）: 2631-2639.

[73] WANG X S, LIU J C, ZHANG W M, et al. Mathematic principles of interrupted-sampling repeater jamming (ISRJ)[J]. Sci China Ser-F: Inf Sci, 2007, 50: 113-123.

[74] MICHISHITA N, CHISAKA T, YAMADA Y. Evaluation of RCS measurement environment in compact anechoic chamber[C]// Proc. of the International Symposium on Antennas & Propagation, 2013: 400-403.

[75] LIU X B, LIU J, ZHAO F, et al. An equivalent simulation method for pulse radar measurement in anechoic chamber[J]. IEEE Geoscience & Remote Sensing Letters, 2017, 14（7）: 1081-1085.

[76] ZHAO F, LIU X B, XU Z M, et al. Micro-motion feature extraction of a rotating target based on interrupted transmitting and receiving pulse signal in an anechoic chamber[J]. Electronics, 2019, 8: 1028-1037.

[77] LIU X B, LIU J, ZHAO F, et al. A Novel Strategy for Pulse Radar HRRP Reconstruction Based on Randomly Interrupted Transmitting and Receiving in Radio Frequency Simulation[J]. IEEE Trans. on Antennas & Propagation, 2018, 66（5）: 2569 - 2580.

[78] 刘晓斌, 刘进, 刘光军, 等. 辐射式仿真中脉冲雷达 ISAR 成像等效模拟方法[J]. 电子与信息学报, 2018, 40（7）: 1553-1560.